Johann-Heinrich Rolff

OBSTARTEN

Sortennamen und Synonyme

BAND 2
DIE BIRNE

Johann – Heinrich Rolff

OBSTARTEN

SORTENNAMEN UND SYNONYME

ÜBER 1700 alte und neue Sortennamen
ÜBER 2300 Synonyme, Doppelnamen und ausländische Namen

Band 2

Die Birne

Impressum: Alle Rechte liegen beim Autor Johann-Heinrich Rolff
Selbstverlag Johann-Heinrich Rolff   83088 Kiefersfelden
Fax: 08033-609815   E-mail: jh.rolff@t-online.de

Herstellung: Books on Demand GmbH

ISBN 3-8311-1812-4

Vorwort

Die Idee und die Ausführung.

Beides liegt oft sehr weit auseinander. Dieses Birnenbuch habe ich zum Andenken an meine Kindheit und Jugendzeit, die ich oft in den Obstanlagen meines Großvaters im „Alten Land" verbracht habe, geschrieben. Es soll auch eine Erinnerung an meine Vorfahren sein, die seit 250 Jahren Obstbauern waren. Auch eine Referenz an meine liebe Frau, die „Prinzessin Marianne". Für mich eine Bereicherung meiner umfangreichen pomologischen Bibliothek und Büchersammlung, beginnend mit dem „Teutschen Obstgärtner" von J. V. Sickler.
Die Idee einer Sortenaufstellung hatte ich bereits 1943/44. Damals mußte ich schon feststellen, dass wir etwa 80 Apfelsorten und 25 Birnensorten auf unserem, doch relativ kleinem Betrieb anbauten. Mit der schriftlichen Niederlegung unserer Sorten und auch der, der Nachbarbetriebe, habe ich dann begonnen. Von einigen Sorten hatten wir nur wenige Bäume, aber in der Zeit der Zwangsbewirtschaftung und des II. Weltkrieges, konnte alles abgesetzt werden. Ab 1950 mit Beginn der „Freien Marktwirtschaft" war der Betrieb in dieser Form nicht mehr lebensfähig.
Sämtliche handgeschriebenen Notizen, sowie einige geerbte Obstbaubücher aus dieser Zeit, sind noch in meinem Besitz.
Geplant war nur eine Zusammenstellung der Synonyme und Doppelnamen, aber das wäre zu wenig gewesen. Begonnen habe ich mit den Äpfeln. Die Birnen liegen hier vor. Kirschen und Pflaumen sind bereits in der Bearbeitung.
Eine Aufstellung über die umfangreiche, von mir benutzte Literatur, befindet sich am Ende des Werkes. Sämtliche Bücher und sonstige Publikationen sind mein persönliches Eigentum.

Johann-Heinrich Rolff

Kiefersfelden, im Oktober 2001

Am Ende befindet sich ein Literaturverzeichnis. Die Nummern in Klammern beziehen sich auf die benutzte Literatur.
Anmerkung: Die Sortennamen im Text sind **fett** geschrieben, ebenso die Synonyme, Doppelnamen, ausländische Namen und Namen der Mutationen.

AARER PFUNDBIRNE
Tafel- und Wirtschaftsbirne. Wurde 1826 von Diel beschrieben, er zählte sie zu den Apothekerbirnen. Genussreife im Oktober. Großfrüchtig. Schale grünlichgelb, später hellgelb. Sonnenseite gerötet. In der Schweiz eine sehr alte Lokalsorte. Auch **Aarer Pfundbirn**. Literatur: (17) (68) (72) (118)

ABBÈ FÈTEL
In Italien: **Abate Fetel**. Zufallssämling, 1869 in Frankreich von einem Abt Fètel gefunden. Baumreife: Ende September. Genussreife: Oktober bis Dezember. Ertrag ist hoch und regelmäßig. Flaschenförmig, leicht gekrümmt. Mild und aromatisch. Hauptanbau in Italien. Sehr gute Tafelbirne, Baum wächst schwach bis mittelstark. Guter Pollenspender. Etwas schorf- und chloroseanfällig. Früchte sind sehr lang, Literatur: (25) (48) (52)

ABBÈ PEREZ
Alte Sorte, stammt aus Frankreich. Soll sehr tragbar sein. Der Baum ist sehr starkwüchsig, stellte die Pomologenversammlung 1877 in Potsdam fest.

ABUGO O SIETE EN BOCA
Sommerbirne in der Liste der EG-Normen aufgeführt. Keine Angaben über Herkunft und Verbreitung gefunden.

ADELAIDE DE REVES
Im Bundes-Obstarten-Sortenverzeichnis aufgeführt. Herkunft ist nicht bekannt.

ADÈLE LANCELOT
Alte französische Sorte. Kurze Beschreibung 1877 auf der Pomologenversammlung.

ADELSBIRNE
Eine eigene Sorte, auch ein Synonym der **Erzherzogs-Birne**. Genussreife: August. Tafelbirne. Frucht ist groß und lang. Früh- und reichtragend. Literatur: (114)

ADMIRAL
Schiller schreibt 1795: *„Ziemlich grosse Birne, von mehr platter als langer Form. Fleisch ist mild, von angenehmen Geschmack."* Nicht identisch mit der Sorte **Admiral Cécile**.

ADMIRAL CÈCILE
Genußreife: Anfang September. Haltbar bis Dezember. Klein bis mittelgroß. Baum wächst stark, ist fruchtbar. Auf der Pomologen-Versammlung 1893 empfohlen.

ADMIRAL AEHRENTHAL
Sommertafelbirne. Vor 1850 beschrieben. Reife: September/Oktober. Mittelgroße Frucht. Schale hellgrün, rauh und gesprenkelt berostet. Baum ist sehr fruchtbar. Synonyme: **Aehrenthal's, Grüne-Herbst-Butter-Birne.** Literatur: (72) (114)

AGATA
Ist in der Forschungsanstalt Geisenheim in der Sortenprüfung.

AGLAE GREGOIRE
Stammt aus Dänemark, war im 19. Jh. bekannt. (Pomologen-Versammlung 1877)

ALANTBIRNE
Tafel- und Wirtschaftsbirne. Reife: X. Frucht ist kegelförmig. Leicht berostet.

ALBECKER BIRNE
Auch **Albeckerbirne** geschrieben. Eine sehr alte Sorte.

ALDINGERS FRÜHE CLAPPS-BIRNE
Von der berühmten Baumschule Aldinger. Bekannt sind sind noch die Sorten **Aldinger's Früheste der Frühen** und **Aldinger's Quickly.** Literatur: (26-8/63)

ALENCON'S DECHANTSBIRNE
Alte Tafelbirnensorte, war bei uns wenig bekannt. Haltbar bis ins Frühjahr. Frucht mittelgroß bis groß. Sehr saftig, ausgezeichneter gewürzter, weinsäuerlicher Geschmack. Schale ist dick, rauh, gräulich punktiert und bräunlich marmoriert. Schale strohgelb, Sonnenseite etwas gerötet.
Synonyme: **Alencon, Booshoc Klandiboret, Champ de la Porte, Dechantsbirne von Alencon, Doyenne d'Alencon, Doyenné gris d'hiver noveau, Doyenné d'hiver d'Alencon, Doyenné d'hiver noveau, Doyenné marbré, Marmorierte Dechantsbirne, Marmorierte Schmalzbirne, Poire d'Alencon** und **Saint Michel d'hiver.** (Pomologie des praktischen Obstbaumzüchter von N. Gaucher)

ALEXANDER
War in der Preisgruppe 3. Ist nicht identisch mit der **Alexander Lucas.**

ALEXANDER BRUNS BUTTERBIRNE
Sorte stammt aus Dänemark. Im Praktischen Ratgeber von 1886 wurde diese Sorte, neben anderen dänischen Sorten, empfohlen. Die **Alexander Bruns Butterbirne** ist aus einem Kern der Sorte **Herbst-Colomar** gezogen. Synonyme: **Alexander Brun** und **Alexander Bruns Butterbirn.** (Prakt. Ratgeber 1886 und 1888)

ALEXANDER-FLASCHEN-BIRNE
Im 19. JH. ein Synonym für die **Bosc's Flaschenbirne**. (Pomolog. Handbuch)

ALEXANDER LAMBRÈ
Sehr alte Sorte, war schon vor 1850 bekannt. Nach dem System von Lucas in der Klasse der länglichen Winter-Tafelbirnen.

ALEXANDER LUCAS
Stammt aus Orlèans in Frankreich. Tafelbirne, groß bis sehr groß. Fleisch ist saftig, schmelzend und süß. Ende September bis Oktober haltbar. Anbau nur in milden Lagen empfohlen. **Beurré Alexandre Lucas** (Original). Um 1870 bei Blois an der Loire im Wald gefunden. Ab 1874 durch die Baumschule Transon in Orlèans in den Handel gebracht. 1893 auf der Pomologenversammlung wurde festgestellt dass die Sorte 1875 von Lucas, Angas gezüchtet wurde. Genussreife: November bis Dezember. Anfällig für Feuer- und Bakterienbrand. Hält sich 2 Monate. Wintertafelbirne. Starkwachsend, geeignet für alle Baumformen, einschließlich Spalier. Im Kühllager bis 6 Monate haltbar. Geeignet für alle Anbauformen, für den Erwerbs- und Liebhaberobstbau. Eine der wertvollsten Wintertafelbirnen. Fruchtfleisch halbschmelzend, leicht aromatisch, süß. **Alexander Lucas Butterbirne.** Schorfanfällig in feuchtwarmen Lagen. Handelsname nur noch **Lucas**. War in der Preisgruppe 1 eingestuft. Schlechter Pollenspender. Triploid. Wurde 1947 noch im Alten Land auf starkwüchsiger Unterlage empfohlen. Geeignet für Südkehdingen, Altes Land und bessere Geestböden. Im "Obstbau" von Grill **Alexander Lukas Butterbirne** geschrieben. Reichtragende Verkaufssorte. Prof. De Haas stufte den Gebrauchswert der **Lucas** als sehr gut ein. Marktwert: Gut. Anbauwert: Gut. Je nach Jahreswitterung guter bis fader Geschmack, regelmäßige aber unterschiedliche Erträge. Anfang des 20. Jh. wurde sie neben einigen anderen Sorten, als die beste Einführung der letzten Jahrzehnte bezeichnet, sagte Baron v. Solemacher. Wo andere Sorten versagten, war die **Lucas** der Retter in der Not. Name in Frankreich: **Alexandre Lucas,** in Russland: **Bereljuka.** Name in Tschechien: **Lucasova Máslovka,** in Polen: **Lukasówka.** Der Name in Rumänien ist **Alexandru Lucas.**
Literatur: (04) (07) (24) (26-3/47) (30) (38) (42) (43) (46) (48) (51) (52) (68) (77) (115)

ALEXANDRE BIVORT
Alte Sorte, benannt nach dem Pomologen Bivort.

ALEXANDRINE BIVORT
Ist im Bundes-Obstarten-Sortenverzeichnis angegeben.

ALEXANDRINE DOUILLARD
Edle Tafelbirne. Genussreife: X bis XI. Mittelgroß bis groß. Schale grünlichgelb bis gelb, leicht gerötet. Deutliche Berostungen, würzig, süß. Guter Pollenbildner. Stammt aus Frankreich, ist seit 1849 bekannt. Auch **Douillard** oder **Dullart**. Im 19. Jh. war in Österreich ein Synonym nicht bekannt, dort schrieb man damals „Synonima". Widerstandsfähig gegen Schädlinge, anfällig für Schorf. Baum wächst sehr lebhaft und gedrungen und ist ungemein fruchtbar, schreibt das Pomologische Handbuch für Nieder-Österreich. In „Deutschlands Obstsorten" schreibt man: **Alexandrine Drouillard**. Quellen: (24) (33) (72) (114) (115)

ALFA
Frühbirnensorte aus der CSR. Züchtung aus Holovousy/CSR. Wurde 1994/95 nach eingehenden Prüfungen zugelassen. Quelle: (Obstbau 12/96)

ALICE
ALLERHEILIGENBIRNE, eine alte Lokalsorte.
ALPHONSE HUTIN
Alle drei Sorten sind im Bundes-Obstarten-Sortenverzeichnis angegeben.

ALTHORPS CRASANNE
Sehr alte Sorte. Beschrieben im „Pirarium".

ALTLÄNDER KLINKBERGAMOTTE
Lokalsorte aus dem Alten Land. Preisgruppe 3. Diese Wirtschaftsbirne war im Alten Land sehr verbreitet, heute fast nicht mehr bekannt.

ALTLÄNDER WINTERBIRNE
Eine alte Lokalsorte im Alten Land, nur als Kochbirne brauchbar. Heute sind nur noch vereinzelt Bäume dieser Sorte anzutreffen.

AMADOTTE
Wirtschaftsbirne. Verarbeitung: XII bis II. Frucht ist mittelgroß. Schale gelb, Sonnenseite gerötet. Fleisch ist gewürzt und süß. Es gibt verschiedene **Amadotten**.

AMALIA
Tafelbirne. Sehr alte Sorte. Großfrüchtig. (Pirarium)

AMANDE`S BUTTERBIRNE
Tafel- und Wirtschaftsbirne. Genussreife: X bis XI. Mittelgroß bis groß. Schmelzend, aromatisch, süß. Synonym: **Beurré Amande**.

AMANLIS BUTTERBIRNE
Tafelbirne. Reife und Verwertung im September. Wurde am Ende des 19. Jh. stark empfohlen. Synonyme und Doppelnamen: **Albert, Amanlis, Beurré d´Amanlis, Delbert, Delbret, Duchesse of Brabant, Grosse Englische Noisette´s Butterbirne, Hubard, Kessoise, Poire d´Albert, Poire d´Amanlis, Poire de Bart, Poire de Thiessé, Plomgastelle, Thiessoise.** Amanlis vajkörte in Ungarn, **Bere Amanli** in Russland, **Untoasa Amanlis** in Rumänien. Es gibt auch eine Abart, die **Gestreifte Amanlis.** Ende des 19. Jh. als Tafelbirne in Ober-Österreich, Salzburg und Böhmen bekannt. Für geschützte Lagen empfohlen. Stammt aus Belgien oder Frankreich. Schlechter Pollenspender. War in der Preisgruppe 4. Starker Wuchs, für alle Böden und Gebirgslagen geeignet. Schorfanfällig. Nicht lagerfähig. Soll seit 1820 bekannt sein. Wurde aus Belgien nach Deutschland gebracht. In Ostpreußen wird sie **Großes Grauchen,** in Schlesien **Hängebirne** genannt. In Mecklenburg **Wilhelmine.** Sie wird als große frühreifende Herbstbirne bezeichnet. Weitere Synonyme: **D´Albert, Duchesse de Brabant, Hängebirne, Wilhelmine.** Literatur: (02) (07) (24) (42) (48) (114) (115) (119)

AMBOISE
Eine alte Sorte, vermutlich aus Frankreich. War schon um 1850 bekannt.

AMBRETTE
Schiller schrieb 1795: *Eine mittelmäßig große Birn, von größtentheils runder Form. Der Baum trägt stark und hat ein gutes Gewächs".* Bekannt sind verschiedene **Ambretten.**

AMÈLIE BALTET
Von Baltet (Frankreich) gezüchtete Birne. Frucht groß und länglich. Sonnenseite intensiv gerötet. Genußreife: September.

AMÈLIE LECLERC
Entstand 1838 in Frankreich. Gute Tafelbirne. Klein bis mittelgroß, dickbauchig, oft unregelmäßige Gestalt. Baum wächst stark und trägt sehr reich. Literatur: (39)

AMFORA
Spätbirne aus Tschechien. 1994/95 in Holovousy/CSR zugelassen. (Obstbau 12/96)

AMORETTE
Auch ein Synonym für die Sorte **Wildling von Motte.** Die Sorte soll bereits seit 1650 bekannt sein. Reife: X bis XI. Mittelgroße Frucht. Literatur: (114)

AMTMANNSWALLBIRNE
Eine alte, unbekannte Lokalsorte. Wird wird in der Obstsortenmustersammlung im Barockgarten Hundisburg erhalten. (Bundes-Obstarten-Sortenverzeichnis)

ANANASBIRNE
Wurde 1795 von Schiller als *Ananasbirn*, auch *Ananas Peer* erwähnt. „*Ziemlich grosse runde Birn, Schale ist glatt, bei Reife von gelblichter Farbe. Fleisch ist derb, doch voll Saftes.* Schiller war der Meinung, dass diese Birne an anderen Orten unter anderen Namen bekannt ist. Tafel- und Wirtschaftsfrucht. Haltbar bis Mitte XI. Auch: **Komperette** oder **Poire d'Ananas**.

ANANASBIRNE VON COURTRAY
Wurde vor 1780 schon in Belgien angebaut. **Ananas von Courtray** heißt es in „Deutschlands Obstsorten". Großfrüchtig. Haltbarkeit ca. 2 Wochen. Synonyme: **Ananas de Coutray** und **Ananasbirn von Courtray**. Literatur: (24) (70) (72)

ANDELSBIRNE VON ANNWEILER
Erwähnt 1936 bei Goetz. Keine Daten über Verbreitung, Herkunft, usw. gefunden.

ANDENKEN AN BOUVIER
Uralte Sorte. Herbstbirne. Von Diel in die Klasse der Apothekerbirnen eingeordnet.

ANDENKEN AN DEN KONGRESS
Auch **Andenken an Kongreß** und **Souvenir du Congrés**. In Österreich im 19. Jh. **Andenken an den Congress**, mit dem Synonym: **Congress-Birne**. Reife und Verwertung: IX bis X. Dünne Schale. Tafelfrucht, wurde 1894 von Gaucher als "Parade-Frucht" bezeichnet. Synonyme: **Souvenir du Congrés, Kongressbirne** und **Congrés**. Vom Obstzüchter Morel in Lyon gezüchtet, erhielt zur Erinnerung an den 1867 in Paris abgehaltenen internationalen Pomologenkongreß diesen Namen. 1852 bei Lyon in Frankreich gefunden. Große, schöne Tafelbirne (Schaufrucht) auch als Haushaltsbirne zu verwenden. Frucht ist groß bis sehr groß, unregelmäßig, stark beulig. Guter Pollenbildner. Handelsname: **Kongreß** seit 1962. Als **Andenken an den Kongreß**, (Souvenir du Congrés) 1888/89 als Sorte zum Anbau empfohlen. Zum Massenanbau nicht zu empfehlen. Auch: **Souvenir du Congrés Pomologique**. Die LWK Hannover dagegen hat 1907 diese Sorte für den Massen- und Liebhaberanbau empfohlen. Literatur: (02) (14) (16) (24) (39) (111) **(114) (115)**

ANDENKEN AN FAVRE
Wurde 1877 auf der Pomologenversammlung als Sorte aus Dänemark erwähnt.

ANDENKEN AN LYDIA
Um 1870 bei Angers in Frankreich entstanden. Sämling von **Hardenponts Butterbirne**. Synonym: **Souvenir de Lydie**. Großfrüchtige Tafelbirne. (39)

ANDENKEN AN MADAME CHARLES
Bei Rouen in Frankreich als Sämling von **Sterkmanns Butterbirne** entstanden. Seit 1879 im Handel. Originalname: **Souvenir de Madame Charles**. Tafel- und Wirtschaftsbirne. Baum wächst kräftig.

ANDENKEN AN ROBERT BETTEN
1948 bei Prof. Schanderl-Geisenheim als guter Pollenbildner erwähnt.

ANDRÈ DESPORTES
Synonym: **Desportes**. Guter Pollenbildner. 1854 bei Angers in Frankreich als Sämling von **Williams Christbirne** entstanden. Sehr gute, frühe Tafelbirne. Reife im Juli. Fruchtfleisch gelblichweiß, saftig, schmelzend. Bevorzugt warme Lagen. Literatur: (24) (33) (87)

ANGELIKABIRNE VON BORDEAUX
Uralte Sorte, bereits vor 150 Jahren beschrieben als **Angelikabirn von Bordeaux**. Winterbirne, wurde von Diel in die Klasse der Apothekerbirnen eingeordnet.

ANGELINE
Sehr alte Sorte. Beschreibung im „Pirarium".

ANGELIQUE
"Kann eine sehr grosse Birn werden, wenn sie in einem guten Boden wächst. Das Fleisch ist derb, zuckersüss und lieblich. Baum trägt starck". schreibt Schiller 1795 in seinem Buch: "Die Baumzucht im Großen".

ANGOULÊME
Die **Herzogin von Angoulême** ist eine alte Sorte. Wurde im 19. Jh. als Tafelfrucht ersten Ranges beschrieben. Bekannt ist noch eine **Gestreifte Herzogin von Angoulême.**

ANISBIRNE
1936 bei Goetz erwähnt, ohne Angabe von Daten.

ANIVERSAREA
Im Bundes-Obstarten-Sortenverzeichnis angegeben.

ANJOU
1819 in Belgien entstanden. Haltbar bis Dezember. Mittelgroß, Schale gelblichgrün, Sonnenseite teilweise gerötet. H. Kessler in der Schweiz zählt sie zu den Butterbirnen. Genussreife: X bis XII. Wohlschmeckend, süß. Kommt heute aus Übersee zu uns. Im Frühjahr 2000 auch Einführen von **Red Anjou**. Synonyme: **Beurré Anjou, Beurré d´Anjou, Nec Plus Meuris, Winter Meuris**. In der Schweiz: **Anjou-Butterbirne**. Züchter war van Mons, nach seinem Gärtner Pierre Meuris benannt. Eine Hauptsorte in den USA. Quellen: (68) (86)

ANNA
Im Bundes-Obstarten-Sortenverzeichnis angegeben.

ANNA AUDUSSON
Diese Sorte wurde 1889 von der Kgl. Gärtner-Lehranstalt in Wildpark bei Postdam für den Anbau auf Zwergformen und Pyramiden empfohlen. (Prakt. Ratgeber 1889)

ANNA DE BRETAGNE
Alte Sorte aus Frankreich. Bei der Pomologen-Versammlung 1893 schrieb man **Anne de Bretagne**. Tafelbirne. Genussreife: XI bis XII. Großfrüchtig. Baum wächst kräftig und ist sehr fruchtbar.

ANTOINETTE`S BUTTERBIRN
Sehr alte Sorte. Wird im „Pirarium" beschrieben.

APFELBIRNE
"*Apfelbirn*" schrieb Sickler 1797. *„Sie ist eine ganz runde Birn, wie sich auch nachher aus dem Maase abnehmen lassen, und kömmt in Ansehung ihrer Form einem Apfel ziemlich nah, am meisten wenn man sie von der Blume her ansieht";* usw. schrieb Sickler in Bd. 7 seines "Teutschen Obstgärtners". Die Birne wurde genau beschrieben, in einigen Gebieten nannte man sie auch die **Rheinischbirn**. Tafel- und Wirtschaftsfrucht. Reife: Mitte Oktober, haltbar bis November. Nachfolgende Pomologen, wie Diel und Lucas beschrieben auch die **Apfelbirn**. Heute **Apfelbirne**, oder gebietsweise: **Rheinische Birne**.

APOTHEKERBIRNE
Verschiedene Abarten sind bekannt. In der Classification und Sorteneinteilung von Diel um 1820 wurden viele Sorten zur Gruppe der **Apothekerbirnen** gerechnet. Selbst verschiedene Butterbirnen fielen unter diese Gruppe. Im „Pirarium" sind 35 Sorten als Apothekerbirnen einwandfrei beschrieben.

APPENZELLER WASSERBIRNE
Mostbirne in der Schweiz. Sorte ist triploid.

ARABITKA
Im Bundes-Obstarten-Sortenverzeichnis aufgeführt.

ARENBERGS COLMAR
Name im „Pirarium" ist **Arembergs Colmar**. Tafelbirne, auch Wirtschaftsfrucht. Haltbar bis November. Auch: **Colmar d´Arenberg** oder **Poire d´Arenberg**. Für alle Anbauformen geeignet. Weitere Synonyme: **Aremberg, Arensberger Colmar** und **Colmar d`Aremberg**. Synonyme in Niederösterreich im 19. Jh.: **Erdapfel-Birne, Kartoffel-Birne.** Literatur: (72) (114)

ARLEQUIN MUSQUE
Im Bundes-Obstarten-Sortenverzeichnis angegeben.

ARMIDA
Anbau wird in der Forschungsanstalt in Geisenheim geprüft. Literatur: (85)

ASIENBIRNE NASHI
Asienbirne (Pyrus pyrifolia = Pyrus serotina). Stammt aus China und anderen asiatischen Ländern. (s.u. **Nashi**.)

ASPATHAUNISSENBIRNE
Im Bundes-Obstarten-Sortenverzeichnis angegeben.

AUGUST JURIE
Gute Tafel- und Wirtschaftsfrucht. Genussreife: VII bis VIII. Fruchtfleisch weiß, schmelzend, nicht steinig. Ansprüche an Boden und Lage gering. Die Frucht wächst in Büscheln, ist klein bis mittelgroß, von runder, eiförmiger oder von gedrungener Birngestalt. Synonym: **Auguste Jurie.** Literatur: (45)

AUGUSTBIRNE
Frosthärte ist gut. Wächst mittelstark und nimmt Veredelungen gut an. Stammt aus Deutschland. Sommerbirne für den alsbaldigen Verbrauch. Eine Woche haltbar. Baum ist widerstandsfähig gegen Krankheiten und Schädlinge. In unserem Klima anspruchslos. Bei Schiller 1795 beschrieben als **August-Birn** oder **Robine**. Von Hinkert 1830 beschrieben. Der Baum ist äußerst tragbar. Literatur: (30) (71) (117)

AUGUSTE ROYER
Alte französische Sorte. (W. Lauche, Potsdam 1877)

AUGUSTINE
Wird im „Pirarium" beschrieben.

AUGUSTINER BIRN
Bei Schiller auch **St. Austin** genannt.

AURATE
Frühe Tafelbirne, Genußreife im Juli. 8 bis 10 Tage haltbar. Frucht ist klein. Fruchtfleisch ist halbschmelzend, gewürzt, süß. Diel hat diese Birne am Ende des 18. Jh. von der Pariser Kartause bezogen. Wurde im Neckar- und Remstal und um Mainz und Koblenz angepflanzt. Baum liebt warme Böden. Synonyme: **Frühe Muskatellerbirne, Frühe Muskatellerbirne, Goldbirne, Goldstiel, Heubirne, Kleine rote Sommermuskatellerbirne, Muskateller, Röslesbirne.** (67) (72)

AURORA
Synonym: **Awrora**. Stammt aus Russland, selektiert von Mitschurin aus der Sorte **Sapeshanka**. 1886 erste Triebe, 1922 erste Früchte. Reife ist Mitte bis Ende August. Wohlschmeckend. Wegen des gesunden Wuchses für Kleingärten zu empfehlen. Tafel- und Wirtschaftsbirne. Mittelgroß bis groß, länglich birnenförmig. Fruchtfleisch schmelzend, sehr süß. (Alte und neue Birnensorten)

AURORE
Synonym für **Capiaumonts Herbstbutterbirne**.

Folgende Sorten werden im Bundes-Obstarten-Sortenverzeichnis aufgeführt:
AUSTBIRNE, AVGUSTOVSKAJA ROSA und **AVOCAT LATUR**.

A. W. MOLTKE
Diese Birne stammt aus Dänemark. Wurde im Praktischen Ratgeber von 1886 für den Anbau empfohlen. Am besten auf Quittenunterlage. Reife: Oktober.
A. W. Moltke wurde als große bis sehr große, dickbauchige berostete Birne beschrieben. Erwähnt wurde auch die Bekanntheit in Deutschland. Es muss sich hier um die Sorte **Graf Moltke** handeln, die bekanntlich von der Insel Seeland (Dänemark) stammt. Wurde 1850 gefunden, in Norddeutschland gut bekannt.

AZUCAR VERDE
Sommerbirnensorte, für die bis zum 31. Juli jedes Wirtschaftsjahres keine Mindestgröße vorgeschrieben ist. Weitere Daten über Herkunft usw. konnten ich nicht finden. Eine der gewöhnlichen, faden Sommerbirnen ohne Aroma.

BACHELIERS BUTTERBIRNE
Synonym: **Beurré Bachelier**. Tafel- und Wirtschaftsbirne. Bis Dezember haltbar. Sehr alte Sorte, wurde vor 1850 von Diel beschrieben als **Bacheliers Butterbirn**. Sehr große Frucht. Baum kräftig, sehr fruchtbar. Verlangt einen geschützten Stand. Schale hellgelb, Sonnenseite etwas gerötet. Auch nur **Bacheliers**. Sorte ist diploid.
Literatur: (33) (114) (115)

BACKBIRNE
Im Bundes-Obstarten-Sortenverzeichnis aufgeführt.

BACKOFENBIRNE
Baum ist starkwachsend. 1936 bei Goetz erwähnt, ohne Beschreibung.

BALDUFFER BIRNE
Im Bundes-Obstarten-Sortenverzeichnis aufgeführt.

BALSAMBIRNE
Sehr alte Sorte. Unbekannte Herkunft.

BALTET PÈRE
Tafelbirne, Züchtung von Baltet. Reifezeit ab Ende Oktober. Wuchs ist schwach, Ertrag hoch. Frucht neigt wegen des kurzen Stiels zum Abfallen.

BALTET SENIOR
Wurde 1889 zum Anbau für Pyramiden und sonstige Zwergformen von der Kgl. Lehranstalt empfohlen. (Pr. Ratgeber) Dürfte sich um die **Baltet Pére** handeln.

Im Bundes-Obstarten-Sortenverzeichnis aufgeführt sind:
BAQUETTE CASCADE, BARBARA und **BÄRIKER**

BARDOWIEKER SOMMERBERGAMOTTE
Gute Tafelbirne. Haltbarkeit nur gering. Lokalsorte. Herkunft wird das Gemüseanbaugebiet Bardowick bei Lüneburg sein, denn auch die Schreibweise **Bardowicker Sommerbergamotte** ist bekannt. Es gibt auch eine Kochbirne mit dem Namen **Bardowicker Speckbirne**.

BÄRIKER
Mostbirnensorte aus der Schweiz. Synonyme: **Chilibirne, Islibirne, Schürbirne, Schwärzibirne.** Die Sorte ist vorwiegend in den Kantonen Zürich, Aargau, Bern und Luzern verbreitet. H. Kessler schreibt, die Sorte gehört zur dritten Qualitätsgruppe der Wirtschaftsbirnen. Literatur: (68) (86)

BARILLET DESCHAMPS
Mittelgroße Birne, Reife: XII bis I. Fruchtbarkeit ist sehr gut, Baum wächst mittelstark. Züchter ist nicht bekannt. Literatur: (115)

BARONIN VON MELLO
Ausgezeichnete Tafelbirne, haltbar bis Ende November. Fritz Hertel schrieb 1914: Hochfeine, mittelgroße, längliche Butterbirne. Mittelgroß, oft unregelmäßig geformte, beulige Frucht. Synonyme: **Baronin Mello, Baronne de Mello, Hies-Birne** (in Nieder-Österreich), **Philipp Goes, Poire His.** Sorte ist diploid. Literatur: (33) (40) (87) (114) (115)

BARONSBIRNE
Eine der besten Kochbirnen. Haltbar bis September. Die LWK in Hannover schreibt 1907: Große hohe birnförmige Frucht. Hellgrün, bei der Reife gelb, Stiel sehr lang. Ansprüche an Boden und Klima sind gering. Alljährlich reichtragend. Vorzügliche Wirtschaftsfrucht, beste Kochbirne, wird schön rot. Reifezeit: Dezember bis April. Empfohlen zur Anpflanzung an Straßen und Feldwegen. **Baron d'Hiver** (fr.) **Winter Baronpear** (engl.). Als Kochbirne in der Preisgruppe 5. Baum ist starkwachsend. Der Name **Winter-Baronpear** stammt von Diel. Er erhielt Edelreiser aus Groningen und gab zum Unterschied einer ihm noch bekannten **Sommer-Baronsbirne** diesen Namen. In Holland finden sich auch die ersten Aufzeichnungen über die **Baronsbirne.** In Deutschland war sie nur unter diesem Namen bekannt, in Frankreich unter **Baron d'Hiver.** Fleisch ist gelblichweiß und grobkörnig, roh ungenießbar, gekocht sehr gut, vorwiegend süß schmeckend. Im Praktischen Ratgeber 1886 als eine der besten Kochbirnen empfohlen. Man schrieb damals **Baronsbirn.** Literatur: (13) (15) (24) (40) (72) (87) (111) (115) (121)

Im Bundes-Obstarten-Sortenverzeichnis aufgeführt sind:
BARTHLMÄBIRNE, BARTHOLOMÄUSBIRNE und **BARRY**

BARSEK
Über diese Sorte keine Daten gefunden. **(Barsek X Williams Christbirne) X Vereinsdechantsbirne** gekreuzt. Hieraus entstand in Maryland, USA die Sorte **Dawne**. Literatur: (Verzeichnis der Apfel- und Birnensorten von W. Votteler)

BARTBIRNE
Lokalsorte. Keine Beschreibungen gefunden.

BARTLETT BOSTON ROUGE
Intern. Warenzeichen 167 657 Literatur: (26-8/63)

BAUMFARBIGE BUTTERBIRNE
Ein Synonym der Sorte: **Holzfarbige Butterbirne**. (Pomologisches Handbuch)

BAUSKESCHE BUTTERBIRNE
Lt. Prakt. Ratgeber von 1888 soll es diese Sorte damals in Rußland gegeben haben.

BAYERISCHE MOSTBIRN
Sorte war im 19. Jh. in Unterfranken bekannt. (Pomologenversammlung 1877)

BAYERISCHE WEINBIRNE
Mostbirne. Verwertung: IX bis X. Mittelgroß bis groß. Widerstandsfähig gegen Krankheiten und Schädlinge. Ansprüche an Boden und Klima gering. Sorte ist triploid. Literatur: (Birnensorten von H. Petzold)

BEAUCHAMPS BUTTERBIRN
In Oberdiecks Pomologischen Notizen sehr empfohlen. Im „Praktischen Ratgeber" von 1886 steht folgendes: Klein, hart, völlig unbrauchbar.

BECKENBIRNE
Alte Sorte, auch Synonym der **Forellenbirne**. Literatur: (87)

BEGUINEN-BIRN
Sehr alte Sorte. Wird im „Pirarium" beschrieben.

BELLA DI GIUNO
„Schöne des Juni". Dürfte sich um eine Frühbirne aus Italien handeln. In der Liste der Sommerbirnen nicht eingetragen.

BELLE ANGEVINE
1889 im Praktischen Ratgeber beschrieben. Ist die **Schöne Angevine**.

BELLE DE BEAUFORT
Gute Tafelbirne. Genussreife: Oktober/November. Große bis sehr große abgestumpfte birnförmige Frucht. Grundfarbe gelb, Sonnenseite bronzefarben berostet. Baum wächst mittelstark.

Im Bundes-Obstarten-Sortenverzeichnis angegeben sind:
BELLE DE BRUXELLES und **BELLE DE SOIGNIES**

BELLE DES ABRÉS
Guter Pollenbildner, diploid. Deutsch: **Schöne von Abrés**. Tafel- und noch bessere Wirtschaftsbirne. Genussreife: III bis VI. Große bis sehr große birnenförmige Frucht. Der Baum ist unempfindlich und wächst kräftig. Hoher Ertrag, anbaufähig in allen guten Lagen. (Verzeichnis der Apfel- und Birnensorte)

BELLE JULIE
Im Bundes-Obstarten-Sortenverzeichnis angegeben.

BENITA
Von dem Züchter Peter Hauenstein aus Rafz in der Schweiz. Name: **Benita Rafzas**. Ergebnis einer 1985 durchgeführten Kreuzung von **General Leclerc X Hosui** einer Nashi-Birne. Unter „**Rafzas**" 1998 zum Sortenschutz angemeldet. **Benita** ist eine international eingetragenen Namens- und Bildmarke. Baumwuchs ist starkwachsend, ähnlich der Nashi. Frucht ist hellgelb bis goldgelb mit feiner Berostung. Fruchtfleisch saftig-knackig. Nashibirne und köstliche aromatisch europäische Birne, direkt vom Baum eßbar. Reife: Mitte August in der Schweiz. Lagerung 2 - 3 Monate im Kühllager möglich. Bisher noch kein Schorf- und Pseudomonas-Befall beobachtet. Vertrieb über das Netz der Rubinette Lizenznehmer. Quelle: (Obstbau: 3/98)

Im Bundes-Obstarten-Sortenverzeichnis aufgeführt sind:
BERE KIEVSKAYA und **BERGAMOT REINET.**

BERGAMOTE HÉRAULT
Alte Sorte. Der Züchter war auf der Pomologen-Versammlung 1893 nicht bekannt. Eine ziemlich große Frucht. Genussreife im Dezember. Tafelbirne, man schrieb damals: Frucht 1. Güte. Literatur: (Pomologen-Versammlung 1893 in Breslau)

BERGAMOTTE

Eine **Einfache Bergamotte** und eine **Doppelte Bergamotte** waren in der Preisgruppe 4 eingestuft. Über 30 verschiedene Namen von Bergamotten sind mir bekannt. Diel beschrieb noch mehr Bergamotten und nannte viele Sorten nur Halbbergamotten. In der Türkei war eine Sorte **Beg-Armudu** bekannt. 1898 wurde im Verzeichnis der Obstsorten der Provinz Hannover eine **Rote Bergamotte** mit dem Synonym **Herbstbergamotte** beschrieben. Im 19. Jh. war in Österreich eine **Bergamottbirn** bekannt, diese war auch ein Synonym für die **Edel-Crassane**. Quellen: (72) (83) (113) (114)

BERGAMOTTE CADETTE
Wurde schon um 1820 von Diel beschrieben.

BERGAMOTTE CHAROZIE
Eine späte Birnensorte. Genussreife ist I bis III. (Birnensorten von H. Petzold)

BERGAMOTTE CRASSANE
Seit Ende des 18. Jh. bekannt. Gute Tafelbirne. Synonyme: **Beurré Platt, Cresan Pear, Platte Butterbirne.** Haltbar bis Dezember. Fruchtschale dick, gelbgrün, später gelb. Plattrunde, mittelgroße Frucht. Schale gelb. Fruchtfleisch schmelzend, gewürzt, säuerlichsüß. Von Schiller 1795 sehr gut beschrieben, als **Bergamot Crasane**. Gute Beschreibung 1797 von Sickler, als **Bergamotte Crasanne** (Französisch) **Cresane Pear** (Englisch) Auf 6 Seiten hat Sickler diese Sorte beschrieben und hochgelobt.

Im Bundes-Obstarten-Sortenverzeichnis werden folgende Bergamotten aufgeführt:
BERGAMOTTE DE STRYCKER, BERGAMOTTE FORTUNÈE
BERGAMOTTE HEIBRIG, BERGAMOTTE HEIMBOURG und
BERGAMOTTE HERTRICH

BERGAMOTTE LESEBLE
Alte französische Sorte. Pomologenversammlung (1877)

BERGAMOTTE NANOT
Entstand um 1890 als Sprossmutation der **Winterdechantsbirne**. Gute Tafelbirne. Genußreife: November/Februar. Widerstandsfähig gegen Schädlinge und Krankheiten. Ertrag gut und regelmäßig. (Verzeichnis der Apfel- und Birnensorten)

Im Bundes-Obstarten-Sortenverzeichnis werden noch aufgeführt:
BERGAMOTTE ORANGE, BERGAMOTTE PHILIPPOT und
BERGAMOTTE SANNIER

BERGAMOTTE SOULERS
Wurde 1795 von Schiller beschrieben. Genussreife: XI bis XII. Fruchtschale gelb,grün punktiert. Heutiger Name: **Bergamotte von Soulers.**

BERGAMOTTE VON BUGI
Tafelbirne. Sehr alte Sorte. Genussreife: April/Juni. Fruchtschale ist hellgelb, leicht berostet. Fruchtfleisch körnig, halbschmelzend bis schmelzend, gewürzt, süß.

BERGAMOTTE VON PARTHENAY
Sehr alte Sorte. Vor 1850 beschrieben.

BERGISCHE DÖRRBIRNE
Lokalsorte des Bergischen Landes. Sehr gute Wirtschafts- und Dörrbirne. Frucht mittelgroß. Baum sehr stark wachsend. Hoher Ertrag. (Verzeichnis der Apfel- und Birnensorten von W. Votteler)

BERGLERBIRN
Auch **Bergbirn** stammt aus der schweizer Gemeinde Berg, im St. Gallischen, oberhalb von Arbon. Gehört zu den kleinen Birnensorten und ist eine vorzügliche Mostbirne. Der Baum trägt in der Regel erst nach 25 - 30 Jahren, dann aber regelmäßig und kann ein Alter von 200 Jahren erreichen. Literatur: (55)

BERKMANNS BUTTERBIRN
Wurde von Oberdieck empfohlen und beschrieben. Sorte soll reichtragend, süß und brauchbar gewesen sein. Wurde auch **Bergmanns Butterbirne** geschrieben. Soll in Ostfriesland als **Berkmanns Butterbirne** bekannt gewesen sein.
Literatur: (Prakt. Ratgeber 1889 S. 428)

BERNER DORNBIRNE
Alte schweizer Sorte. Wirtschaftsbirne. (Birnensorten der Schweiz)

BERTRAMS STAMMBILDNER
Wurde von Prof. de Haas als Stammbildner gelobt. Hat sich auch als sehr frostwiderstandsfähig erwiesen. Besonders für Viertelstämme zu empfehlen. In Sortenlisten habe ich diese Sorte nicht gefunden. (Marktobstbau von Prof. de Haas)

BESI DE CHAUMONTEL
Alte Sorte, wurde 1795 von Schiller als **Besy de Chaumontel** beschrieben. Auf der Pomologen-versammlung in Potsdam 1877 sehr empfohlen. Im 19. Jh. überall in Deutschland verbreitet. Bäume werden sehr alt. Synonym: **Chaumontel**. Quelle: (Pomologenversammlung 1877)

BESI DE LA MOTTE
Alte französische Sorte. Genussreife: Dezember. Schale grün, später gelb. Teilweise Berostungen. Fruchtfleisch ist süß. (Lexikon der Obstsorten)

BESTEBIRNE
Erster Name war **Sommer-Eierbirne**. Im 19. Jh. **Pomeranzenbirne** in Baden. In Württemberg **Saurüssel**, in Würzburg **Sommerzitronenbirne**, in Österreich **Sommer-Eier-Birne** und im Elsaß **Straßburger Bestebirne**. Eine alte deutsche Züchtung, über deren Ursprung es aber keine Angaben gibt. Baum ist starkwachsend. Reifezeit ist Mitte VIII bis Anfang IX. Am Anfang des 20. Jh. wurde sie vorwiegend für die Verwertung gebraucht. Um 1900 kam diese Sorte in allen badischen Anbaugebieten vor. Sie wurde **Bestebirn** genannt, weil man sie für eine der besten Birnensorten hielt. **Sommereierbirn** wurde diese Sorte im Badischen genannt wegen der Ähnlichkeit mit einem Ei. Frucht ist klein, Fleisch ist mattweiß, saftig. Überreif ist die Frucht etwas schmierig. Literatur: (24) (55) (114)

BESY D'HERY
Wurde 1795 von Schiller als *"eine mittelmäßig grosse Birn"* beschrieben. Name ist auch ein Synonym für die **Französische Kümmelbirne**.

BETA
Birnensorte aus der CSR. 1994/95 in Holvousy/CSR zugelassen. (Obstbau 12/96.)

BETH
Im Bundes-Obstarten-Sortenverzeichnis aufgeführt.

BETZELSBIRNE
Synonym: **Betzelsbirn**. Most- und Wirtschaftsbirne. Verarbeitung: XI bis III. Der Baum wird stark und groß, ist nicht anspruchsvoll an den Boden und selbst für rauhe Gegenden geeignet. Sorte ist heute kaum noch bekannt, wurde aber vor 1850 in Deutschland und vor 1862 in Österreich angebaut. Literatur: (12) (23) (44) (115)

BEUCKES BUTTERBIRNE
1886 von Beucke gezüchtet. Eine deutsche Sorte, ziemlich groß bis sehr groß. Reife ist Ende August bis Anfang September. Fruchtbarkeit ist gut, Wuchs ziemlich kräftig. Bei Goetz 1936 erwähnt. Sorte ist diploid. **Beukes Butterbirne** war 1939 in Preisgruppe 3 eingestuft. Ob mit k oder ck, die Sorten sind identisch.
Literatur: (12) (13) (17) (115)

BEURRE AMANDÈ
1874 von Sannier gezüchtet. Mittelgroße bis große Frucht. Sehr fein gewürzter Geschmack. Reifezeit: X bis XI. Wurde 1893 auf der Pomologen-Versammlung in Breslau sehr empfohlen.

BEURRÈ BAGOUT
Im Bundes-Obstarten-Sortenverzeichnis aufgeführt.

BEURRÈ BALTET PÈRE
1870 von Baltet gezüchtet. Große Frucht. Talelbirne. Genussreife: X bis XI. Auf der Pomologenversammlung 1877 als starkwüchsig und gut tragbar bezeichnet, wurde die **Baltet pére.** (Pomologen-Versammlungen 1877 und 1893)

BEURRÉ BEDFORD
Birnensorte in Nordamerika. (Warenkunde für den Fruchthandel)

BEURRÈ BLANC
Sorte aus Frankreich. 1877 auf der Pomologen-Versammlung kurz beschrieben.

BEURRÈ D'AVRIL
Eine späte Birnensorte. Lagerfähig bis März. Mittelgroße Frucht. Schale gelb mit starken Rostflecken. Fleisch ist gelb, saftig, süßweinig und von feiner Würze.
Literatur: (Die wichtigsten Birnensorten von F. Hertel 1914)

Im Bundes-Obstarten-Sortenverzeichnis sind folgende Namen aufgeführt:
BEURRÈ D'ENFANTS NANTIS, BEURRÈ D'ENGHIEN, BEURRÈ D'NANTES, BEURRÈ DE ANVERS,. BEURRÈ DE NIVELLES, BEURRÈ DILLY, BEURRÈ DOORENBOSCH und **BEURRÈ DUBUISSON.**

BEURRÈ DUMONT
Sorte war auf 1893 auf der Pomologen-Versammlung in Breslau ausgestellt und wurde sehr empfohlen.

BEURRÈ DUVAL und **BEURRÈ FLON**
Beide Sorten sind im Bundes-Obstarten-Sortenverzeichnis angegeben.

BEURRÉ GRIS
In der Liste der Sommerbirnen, für die vom 10.06. bis zum 31.07. lt. EG-Norm keine Mindestgröße vorgeschrieben ist.

Im Bundes-Obstarten-Sortenverzeichnis sind folgende Sorten aufgeführt:
**BEURRÈ LOUIS GROLEZ, BEURRÈ LUIZET,
BEURRÈ PAPA LAFOSSE** und **BEURRÈ RANCE**

BEURRE ST. MARC
War im 19. Jh. in Niederösterreich bekannt. Keine Synonyme erwähnt. Frucht mittelgroß, apfelförmig. Sehr aromatisch, fein gezuckert und gewürzt. Tafelbirne. Genussreife: Dezember bis Februar. Der Baum wächst stark, trägt früh und reichlich, verlangt einen guten Boden, schreibt das Pomologisches Handbuch für Nieder-Österreich. Vermutlich eine Lokalsorte.

Im Bundes-Obstarten-Sortenverzeichnis ist folgende Sorte angegeben:
BEURRÈ VAUBAN

BEURRÈ VITAL
Mittelgroße, gelblichbraune Frucht. Baum ist sehr fruchtbar. Genussreife: Dezember bis Februar. Stammt aus Frankreich, bei uns nur wenig bekannt geworden. (Pomologen-Versammlung 1893)

BIBERACHER BUTTERBIRNE und
BIELEFELDER BUTTERBIRNE
Beide Sorten sind im Bundes-Obstarten-Sortenverzeichnis angegeben.

BIRN OHNE SCHALE
Wurde 1795 von Schiller beschrieben. Französischer Name: **Poire sans Peau.** Er vergleicht die Birne mit der **Kleinen Casolette** und der **Waldenser-Birn.** Schiller hält sie für eine der besten Sommerbirnen. Wahrscheinlich ist die **Birne ohne Haut** identisch. Reife: Mitte August. Grünlichgelb, dann gelb. Sonnenseite leicht gerötet. Fruchtfleisch schmelzend, gewürzt und süß.

BIRN VON KIENZHEIM
Alte Sorte, wurde um 1820 beschrieben. (Pirarium von Max Keser)

BIRNE AUS TONGERN
Alte Schreibweise, heute **Birne von Tongern**. In der älteren Literatur findet man aus und von Siehe auch: **Birne von Tongern** oder **Birne von Tongre**.

BIRNE MIT ZWEI KELCHEN und **BIRNE MIT ZWEI KÖPFEN**
Beides Synonyme der **Zwibotzenbirne**. (Pomol. Handbuch für Nieder-Österreich)

BIRNE VON BOUTOC
Als gute Tafelbirne beschrieben. Reife ab Mitte August. Etwa 3 Wochen haltbar. Mittelgroße, rundliche, birnenförmige Frucht. Fruchtfleisch gelblichweiß, schmelzend, saftig, süß, etwas parfümiert, feine Säure. Früher und hoher Ertrag. Synonyme: **Poiré d'Auge** und **Poire Desse**. (Lexikon der Obstsorten)

BIRNE VON FONTENAY
Tafel- und Wirtschaftsbirne. Reife: September. Großfrüchtig, bauchig, birnenförmig. Fruchtfleisch schmelzend, gewürzt, süß. Baum wächst kräftig. Ertrag hoch. Synonym: **Belle d'Esquermes, Französische Eifersüchtige, Jalousie de Fontenay, Poire de Fontenay Vendée**. (Verzeichnis der Apfel- und Birnensorten)

BIRNE VON GEIERSBERG
Eine oberbayerische Lokalsorte. (Lexikon der Obstsorten)

BIRNE VON NEAPEL
Wirtschaftsbirne. Verarbeitung: Januar bis März. Hellgrün, dann gelb. Sonnenseite leicht gerötet, Kelch berostet. Fruchtfleisch körnig, halbschmelzend, süß. (40)

BIRNE VON SIEGENBURG
Lokalsorte aus der Oberpfalz. Grünlichgelb, deutliche Berostungen. Auffällige Lentizellen. (Verzeichnis der Apfel- und Birnensorten)

BIRNE VON TONGERN
Wurde 1823 aus Frankreich eingeführt. Sehr gute Tafelbirne. Genussreife: X bis XI. Auch: **Beurré Durandeau** und **Poire Tongres**. Lt. österreichischen Angaben, soll es die Sorte seit 1811 geben. Zufallssämling aus Belgien. Um 1900 schrieb man **Birne von Tongre**. 1823 aus Frankreich eingeführt und seitdem stark verbreitet. Es gab die Schreibweisen: **Tongre, Tongern** und **Tongres**. Herkunft: Tongres-Belgien schreibt J. Seitzer in seinen Farbtafeln, auch **Poire de Tongre-Notre-Dame** ist bekannt. Handelsname ist **Tongern**. Literatur: (02) (14) (24) (40) (51) (72) (87)

BIRNE VON TORPES
Wird als Tafel- und Wirtschaftsbirne beschrieben. Reife: Oktober bis Dezember. Mittelgroß bis groß. Gelb, auffällige Lentizellen, großflächig berostet, weinsäuerlich. Der Baum wächst kräftig, ist sehr fruchtbar und weitgehend frosthart. (40)

BISAM-BIRN
Auch **Bourdon musque** bei Schiller um 1795. (37 S. 171)

BISCHOF THUMB
Wurde vor 1850 beschrieben. (Pirarium)

BISCHOFS-BIRNE
Tafelbirne. Reife: Ende August. Ist auch ein Synonym von **Liegels Butterbirne**. Im 19. Jh. in Österreich auch: **Liegel' s Winter-Butter-Birne**. Groß, saftig, gewürzt, süß. (Pomolog. Handbuch für Nieder-Österreich)

BIVORTS RUSSELET
Uralte Sorte, wurde um 1820 beschrieben. (Pirarium)

BLANCA DE ARANUEZ
Agua de Aranjuez, auch **Espadona**. Eine Frühsorte, für die bis zum 31.Juli lt. EG-Norm keine Mindestgröße erforderlich ist.

BLANQUET Á LONGUE QUEUE
Siehe **Französische Langstielige Weißbirne**.

BLANQUILLA
Spanische Birnensorte. Anbau nur in Spanien. Im Jahresdurchschnitt werden ca. 200.000 to von dieser Sorte erzeugt. (Obstbau 10/96)

BLUMENBACHS BUTTERBIRNE
1820 von Esperen gezüchtet und als **Soldat Laboureur** in den Handel gebracht. **Herzogin von Brabant** war ebenfalls schon geläufig. Esperen war Pomologe in Belgien. Oberdieck, ein bekannter deutscher Pomologe erhielt Reiser ohne Namen durch van Mons und taufte sie nach dem Hofrat Blumenbach in Göttingen. **Blumenbachs Butterbirne.** Unter diesem Namen war sie in ganz Deutschland bekannt. Frucht ist mittelgroß, hellgelb, rostig punktiert. Reife: X bis XI. Fleisch ist weißlichgelb, fein und saftig, von erfrischendem melonenartigem Geschmack. Sorte ist diploid. Tafelbirne ersten Ranges, ausgezeichnete Marktfrucht, schrieb die Landwirtschaftskammer Hannover 1907. Als Unterlage wurde Quitte oder Wildling

empfohlen. Weitere Synonyme: **Auguste von Mons Soldat, Beurré de Blumenbach, Duchesse de Brabant, Herzogin von Brabant, Poire de Soldat.** In Oberösterreich hieß sie nur **Butter-Birn.** Literatur: (24) (40) (111) (114) (115)

BLUMENBERGER BUTTERBIRNE
Im Bundes-Obstarten-Sortenverzeichnis aufgeführt.

BLUMENBIRNE
Wurde von Diel als eine Halbbergamotte beschrieben. Reife Ende August, aber nur zum kochen empfohlen. Schale vom Baum gelbgrünlich, später zitronengelb.

BLUTBIRNE
Tafel- und Wirtschaftsbirne. Reife: IX bis X. Mittelgroße, birnenförmige Frucht. Schale dunkelgrün, Fruchtfleisch rosenrot, weiß geädert. Geschmack ist angenehm und süß. Baum wächst kräftig und trägt reichlich. Mostbirne schreibt H. Petzold. Synonym: **Sanguinole.** Bekannt ist auch eine **Große Blutbirne.** Im 19. Jh. war **Blut-Birne** in Österreich auch ein Synonym der **Sommer-Eier-Birne.** Bei uns war die **Blutbirn** in einigen Gegenden als eigene Sorte bekannt.
Literatur: (68) (40) (114) (121)

BLUTROTE BIRNE
Im Bundes-Obstarten-Sortenverzeichnis aufgeführt.

BOCKSBIRNE
Als **Kleine Sommermuskatellerbirne** im Bundes-Obstarten-Sortenverzeichnis.

BÖDICKERS BUTTERBIRN
Eine sehr alte Sorte. Genussreife: X bis XI. Fleisch ist gelblichweiß, fein, ganz schmelzend, sehr saftig. Vor 1850 beschrieben. Auf der Pomologenversammlung 1877 wurde diese Sorte kurz als **Bödiker's Butterbirn** beschrieben.

BOGENÄCKER
Im Bundes-Obstarten-Sortenverzeichnis aufgeführt. Bei Diel-Lucas **Bogenäckerin.**

BOHEMICA
Winterbirnensorte aus der CSR. Wurde in Holovousy gezüchtet. (Obstbau 12/96) Ist die Schreibweise ein Druckfehler oder eine andere Sorte ? In (Obstbau 12/94) schreibt man **Bohemia.** Reife: X. Kreuzung aus **Gräfin von Paris X Charneu.**

BOHUSNE VAJKÖRTE
Im Bundes-Obstarten-Sortenverzeichnis aufgeführt.

BOLARMUD
Nach Diel eine Halbbutterbirne. Reife im Dezember.

BOLLWEILER BUTTERBIRNE
Bei Goetz 1936 erwähnt. Sehr alte Sorte, bei Diel die **Bollwiller Butterbirn**. Kochbirne, haltbar bis zum Frühjahr. Auf der Pomologen-Versammlung 1877 kurz beschrieben.

BON CHRETIEN
Unter diesem Namen wird die **Williams** in den Monaten Februar bis März aus der Rep. Südafrika und anderen Ländern der südlichen Halbkugel importiert. Als **Bon Chretien Williams Rouge** das Int. Warenzeichen 167 658. Quelle: (26-8/63)

BON ROUGE
Wurde in den vergangenen Jahren in den Frühjahrsmonaten aus der Republik Südafrika verstärkt importiert. **Bon Rouge** ist eine rote Farbmutante der **Bon Chretin**. **(Williams Christ)** Diese Birnen aus den Ländern der südlichen Halbkugel werden in großen Mengen bei uns eingeführt. Die Haltbarkeit der **Bon Rouge** ist nur kurz, wenn die Birne erst an den Obstständen steht.

BONNE D´EZÉE
War um 1890 als Tafelbirne in Böhmen bekannt. Im Praktischen Ratgeber 1889 **Gute von Ezée**. Wurde von der Königlichen Gärtnerlehranstalt in Wildpark für alle Baumformen empfohlen. Reife: September bis Oktober. Frucht ist sehr groß, walzenförmig. Schale gelb, Berostungen. Fruchtfleisch gewürzt und süß. (02) (17)

BONNESERRE DE SAINT DENIS
Wurde bei Angers in Frankreich gezüchtet und kam 1865 in den Handel. Tafelbirne. Genussreife: XII bis II. Mittelgroße Frucht. Fruchtfleisch ist weiß, fein, saftig, schmelzend, um das Kernhaus etwas körnig. Geschmack angenehm parfümiert. Ertrag ist hoch. (Verzeichnis der Apfel- und Birnensorten)

BONNE THÉRÈSE
Diese Sorte wurde 1877 auf der Pomologenversammlung erwähnt.

Im Bundes-Obstarten-Sortenverzeichnis aufgeführt sind:
BORO und **BORUP**

BOSC´S FLASCHENBIRNE
Seit 1810 in Deutschland bekannt und im 19. Jh. fälschlicherweise als **Kaiser Alexanderbirne** verbreitet. Als **Kaiserkrone** war sie vorwiegend in Berlin und in Böhmen bekannt. In der Provinz Hannover war diese Birne ebenfalls als **Kaiserkrone** bekannt. Die LWK Hannover schrieb 1907: Vorzügliche Tafelfrucht ersten Ranges, geschätzte Marktfrucht. In Sachsen und einigen anderen Gebieten wurde sie **Calebasse Bosc** oder **Calebasse** genannt. In der Literatur findet man auch **Beurré d´Apromont, Boscs Flaschenbirne** auch **Kalebasse**. Reifezeit: X bis XI. Das Fleisch ist gelblich weiß, äußerst saftig, zuckersüß und sehr angenehm gewürzt. Die Früchte dürfen nicht zu früh gepflückt werden. Wahrscheinlich von van Mons in Löwen, Belgien 1807 gezüchtet. Nach A. Leroy wurde sie 1793 oder später in oder bei Apremont (Dep. Haute-Saone) als Altbaum entdeckt. Bei Diel in die Klasse der Herbstflaschenbirnen eingestuft. Weitere Synonyme: **Beurré Bosc, Kaiserbirne, Poire Bosc.** Sorte ist diploid. Wurde im Praktischen Ratgeber von 1888 auch **Bosk´s Flaschenbirne** geschrieben. **Bere Alexandr Bosk** und **Bere Bosk** ist russisch, **Boskova Maslovka** und **Boskova butilkovidna** ist bulgarisch, **Untoasa Bosc** ist rumänisch. **Bosc Kobakja** ist der Name in Ungarn, **Boscova lahvice** in Tschechien. Im 19. Jh. gab es in Oberösterreich noch die Synonyme: **Alexander-Flaschen-Birne, Bosè's Flaschen-Birne, Galweiss, Humboldt's Birne** und die heute noch bekannten Namen **Kaiser Alexander** und **Kaiserkrone**.
Literatur: (17) (24) (33) (38) (39) (51) (52) (68) (72) (77) (111) (114) (115)

BOURDON
Wurde 1795 von Schiller beschrieben als *„mittelmäßig große Birn. Die Schale ist glatt und wenn sie reif geworden, von gelblichter Farbe. Der Baum hat ein gutes Gewächs, und trägt wohl".*

BRAKENBIRN
1795 bei Schiller erwähnt, ohne Beschreibung.

BRATBIRNE
Wurde 1936 bei Goetz erwähnt. Synonym: **Metzer Bratbirne.** Bekannt ist auch die **Champagner Bratbirne, Deutsche Bratbirne, Tepka, Welsche Bratbirne** und andere. Bratbirnen sind rundliche, bergamottenförmige Früchte. Fleisch ist grobkörnig, weiß, grünlich bis gelblich, süß, süßsäuerlich, herb. Literatur: (12) (68)

BRAUNE BUTTER-BIRNE
In Österreich, im 19. Jh. ein Synonym der **Holzfarbigen Butter-Birne.** (114)

BRAUNE SCHMALZBIRN
Sehr alte Sorte. Wurde vor 1850 beschrieben. Reife Ende September. Tafel- und Küchenfrucht. Bei Goetz 1936 **Braune Schmalzbirne.**

BRAUNER SOMMERKÖNIG
Eine Sommerbirne, wurde bei Diel in die Klasse der Russeletten eingeteilt. Reife Anfang September, Haltbarkeit war sehr kurz.

BRAUNROTE POMERANZENBIRNE
Von Hinkert 1830 als **Braunrothe Pomeranzenbirn** beschrieben, ebenso bei Diel, etwa zur gleichen Zeit. Hinkert schrieb: *„Für den Markt und zu jedem Gebrauch schätzbar".* Tafel- und Wirtschaftsbirne. Genussreife: September. Kleinfrüchtig, Schale gelbgrün, dann gelb, oft großflächig gerötet. Deutliche Berostungen, auffällige Schalenpunkte. Fruchtfleisch gewürzt, süß. Literatur: (40) (72) (117)

BRAUNROTHE FRÜHLINGSBIRN
Wurde vor 1850 beschrieben.

BRAUNROTHE SPECKBIRN
Eine längliche Kochbirne. Reife Ende August bis Anfang September. Fleisch gelblichweiß und saftreich. Nicht zum Frischverzehr geeignet. (Pirarium)

BREITE WEINGÄRTLER
War in den Bezirken Überlingen und Stockach am Bodensee stark verbreitet. Vereinzelt auch im Oberrheintal. Synonym: **Sipplinger Klosterbirn.** War um 1900 eine sehr geschätzte Wirtschaftsbirne. Frucht ist mittelgroß, Schale ziemlich fein, gelblichgrün, um den Kelch etwas berostet. Fleisch ist gelblichweiß, etwas steinig, sehr saftreich und süß. Verarbeitung: X bis XI. Gute Dörr- und Kochbirne, ebenfalls Mostbirne. (Empfehlenswerte Obstsorten für das Großherzogtum Baden)

BREMER BUTTERBIRN
Die Sorte war 1877 auf der Pomologenversammlung in Potsdam ausgestellt.

BRESTER SAFTBIRNE
Schon vor 1700 bekannt. Genussreife: August. Große, länglich-birnenförmige Frucht. Süßsäuerlich, zimtartig gewürzt. Synonyme: **Fondante de Brest, Schlunzenbirne, The Unknown of Cheneau, Schmalzbirne von Brest** und andere. Baum wächst stark. (Lexikon der Obstsorten)

BRESTER SCHMALZBIRNE
Tafelbirne. Mittelgroß, gelblichgrün, Sonnenseite gerötet. Fruchtfleisch fest. (40)

BRETTACHER SCHLACKEN
Alte Wirtschaftsbirnensorte aus Baden-Württemberg.

BRIEL'SCHE POMERANZENBIRN
Eine alte Sorte, bei Diel in der Klasse der Halbbergamotten. Reife: Anf. September.

BRIFFAUT
Eine Frühbirne, kam um 1890 zu uns. Beschreibung im „Prakt. Ratgeber" von 1914. Wurde auch **Briffant** geschrieben. Großfrüchtig, Früchte sind vorzüglich, nur die Haltbarkeit ist gering. Darf nicht am Baum reif werden, wird dann schnell mehlig.
Literatur: (78) (115)

BRIGACHTALER WILDBIRNE
Lokalsorte aus Baden-Württemberg.

BRISTOL CROSS
1934 in England entstanden. **Williams Christ Birne X Conference.** Tafelbirne. Reife: IX bis X. Schale glatt, manchmal etwas berostet. Kaum anfällig für Schorf, stark anfällig für Feuerbrand. Ertrag setzt früh ein, ist hoch und regelmäßig. Fruchtfleisch schmelzend, süßaromatisch. Mittelstarker Wuchs.
Literatur: (Alte und neue Birnensorten von F. Mühl)

BRITANNIENBIRNE
Tafelbirne. Reife: IX. Kleinfrüchtig, kreiselförmig, beulig. Schale ist gelblichgrün, Sonnenseite gerötet. Sehr saftig, gewürzt, süß. (Lexikon der Obstsorten)

BRITANNISCHE SOMMERBIRNE
Tafelbirne, mittelgroß. Schale gelb, Sonnenseite auch gerötet. Das Fruchtfleisch ist schmelzend, gewürzt und süß. (Lexikon der Obstsorten)

BRITISCHE KÖNIGIN
Gute Tafel- auch Wirtschaftsbirne. Reife: Oktober. Große, länglich eiförmige Frucht. Zur Reifezeit ganzflächig berostet. Frucht ist halbschmelzend, süßweinig. Delikater Geschmack. Baum wächst mittelstark. (Verzeichnis der Apfel- und Birnensorten)

BRONCIRTE BUTTERBIRN
Sorte war im 19. Jh. in Unterfranken bekannt. (W. Lauche 1877)

BRONZIERTE HERBSTBIRN
Im Praktischen Ratgeber von 1886 als sehr fruchtbar angegeben. Aber hart und geschmackslos. Die **Broncirte Herbstbirn** wurde vor 1850 von Diel als sehr gute Herbstbutterbirne beschrieben. Genussreife bis November.

BRONZIERTE VON ENGHIEN
Tafelbirne. Genussreife: November bis Februar. Großfrüchtig. Schale ist hellgrün, stark berostet. Halbschmelzend, süßäuerlich. Synonym: **Bronzée d`Enghien**.

BROOM PARK
Wurde vor 1850 als Winterbergamotte beschrieben. Lt. Diel Genussreife bis XII. 1877 auf der Pomologen-Versammlung als **Brom Park** beschrieben.

BROUGHAM
Wurde 1877 von Oberdieck auf der Pomologenversammlung in Potsdam vorgestellt.

BRUGMANS
Tafelbirne. Genussreife: November. Schale hellgrün, dann hellgelb. Großflächig berostet. Im „Pirarium" schreibt man **Brugmanns**. Diel bezeichnete diese Sorte als Herbstflaschenbirne.

BRÜSSELER FRÜHBIRNE
Früher schrieb man **Brüsseler Birn**. Bei Diel eine Sommerbirne für die Tafel, den Haushalt und den Markt. 1830 von W. Hinkert beschrieben für Tafel und Markt. Reife: Ende VIII. 14 Tage haltbar. Die **Brüsslerbirn**, auch **Brussel Peer**, wurde von Schiller 1795 als *„ziemlich grosse Birn"* beschrieben.
Literatur: (37) (72) (117)

BRÜSSELER HERBSTMUSKATELLER
Tafelbirne. Genussreife: November. Mittelgroß, leicht gerippt. Schale gelblichgrün, dann gelb. Großflächig berostet, ruchtfleisch gewürzt. Synonym: **Muskateller**.

BRÜSSELER ZUCKER-BIRNE
Im 19. Jh. eine eigene Sorte in Österreich, aber auch ein Synonym für die **Frühe Dechants-Birne** und **Van Marums Schmalzbirne**. (Pomolog. Handbuch)

BUGIARDA
Eine sehr alte Birnensorte. Vor 180 Jahren von Diel als Sommerapothekerbirne beschrieben. Reife: Ende September.

BUNTE BIRN
Sehr alte Sorte, wurde vor 1850 als Kochfrucht beschrieben. Einteilung bei Diel in die Klasse der Sommerrusseletten. Beschreibung auf der Pomologenversammlung 1877 in Potsdam.

BUNTE JULIBIRNE
Wurde bei Rouen/Frankreich gezüchtet und kam 1857 in den Handel. Verschiedene Synonyme: **Colorée de Juillet, Gefärbte Julibirne, Julischönheit, Schönste Julibirne. Cervencovà** ist der Name in in Tschechien. Der Handelsname ist nur noch **Bunte Juli.** Es gibt aber auch die Bezeichnung: **Frühe Juli** und **Bunte Juliusbirne.** Lauche nannte sie **Juli-Schönheit.** F. Hertel schrieb 1914 in seinem Buch: „Die wichtigsten Birnensorten" nur über die **Bunte Juli.** Lt. Deutschlands Obstsorten wurde diese Sorte vom Baumschulenbesitzer Boisbunnel in Rouen gezogen und als **Colorée de Juillet** 1857 in den Handel gebracht. In Polen bekannt als **Lipcòwka Kolorowa** und in Norwegen als **Broket Juli.** Mittelgroß, meist etwas länger als breit, mitunter rundlich. Fleisch ist weißlich, etwas grob, saftig und so lange nicht überreif, wohlschmeckend. Wegen der geringen Schorfanfälligkeit gut geeignet für den Hausgarten. Hertel schrieb 1914: Die Frucht gilt als schorffrei. Es sind keine schlechten Eigenschaften bekannt.
Lt. österreichischen Aussagen kam die Sorte bereits um 1850 in den Handel. Soll ein Zufallssämling sein. Pflück- und Genußreife Ende Juli bis Anfang August. **Bunte Juli** war in der Preisgruppe 1 und wurde 1947 zum Anbau im Alten Land, in Südkehdingen und auf besseren Geestböden empfohlen. Prof. De Haas schreibt: Trägt sehr früh und regelmässig, kommt aber nur für Frühobstanbaugebiete in Frage. Sorte ist diploid. Literatur: (02) (04) (07) (14) (24) (26-3/47) (40) (68) (77) (87)

BUNTE POMMERANZENBIRNE
Wirtschaftsbirne. Verarbeitung: IX. Schale grün, Sonnenseite gerötet. Fleisch ist süß. (Lexikon der Obstsorten)

BUNTROCKS
War in Preisgruppe 4 eingestuft. Eine Frühbirne, die auch in der Mindestgrößenliste der Sommerbirnen aufgeführt ist.

BURCHARDT´S BUTTERBIRN
Sehr alte Sorte, wurde bereits vor 1850 beschrieben. Reife: Mitte bis Ende Oktober.

BURGAUBIRNE
Vermutlich eine alte Lokalsorte. Keine Daten gefunden.

BÜRGERMEISTER BOUVIER
Sehr alte Sorte. Vor über 150 Jahren von Diel als Herbstbutterbirne beschrieben.
Reife: Ende November. Schätzenswerte Tafelfrucht.

BUTIRA
Im Bundes-Obstarten-Sortenverzeichnis aufgeführt. Anm: **Butirra** ist der Name für die Butterbirne in Italien.

BUTTERBIRN VON AREMBERG
Sorte war im 19.Jh. in Unterfranken bekannt. (Pomologen-Versammlung 1877)

BUTTERBIRN VON MONTGERON,
BUTTERBIRN VON NANTES,
BUTTERBIRN VON WETTEREN.
Diese 3 Sorten wurden vor über 150 Jahren beschrieben. (Pirarium)

BUTTERBIRNE VON FROMENTEL
Im Praktischen Ratgeber von 1889 erwähnt. Anbau in Württemberg. 1888 als bewährte Birnensorte ausgezeichnet. Vermutlich nur Lokale Bedeutung.

BUTTERBIRNE VON GHELIN
Auch: **Beurré de Ghelin.** Genussreife: X bis XI. Große bis sehr große, unregelmäßig gebaute Frucht. Schale grünlichgelb, später hellgelb. Zur Reifezeit intensiv gerötet. Baum wächst kräftig, für alle Erziehungsformen geeignet. (39)

BUTTERBIRNE VON MECHELN
Wurde von Oberdieck empfohlen. Der Praktische Ratgeber schrieb 1886: Trug erst einmal reichlich, kaum schmelzend. Völlig entbehrlich. Im „Pirarium" eine Beschreibung als **Butterbirn von Mecheln.** Tafelfrucht. Reife Anfang Oktober.

BUTTERBIRNE VON NIVELLES
Synonyme: **Beurré de Nivelles, Beurré Parmentier** und **Nivelle's Butterbirn.** Tafelbirne. Genussreife: XII bis II. Mittelgroße bis große Frucht. Fruchtfleisch ist gelblichweiß, fein, schmelzend, saftig. Der Baum wächst kräftig.
(Pomologen-Versammlung 1877)

BÜTTNERS SÄCHSISCHE RITTERBIRNE
Tafelbirne. Genussreife: Ende VIII. Fruchtschale gelbgrün, dann hellgelb. Deutliche Berostung, auffällige Lentizellen, Fleisch körnig, gewürzt, süßsäuerlich.
(Lexikon der Obstsorten)

CALBAS MUSQUE
Wurde von Schiller 1795 als „*sehr grosse Birn, von länglichter und wenig oder gar nicht bauchichter Form, ja sie wächst mehr höckericht oder schief,*" beschrieben. Soll eine gute Birne mit mildem, saftigem und schmelzendem Fleisch gewesen sein. Es dürfte sich hier um die **Calbasbirne** handeln.

CALBASBIRNE
Tafelbirne. Genussreife: XI bis XII. Schale grünlichgelb, Sonnenseite gerötet. Zur Reifezeit großflächig berostet. Das Fleisch ist körnig, schmelzend, gewürzt, süß.

CALEBASSE À LA REINE
Die Sorte entstand um 1770 in Torney-Frankreich. Auch **Königinbirne** oder **Poire á la Reine**. Tafelbirne. Mittelgroße, lange, eiförmige, ungleichmäßige Frucht. Baum wächst sehr stark. (Lexikon der Obstsorten)

Im Bundes-Obstarten-Sortenverzeichnis werden folgende Sorten angegeben:
CALEBASSE D`HIVER,
CALEBASSE DE TIRLEMONT,
CALEBASSE VAN MARUM.

CALIXTE MIGNOT
Tafelbirne. Genussreife: XI bis XII. Große grüne, später gelblichgrüne Früchte. Frucht ist nicht welkend. Fruchtbarkeit ist gut. (Pomolog.-Versammlung 1893)

CALVILLBIRN
Nach Diel eine Winterbutterbirne. Reife: Februar bis März.

CALWSCHE MOSTBIRNE
Laut Praktischer Ratgeber von 1888 in Württemberg bekannt. Lokalsorte.

CAMPERVENUS
Name in der Schweiz. Bei uns **Kamper Venus**. Eine sehr alte Sorte, die bereits 1795 von Schiller beschrieben wurde. Eine gute Kochbirne.

CANAL RED
Stammt aus den USA. Wird in Deutschland durch eine Versandfirma vertrieben. Tafelbirne. Großfrüchtig. Baumreife Anfang Oktober. Haltbar bei guter Lagerung bis Ende XII. Für alle Anbauformen empfohlen, auch Spaliere. Nur warme Standorte kommen in Frage. Blüte ist mittelfrüh, frost- und witterungsempfindlich. Der Ertrag soll hoch und regelmäßig sein. (Alte und neue Birnensorten)

CAPIAUMONTS HERBSTBUTTERBIRNE
Sämling der **Grauen Herbstbutterbirne**. 1787 in Mons entstanden. Synonyme: **Aurore, Beurré Aurore, Beurré Capiaumont** und **Poire Aurore**. Synonyme 1893 in Niederösterreich: **Capiaumont-Herbst-Butter-Birne** und **Karthäuserin**. Tafelbirne, und Wirtschaftsfrucht. Reifezeit: Anfang Oktober. Vier Wochen haltbar. Ziemlich widerstandsfähig gegen Krankheiten und Schädlinge. Auch nur **Capiaumont**. Wurde vor 1850 beschrieben. Bei Diel in der Klasse der Herbstflaschenbirnen. Literatur: (07) (24) (40) (72) (114) (115)

CAPSHEAF
Wurde vor 1850 beschrieben. Nach Diel, in der Klasse der Herbstbutterbirnen. Reife: X bis XI.

CARAPINHEIRA
Eine mir unbekannte Sommerbirnensorte, für die in den EG-Normen vom 10. Juni bis zum 31. Juli jedes Wirtschaftsjahres, keine Mindestgröße vorgeschrieben ist. Vermutlich spanische Sorte, da mir diese aus Italien nicht bekannt ist.

CARAVEILBIRNE
Im Bundes-Obstarten-Sortenverzeichnis aufgeführt. Wird in der Obstmustersammlung im Barockgarten Hundisburg erhalten.

CARL VAN MONS LECKERBISSEN
Sehr alte Sorte. Herbstbutterbirne, von Diel vor 1850 beschrieben. Reife: Anfang November. Fleisch ist gelblichweiß, fein ganz schmelzend. Sehr angenehmer, pikant säuerlichsüßer, gewürzhafter Geschmack.

CARL X
Eine sehr alte Sorte. Wurde schon von Diel beschrieben.

CARMELITER-CITRONEN-BIRNE
War im 19. Jh. ein Synonym der **Grünen Magdalene** in Niederösterreich. (Pomolog. Handbuch für Nieder-Österreich)

CAROLA
Im Bundes-Obstarten-Sortenverzeichnis aufgeführt.

CARUSELLA
Eine Sommerbirne.

CASCADE
Max Red Bartlett X Vereinsdechantsbirne. Züchter: Oregon State University in den USA. Frucht ist groß, bis zu 3/4 rot gefärbt auf gelborangem Untergrund. Baum wächst stark, neigt zur Alternanz. Feuerbrandanfällig. Synonym: **Lombacad.** (Obstbau 9/94)

CASSOLETTE
Tafelbirne. Reife: VIII bis IX. Gelblichgrün, Sonnenseite bräunlich gerötet. Stark berostet. Fruchtfleisch ist körnig, gewürzt und süß. 1795 von Schiller sehr gut beschrieben; *„Ihre Schale ist etwas rau, von Farbe grau oder bräunlicht, auf einem grünen Grund. Ihr Fleisch ist mild, schmelzend und von sehr lieblichem Geschmack; sie wird aber gern in der Mitte teigig, sobald sie nur reif und eßbar geworden, welches auch ihren Werth sehr vermindert und ihr wenig Achtung erwirbt".* Bei Diel eine Sommermuskatellerbirne, mit dem Name **Cassolet.** Die Sorte war damals im Raum Stuttgart sehr verbreitet. Literatur: (37) (72)

CASTELL
Auch **Castell de Verano,** eine Sommerbirne. Eine Sorte **Castelline** war 1877 auf der Pomologenversammlung in Potsdam ausgestellt.

CATILLAC
In der EU-Liste der großfrüchtigen Binensorten aufgeführt. Synonyme: **Pondspaer, Ronde Gratio, Grand Monarque, Charteuse.** Catillac ist auch eines der vielen Synonyme der Sorte **Großer Katzenkopf.**

CATINKA
Vor 1850 beschrieben. Bei Diel in der Klasse der Herbstbutterbirnen.

CAYUGA
Sorte ist diploid schreibt H. Petzold. Keine weitere Beschreibung gefunden.

CEDRATA ROMANA
Im Bundes-Obstarten-Sortenverzeichnis aufgeführt.

CERUTTIS-DURSTLÖSCHE
Tafelbirne. Anfang bis Mitte September. Fleisch ist weiß, halbfein, etwas körnig, sehr saftreich. Angenehmer, süßer gewürzhafter Geschmack. (Pirarium)

CHAIGNEAU
Auf der Pomologenversammlung 1877 beschrieben.

CHAMPAGNER BRATBIRNE
Deutsche Brotbirne. Entstand vor 1860 in Württemberg. Sehr gute Mostbirne. Verarbeitung: X bis XI. Im Badischen wurde sie um 1900 **Welsche Bratbirn** genannt, aber auch **Champagnerbratbirn, Champagnerbirn** oder **Salebirn. Grüne Tafel-Birne** (Niederösterreich), **Glasbirn, Bollenbirn** und andere Namen waren je nach Gebiet noch bekannt. 1906 wurde die Sorte von Ldw.-Insp. Bach im Badischen als gute Mostbirne überall empfohlen. Direktor Seitzer hat die Sorte 1956 noch für Baden-Württemberg als Mostbirne empfohlen. Auch im Bundes-Obstarten-Sortenverzeichnis aufgeführt.   Literatur: (39) (40) (51) (55) (70) (114)

CHAPTAL
Wirtschaftsbirne. Frucht variabel, länglich bis dickbauchig. Die Schale ist hellgrün, großflächig berostet. Sehr alte Sorte, im „Pirarium" beschrieben.

CHARLES COGNÉE
Stammt aus Frankreich, von dem Obst- und Gartenbaulehrer Francois Cognée aus Troyes, gezüchtet. Benannt nach seinem Sohn Charles. Gaucher nannte 1886 diese Birne eine **"parfümierte Zuckerrübe"**. In den Pomologischen Monatsheften von 1890 wurde die Sorte genau beschrieben. In einigen Gebieten nicht zu empfehlen, wegen ungleicher Reife usw. Als Kochbirne wurde sie gerühmt. Große, rundlich-eiförmige Birne, meist unregelmäßig gebaut.   Ansprüche an den Boden gering. Etwas schorfanfällig. Heute nicht mehr bekannt.   Literatur: (24) (40) (45) (115)

CHARLES ERNST
Auch: **Charles Ernest.** 1879 von Baltet gezüchtet. Als mittelstark wachsende Birne bei Goetz erwähnt.   Tafelbirne. Genussreife: X bis XI. Frucht groß. Schalenfarbe gelb.   Literatur: (12) (40) (68) (115) (116)

CHARLOTTE VON BROUVER
Vor 1850 als Herbstbutterbirne beschrieben. Eine Tafel- und Haushaltsfrucht. Gute Beschreibung im „Pirarium".

CHARNEU
Siehe unter **Köstliche von Charneu.**

CHAROZIE
Eine Bergamotte, aber wertvolle Tafelbirne, schreibt der „Deutsche Obstbau" 1941. Sorte war wenig bekannt. Bis April haltbar. Synonym: **Bergamotte Charozie.**

CHASSERY
Wurde 1795 von Schiller als „*eine mittelmäßig grosse vollkommen eyförmige Birn beschrieben. Schale ist etwas rauh und dick. Ihr Fleisch ist mild und schmelzend, safftig und von sehr lieblichem, angenehmen Geschmack. Der Baum hat ein gutes Gewächs und trägt sehr starck*". Synonym: **Chassry**. Es dürfte sich hier um die noch bekannte **Jagdbirne** oder auch **Grüne Jagdbirne** handeln. Form, Farbe und Geschmack sind übereinstimmend.

CHAUMONTEL
Tafelbirne. Synonyme: **Wildling von Chaumontel** und **Besi de Chaumontel**. Bei Diel in der Klasse der Apothekerbirnen eingestuft. Genussreife: Dezember bis Februar. Literatur: (17) (40) (72)

CHER A DAMES
1795 von Schiller beschrieben. Er bezeichnete sie auch als **Grüne Gaißhirtlen**. Beim Vergleich der Sortenbeschreibungen muss es sich um die Sorte **Stuttgarter Geishirtle**, auch **Stuttgarter Gaishirtle** handeln.
Literatur: (24) (37) (55)

CHEVALIER
Alte Sorte, wurde vor 1850 beschrieben. (Pirarium)

CHINESE SAND PEAR
Alte Birnensorte. War in den USA lange bekannt. Die **Kieffer** ist als Sämling aus dieser Sorte entstanden. (verzeichnis der Apfel- und Birnensorten)

CHOISNARD
Die Sorte entstand um 1830. Herkunft ist nicht bekannt. Tafel- und Wirtschaftsfrucht. Genussreife: I bis III. Mittelgroße bis große, längliche birnenförmige Frucht. Schale ziemlich rauh. Saftreich, fein gewürzt, angenehm säuerlich. Baum wächst mäßig stark und ist sehr fruchtbar. (Lexikon der Obstsorten)

CHRIESIBIRNE
Mostbirne. Bei H. Petzold als triploid aufgeführt.

CHRISTS SCHMALZBIRNE
Sehr alte Sorte. Tafelbirne. Reife: XI. Frucht kreiselförmig, bauchig. Schale hellgrün, dann hellgelb, Rostflecken. Fleisch körnig, sehr saftig, aromatisch und süß. (40)

CHRUDIMERBIRNE
Im Bundes-Obstarten-Sortenverzeichnis aufgeführt.

CIDERBIRNE
Mostbirne. Verarbeitung: Oktober bis Dezember. Kleinfrüchtig. Fruchtfleisch ist säurereich. Im Pr. Ratgeber von 1889 wurden Probleme behandelt, die es mit dieser Birne gegeben hat. Herkunft ist die Normandie in Frankreich. (17 S. 390) Die Sorte hieß hier **Normännische Ciderbirne**. Bei Goetz als starkwachsend beschrieben.

CITÈ GOMOND
Sorte war 1877 auf der Pomologenversammlung in Potsdam ausgestellt.

CITRON DE SIRENE
Wird 1795 von Schiller als „*Sommerbirne von mittelmässiger Grösse; von etwas länglichter Form, und wenn sie reif geworden, Citronengelb, und mit feinen braunen Tüpfgen besprenget*", beschrieben. „*Ihr Fleisch ist mild, derb und safftig*". Hier muss es sich um die **Grüne Sommermagdalene** handeln. Diese Sorte ist im Juli genussreif, Frucht klein bis mittelgroß. Gelblichgrün, gelegentlich Berostungen. Die **Grüne Sommermagdalene** führt auch das Synonym **Citron des Carmes**. Literatur: (37) (119)

CITRONENBIRNE
War in den letzten Jahren des 19.Jh. in Ostfriesland bekannt. Literatur: (17 S. 428)

CLAIRGEAU
Die Sorte ist 1848 in Frankreich entstanden. Handelsname ist **Clairgeau**, richtiger Name ist **Clairgeaus Butterbirne**. Es gibt verschiedene Schreibweisen des Namen und Synonyme; **Beurré Clairgeau, Clairgeau de Nantes**. In Niederösterreich warem im 19. Jh. die folgenden Synonyme bekannt: **Clericale Birne, Krummstiel, Krummstielige Birne** und **Paternoster-Birne**. Schaufrucht, gute Tafel- und Wirtschaftsbirne. Genussreife: Mitte IX bis XII. Große birnenförmige bis flaschenförmige Frucht. Durch die übermäßige Fruchtbarkeit kann sich der Baum rasch erschöpfen. Die Sorte war trotz ihrer Qualitäten nur in der Preisgruppe 4. Diploid. Gegen Ende des 19. Jh. hat der französische Gärtner Clairgeau diese Birne aus Samen gezogen. Durch ihre Größe und Schönheit erlangte sie in Frankreich, Belgien, Österreich und Deutschland bald eine große Verbreitung. Auch in Amerika wird sie viel angebaut und führt überall den gleichen Namen. Gaucher schreibt 1894: *Die Ansichten über die Qualität der* **Clairgeaus Butterbirne** *gehen sehr weit auseinander. Jeder gibt aber zu, dass sie eine sehr schöne Schaufrucht sei.* Die Landwirtschaftskammer Hannover schreibt 1907: Mittel bis groß, lebhaft rot gefärbt.

Tafelfrucht. Reich tragend. Muß nicht zu früh gepflückt werden. Bekannte ausländische Namen sind: **Bere Klerzho** (russisch), **Clairgeau vajkörte** (ungarisch), **Krivice** (tschechisch), **Krzywka** (polnisch), **Untoasa Clairgeau** (rumänisch). Literatur: (24) (40) (45) (68) (111) (114) (115)

CLAPPS LIEBLING

Eine amerikanische Züchtung, benannt nach Thaddäus Clapp in Dorchester/Massachusetts, ihrem Züchter. Aus dem Samen der **Holzfarbigen Butterbirne**. Entstanden vor 1860. Eine sehr gute Tafelbirne, die bis heute nichts an ihrer Beliebtheit verloren hat. Ist die schönste und beste aller Frühbirnen. Es gibt keine Synonyme, dafür aber verschiedene Schreibweisen. Heute ist der Handelsname nur **Clapps**. Diese Birne war in der Preisgruppe 1. Die Sorte ist diploid. Es sind auch einige Mutanten bekannt. Mit roter Fruchtfarbe **Clapps Starkrimson** seit 1939 aus den USA und **Jumbo Clapp** aus den Niederlanden seit 1962. Auch **Clapps Liebling Starkrimson**. Die **Clapps** ist eine große, birnförmige, etwas beulige Frucht. Fruchtschale ist glänzend, hellgrün, später gelblichgrün. Zur Reifezeit kräftig gelb, sonnenseits intensiv rot gestreift und marmoriert. **Clapps Favourite, Favorite de Clapp**. In den Niederlanden ist sie unter dem englischen Namen **Clapp′s Favourite** bekannt. Reife nach niederländischen Angaben Mitte VIII bis Anfang IX. Eine große, in der Form schöne Frucht, grün-gelb mit rotem Glanz. Reicher Saftgehalt. Auch für Kompott eignet sie sich sehr gut. Einige bekannte ausländische Namen: **Clapov Liubimet**, (bulgarisch), **Clapp kedveltje** (ungarisch), **Clappova** (tschechisch), **Favorita di Clapp** (italienisch), **Favorita lui Clapp** (rumänisch), **Faworytka** (polnisch), **Ljubimica Klappa** oder **Ljubimita Clappa**. (russisch). Johannes Böttner war 1896 der Ansicht, dass die **Clapps** von der **Williams Christbirne** abstammt. Literatur: (14) (24) (29) (38) (39) (40) (48) (52) (68) (77) (86) (111) (119)

CLARA FRIJS

Stammt aus Dänemark und ist dort eine Lokalsorte. War um 1885 sehr bekannt und beliebt. In neuen pomologischen Büchern ist über diese Sorte nichts mehr zu finden. Eine Baumschule in Norddeutschland bietet diese Sorte z. Zt. als **Clara Fries** an.

CLAUDE BLANCHET

Stammt aus Lyon-Frankreich und kam 1874 in den Handel. Auch **Poire Blanchet Claude**. Gute Tafelbirne. Mathieu schrieb 1893: **Blanchet Claude**. Reife: VIII. Ertrag setzt sehr früh ein und ist hoch. Große, länglich und eiförmige, nicht ganz gleichmäßig gebaute Frucht. Schale fettig, gelbgrün, leicht berostet. In den EU-

Normen als Sommerbirne aufgelistet, für die bis zum 31. Juli keine Mindestgröße vorgeschrieben ist. Literatur: (36) (40) (115)

CLEMENS VAN MONS
Sehr alte Sorte. Vor 1850 bei Diel als Sommerlangbirne beschrieben.

CLERICALE BIRNE
War in Österreich ein Synonym für die **Clairgeau's Butter-Birne.**

CLEVENOWER BIRNE
Sorte entstand in Clevenow (auch Klevenow) Pommern. Tafel- und Wirtschaftsbirne. Wird aber nur eine lokale Bedeutung gehabt haben. Früher Ertrag, Ansprüche an Klima und Boden sind gering. Reife im August, etwa drei Wochen haltbar. Frucht ist klein bis mittelgroß. Synonym: **Clevenower.**

COLDITZER RETTICHBIRNE
Von F. Hertel als eigene Sorte beschrieben, auch ein Synonym der **Leipziger Rettichbirne.**

COLETTE
Im Bundes-Obstarten-Sortenverzeichnis angegeben.

COLMAR
Wird 1795 von Schiller als „*grosse Birn*" beschrieben. Es gibt mehrere Birnensorten mit dem Synonym oder Vornamen **Colmar.** Schwer feststellbar, ob eine von diesen Sorten mit der von Schiller beschriebenen Birne identisch ist. Die meisten dieser Sorten wurden erst nach 1800 gefunden, bzw. gezüchtet. Eine **Herbst-Colmar,** auch **Passe Colmar musque** wurde von Oberdieck als kleine, aber sehr fruchtbare, edle süß gewürzte Tafelbirne beschrieben. Eine **Colmar van Mons** wird im „Pirarium" beschrieben. Literatur: (15) (37) (72)

COLMAR DUMORTIER
Mittelgroße Frucht, das Fleisch ist schmelzend, fein gewürzt. Genussreife: I bis II. Als **Dumortier** auf der Pomologenversammlung 1877 von Oberdieck beschrieben.

COLMAR DE JONGHE
Tafelfrucht und sehr gute Dörrbirne. Genussreife: X bis XI. Mittelgroß, Schale zitronengelb. Geschmack fein, saftvoll, süß, gewürzt. Ertrag setzt früh ein, ist regelmäßig und hoch. Sorte wurde 1886 vom „Praktischen Ratgeber" als sehr reichtragend, süß und gut in einer Empfehlung über Birnensorten dargestellt.

COLMAR NAVEZ
Stammt aus Jodoigne-Frankreich. Entstanden um 1830. Synonym: **Beurré Navez**. Tafel- und Wirtschaftsbirne. Genussreife: IX bis X. Große bis sehr große dickbauchige, etwas beulige Frucht. Gelbgrün, grau punktiert. Baum wächst stark.

COLOMAS HERBSTBUTTERBIRNE
Entstand um 1800 in Mecheln. Wurde ab 1853 verbreitet. Vor 100 Jahren: **Coloma's Herbstbutterbirne**. Synonyme und Doppelnamen: **Beurré Drapier, Beurré Picquery, Count Coloma, Große Eierbirne, Louis Dupont, Louise d'Orleans, Poire des Urbanistes, Saint Marc, Serrurier d'Automne**. Gute Tafel- und Wirtschaftsbirne. Große bis sehr große Frucht, etwa. 3 Wochen haltbar. Ansprüche an Boden und Klima sind gering. Ertrag mittelhoch und regelmäßig. Wurde im 19. Jh. schon in Österreich und in Böhmen und Mähren angebaut. Synonyme in Österreich sind **Große Eierbirne** und **Urbaniste**. Vor über einhundert Jahren waren in Niederösterreich folgende Synonyme bekannt: **Butterbirne, Gollmann's Butterbirne, Herbst-Coloma, Kollmann, Louise von Preußen** und **Zwergel-Birn**. Als starkwachsend beschrieben. 1886 als eine der besten Spätherbstbirnen gelobt. 1886 schon eine der älteren Sorten, schreibt der Praktische Ratgeber. Vor 1850 beschrieben als **Colomas Herbstbutterbirn**.
Literatur: (02) (12) (15) (17) (24) (40) (72) (114) (115) (119)

COLOMAS KARMELITERBIRNE
Wurde 1826 von Diel beschrieben als **Coloma's Carmeliterbirne**, mit dem Synonym: **Carmelite**. Tafelbirne. Genussreife: Dezember. Mittelgroß, kegelförmig. Schale hellgrün, später hellgelb. Sonnenseite gerötet. Diel schrieb schon 1826, dass die Sorte schon sehr alt ist. Zur Reifezeit berostet. Fleisch schmelzend und süß. Er zählte sie noch zur Classe I; *„butterhaft schmelzende, sehr geschmackvolle Birnen, die sich im Kauen geräuschlos in Saft auflösen"*. Literatur: (72) (118)

COLOMA'S KÖSTLICHE WINTER-BIRNE
Im 19. Jh. in Österreich ein Synonym für die **Liegel's Winter-Butter-Birne**. (114)

COLORÉE DE JUILLET
Französischer Name für die **Bunte Julibirne**.

COLUMBIA
Wurde im Praktischen Ratgeber 1888 erwähnt. Soll sich für die Topfkultur eignen. Von Oberdieck 1877 auf der Pomologenversammlung vorgestellt.

COMMISSAIRE DELMOTTE
Im Bundes-Obstarten-Sortenverzeichnis aufgeführt. Eine alte französische Sorte.

COMPARETTE
Tafelbirne. Reife: Oktober. Mittelgroß bis groß. Schale fettig, hellgrün, später gelb, punktförmig berostet. Sehr saftig, schmelzend, gewürzt, süß. Vor über 150 Jahren wurde eine **Comperette** bekannt. Im „Pirarium" beschrieben.

Im Bundes-Obstarten-Sortenverzeichnis angegeben sind:
COMTE CANAL DE MALABAILA und
COMTE DE LAMBERTY

COMTE LELIEUR
Wurde 1877 auf der Pomologenversammlung kurz beschrieben. Diese Sorte ist bei uns aber nie bekannt geworden.

COMTESSE CLARA FRYS
Alte Sorte, war im 19. Jahrh. In Dänemark bekannt. Siehe auch **Clara Frijs**. (121)

COMTESSE DE PARIS
Originalname der **Gräfin von Paris**.

CONCORDE
Eine neue Sorte aus England. Kam 1984 in den Handel. Eine Kreuzung von **Vereinsdechant X Conference**. Die Früchte sind in der Form der **Conference** sehr ähnlich. Fruchtfleisch ist feinzellig, saftig, fast schmelzend, angenehm süß bis süßsäuerlich. Feuerbrandanfällig. Diploid. Der Ertrag setzt früh ein und ist nach den bisherigen Erfahrungen regelmäßig und hoch. Nach englischen Angaben ist die Sorte bei -1 Grad bis Ende Februar im Kühlhaus haltbar. Herkunft: East Malling. Literatur: (27-9/94) (27-8/96) (38) (75)

CONDO
1965 in den Niederlanden entstanden aus **Conference x Vereinsdechantsbirne**. Züchter: Versuchsstation Wageningen/NL. Mittelgroß, schief birnenförmig, bauchig mit schlankem Hals. Schale ist glatt und trocken. Bei gutem Standort schmelzend, fest, saftig, süß, wenig Aroma. Haltbar bis Dezember. Ertrag soll geringer als bei den Elternsorten sein. Scheint auch in der Qualität keine Verbesserung zu sein. Anbau nur auf guten Birnenstandorten. Anfällig für Rindenkrebs, kaum anfällig für Schorf. Sehr empfindlich für CO_2-Läger, Erträge sind nicht die höchsten, dafür aber regelmäßig. Literatur: (27-9/94) (40) (52) (75)

CONDOULA
Eine Sommerbirne. Keine weiteren Daten gefunden.

CONFERENCE
Ist in England entstanden. Von M. Rivers gezüchtet und 1894 in den Handel gekommen. Tafelbirne, auch als Wirtschaftsfrucht geeignet. Geringe Haltbarkeit. Synonyme: **Konferenz, Konferenzbirne, Conférence, Conférencebirne**. Eine Züchtung der Baumschule Th. Rivers in Sawbridgeworth, England. Fruchtete erstmals 1884 und ist seit 1894 im Handel. Es gibt auch noch großfrüchtige Mutanten; **Conference Primo, Dubbele Conference** und **Novi Conference**. **Dicke Conférence Saels, Frühe Conférence Saels, Novi-Conférence, Super-Conférence**. (27-8/96) Soll die am meisten neu gepflanzte Spätherbstbirnensorte im EU-Raum sein. Baumreife: Mitte IX bis Anfang X. Genussreife: X bis XI. Bei Vollreife wird die Frucht rasch teigig und matschig. (Autor) Die **Conference** war in der Preisgruppe 4. Sorte wurde 1947 von der Obstbauversuchsanstalt in Jork zum Anbau im Alten Land, in Kehdingen, Land Hadeln und auf der Geest empfohlen. Unter Bemerkungen bei den Anbauempfehlungen war zu lesen: Fast fusikladiumfrei, geeignet als Windschutz. Diploid. In der EU die höchsten Zuwachsraten. Im Bundes-Obstarten-Sortenverzeichnis sind **Conference M 202, Conference Niederpleis, Conference Tetraploide** und **Conference Tres Grosses** aufgeführt.
Literatur: (26-3/74) (27-9/94 +8/96) (38) (77)

CONITZER BUTTERBIRN
Alte Sorte. Eine Sommerbutterbirne, wurde bereits vor 1850 beschrieben.

COOKBIRNE
Wird im Bundes-Obstarten-Sortenverzeichnis aufgeführt.

COSCIA
Synonym: **Ercolini**, eine Sommerbirne, die mir aus Italien gut bekannt ist. Als Sommerbirne in den EG-Normen ohne Größenvorschrift aufgelistet. Geschmacklich völlig unbefriedigend, keine Haltbarkeit. Wird heute noch in kleinen Mengen aus Italien eingeführt. Meine Meinung: „Überflüssig", da diese Birne auch im Aussehen nicht befriedigt.

CRASANNE
Sehr alte Sorte, wurde schon von Diel beschrieben. In Niederösterreich im 19. Jahrh. **Crassanne** geschrieben. Folgende Synonyme waren dort bekannt: **Französischer Rattenschwanz, Graue Crasanne, Hasen-Birne, Klotz-Birne, Langstielige**

Bergamotte, Narren-Birne, Pfingst-Birne, Platte Butter-Birne, Platte Crasanne, Rattenschwanz, Winter-Bergamotte. (Pomolog. Handbuch)

CREDE`S ZUCKER-RUSSELET
Sehr alte Sorte. Sommerbirne, wurde bereits vor 1850 beschrieben.

CRIMSON GEM
Kleine Mengen dieser Sorte kamen im Jahr 2000 über den Hamburger Hafen aus Neuseeland. Quelle: (Bundesamt für Landwirtschaft und Ernährung)

CUISSE MADAME
Wurde 1795 von Schiller beschrieben. „*Eine ziemlich* grosse *Birn, von etwas länglichter Form*". War damals auch unter den Namen **Grosse Frankforter Birn** bekannt. Hier handelt es sich um die **Franzmadam**, auch bekannt als **Römische Schmalzbirne** oder **Frauenbirne**.

CURÉ
Curé ist ein Synonym der **Pastorenbirne**. Originalname ist; **Poire de Curé**. Auch in der Liste der großfrüchtigen Sorten. Synonyme: **Batall de Campana, Bella de Berry, Curato, Del cura de Ouro, Espadon de invierno, Lombardia de Rioja, Pastoren.** Literatur: (25) (36) (87)

CYPRISCHE BRAUNROTHE SOMMERBIRN
Vor über 150 Jahren von Diel und Lucas beschrieben. Reife: Mitte August.

CZINOWESER HERBSTBIRN
Diel zählte diese Sorte zu den Apothekerbirnen. Im „Pirarium" sehr gut beschrieben.

DAGMAR
Im Bundes-Obstarten-Sortenverzeichnis aufgeführt.

DAGOBERTBIRNE
Tafelbirne. Genussreife: Dezember bis Februar. Mittelgroße Frucht, unregelmäßig, Schale grünlichgelb und rauh. Zur Reifezeit fast ganzflächig berostet. Schmelzend, gewürzt, süß. (Lexikon der Obstsorten)

DALBRETS BUTTERBIRNE
Wurde im Praktischen Ratgeber als **Dalbrets Butterbirn** von Oberdieck sehr gelobt, das war 1886, aber schon vor 1850 unter diesem Namen beschrieben. Französiche Namen und Synonyme: **Beurré Dalbert, Calebasse d´Albret** und

Poire Dalbret. Gute Tafel- und Wirtschaftsbirne. Schale hellgrün, zur Reifezeit mit zimtfarbigem Rost bedeckt. Fleisch gelblichweiß, fein, völlig schmelzend, saftreich. Reife: Oktober. Der Baum wächst kräftig. Für alle Erziehungsformen geeignet. Literatur: (15) (39) (40) (72)

DAMENBIRN
Wurde vor 1850 Jahren als Sommerschmalzbirne beschrieben.

DANA und DANA`S HOVEY
Beide Sorten sind im Bundes-Obstarten-Sortenverzeichnis aufgeführt.

DÄNISCHE NELIS
Wurde im Praktischen Ratgeber von 1886 als einheimische dänische Sorte beschrieben. Vermutlich identisch mit der **Winternelis,** über die auch in dem Artikel „Birnensorten in Dänemark" geschrieben wurde.

DARIMONT
Sehr alte Sorte. Im „Pirarium" beschrieben in der Klasse der Russeletten.

DARMSTÄDTER BERGAMOTTE
Sehr alte Sorte, wurde vor 1850 beschrieben. (Pirarium)

DAUPHIN
Genussreife: XI bis II. Schale grünlichgelb, Sonnenseite gerötet. **Dauphine** ist 1795 bei Schiller erwähnt, leider ohne Beschreibung. (37 S. 171) Beide Sorten dürften identisch sein.

DAVID
Ist in Geisenheim in der Sortenprüfung. Literatur: (85)

DAWNE
Ist 1960 in Beltsville, Maryland-USA entstanden. Tafelbirne. Frucht ist lang und flaschenförmig. **(Barsek X Williams Christbirne) X Vereinsdechantsbirne.** Schale ist glatt. Fruchtfleisch körnig, schmelzend. Reife: SEptember. Kaum anfällig für Schorf, resistent gegen Feuerbrand. Keine wesentliche Verbesserung des Sortiments. Synonym: **Dawn.** Literatur: (39) (52)

DE JONGHE'S MAIBIRNE
War um 1886 in Westfalen bekannt. (Praktischer Ratgeber) Herkunft ist wahrscheinlich Holland. Vermutlich nur lokale Bedeutung.

DEARBORN'S SÄMLING
Uralte Sorte, wird im „Pirarium" beschrieben.

DECHANT DILLEN
Sehr alte Sorte. Im „Pirarium" beschrieben. Französischer Name ist **Doyen Dillen.**

DECHANTSBIRN VON ALENCON
Wurde vor 1850 von Diel beschrieben. Eine Winterbutterbirne, haltbar bis März. Die Sorte soll nach Leroy 1628 entstanden sein. Nach anderen Angaben um 1810. Herkunft: Alencon in Nordfrankreich. Ziemlich große Frucht. Schale grüngelb und rostspurig. Tafelbirne. Baum wächst kräftig, wird spät und dann nur mäßig fruchtbar, liebt feuchten Boden. In Österreich waren im 19. Jh. folgende Synonyme bekannt: **Marmorirte Dechants-Birne, Marmorirte Schmalz-Birne.** Literatur: (Birnensorten der Schweiz) (Pomolog. Handbuch für Nieder-Österreich)

DECORA
Winterbirnensorte aus der CSR. In Holovousy gezüchtet. Ist vor einigen Jahren auf den Markt gekommen. (Obstbau 12/96)

DECOSTER'S RUSSELET
Uralte Sorte. Vor 1850 beschrieben. (Pirarium)

DEFAY'S DECHANTSBIRN
Eine Herbstbutterbirne. Wurde vor 1850 beschrieben. Reife im Oktober. (Pirarium)

DEKANKA MOLDOVSKAJA
Im Bundes-Obstarten-Sortenverzeichnis aufgeführt.

DELAHAUTS COLMAR
Eine gute Winterbirne. Vor 1850 beschrieben. Halbbutterbirne. (Pirarium)

DELBARD DÈLICE
Auch **Delbardelice**, in der Sortenprüfung in Geisenheim. (85) Außerdem werden **Delbard Precoce, Delbard Premiere**, Synonym: **Deldap**, sowie **Delbarexquise**, Synonym: **Delbard exquise d'Hiver** oder **Delbarexquise d'Hiver** im Bundes-Obstarten-Sortenverzeichnis aufgeführt.

DELBIAS
Sämling von der **Williams Christbirne.** Seit 1973 im Handel. Auch: **Super Comice.** Sehr gute Tafelbirne. Pflückreife: Mitte September. Genussreife: Anfang Oktober bis Mitte November. Perlförmige, teils höckerige Birne. Schale bronzefarben berostet. Fleisch cremefarbig, saftig, schmelzend bis feinkörnig. Angenehme Würze. Baum wächst eher schwach. Früher Ertragseintritt. (39) (75)

DELBUENA und **DELFERCO,** vermutlich Züchtungen von Delbard sind im Bundes-Obstarten-Sortenverzeichnis aufgeführt.

DELFOSSE'S BUTTER-BIRNE
Keine Synonyme bekannt. Frucht rundlich, bergamottenförmig. Schale glatt, hellgrün, oder gelb. Sonnenseits matt orange oder lebhaft Karminrot. Baum wächst lebhaft, ist sehr fruchtbar. Für Hausgärten besonders empfohlen. Im „Pirarium" schrieb man **Delfosse's Butterbirn.**

DÈLICES DE LOVENJOUL
Im 19. Jh. in Frankreich gezüchtet. Wurde 1893 vom Deutschen Pomologen-Verein empfohlen, hat sich aber nicht durchgesetzt.

DELPIERRE-BUTTERBIRNE
Beurré Delpierre oder **Poire Delpierre.** Um 1820 schrieb man **Delpierre's Birn.** Tafel- und Wirtschaftsbirne. Reifezeit: IX. Haltbar bis Ende IX. Große bis sehr große Frucht, Schale hellgrün, später hellgelb.

Im Bundes-Obstarten-Sortenverzeichnis angegeben:
DELSANNE und **DELSAVOR,** mit dem Synomym: **Sublimel.**

DELTA
Neue Spätbirnensorte aus der CSR. Wurde in Holovousy gezüchtet und ist vor einigen Jahren auf den Markt gekommen. (Obstbau 12/96)

DELWINI
Im Bundes-Obstarten-Sortenverzeichnis angegeben.

DENTLERS BUTTERBIRNE
Tafelbirne. Reifezeit: Mitte September bis Anfang Oktober. Lange birnenförmige Frucht. Baum wächst sehr kräftig. (Verzeichnis der Apfel- und Birnensorten)

DER KAESTNER
Diel hat diese Birne 1826 beschrieben. Eine Züchtung von van Mons. Der Name ist dem 1800 verstorbenen Mathematiker Professor Kaestner in Göttingen gewidmet. Eine kleine bis mittelgroße Sommerfrucht. Glatte Schale, am Baum grünlich bis gelb. Zur Reifezeit zitronengelb. Pflückreife Ende September, nur kurze Zeit haltbar. Auch **Die Kaestner** war bekannt. Literatur: (Systematische Beschreibung der Kernobstsorten von Dr. Aug. Fr. Adr. Diel 1826)

DES DEUX SOEURS
Eine französische Sorte, 1877 auf der Pomologenversammlung erwähnt.

DESIRÉ-CORNELIS
Erwähnt im Praktischen Ratgeber von 1889. Auch als **Corneliusbirne** bezeichnet. Vor über 100 Jahren in der Provinz Hannover bekannt.

DESSERTNAJA
In Geisenheim in der Sortenprüfung. Die Sorte stammt von der Krim, also Ukraine. Bei uns noch unbekannt, von der Qualität der Früchte konnte ich mich auf einer Sortenausstellung in Geisenheim im Herbst 2000 überzeugen.

DEUTSCHE AUGUSTBIRN
Uralte Sorte. Wird im „Pirarium" sehr gut beschrieben.

DEUTSCHE LANGSTIELIGE WEISSBIRNE
Im 19. Jh. in Österreich ein Synonym der Sorte: **Grüne Magdalene**. Frucht klein bis mittelgroß. Tafelbirne. Reife: Ende VII. Schale grün. (Pomologisches Handbuch)

DEUTSCHE MUSCATBIRN
1795 von Schiller sehr gut beschrieben. Auch: **Muscat l'Allemand**. *„Mittelmässig große Birn, von etwas länglichter Form. Schale glatt, zimmetbraun und an der Sonnenseite insgemein roth".*

DEUTSCHE MUSKATELLERBIRNE
Identisch mit der **Deutschen Muscatbirn**. Genussreife: III bis V. Schale fettig, hellgrün, später gelblichgrün, Sonnenseite gerötet. Geruch kräftig. Schmelzend, gewürzt und süß. **Deutsche Muscateller** heißt es im „Pirarium". (40) (72)

DEUTSCHE NATIONALBERGAMOTTE
Synonym: **Belle et Bonne, Nationalbergamotte**. Auf deutsch: Schön und Gut. Eine große Birne mit grüner Schale, später hellzitronengelb. Die Sorte hat sich im

Schwarzwald auf 800 bis 1000 Meter Höhe noch gut bewährt. Gute Tafel- und Wirtschaftsbirne. Genussreife: IX bis X. Baum wächst kräftig. Der Ertrag setzt früh ein und ist hoch und regelmässig. Sonnenseite leicht gerötet. Auch im Bundes-Obstarten-Sortenverzeichnis angegeben. Diel hat diese Birne 1826 in seinem Buch „Kernobstsorten" einwandfrei beschrieben, ebenso wurde die Frucht von Christ in seiner „Vollständigen Pomologie" abgebildet. Über die Herkunft konnte von beiden keine Angaben gemacht werden. Literatur: (55) (70) (87) (118)

DEVOE
In der Liste der großfrüchtigen Birnensorten angegeben. Ist in Geisenheim in der Sortenprüfung. Literatur: (36) (85)

DIAMANTBIRN
1795 von Schiller sehr gut beschrieben. Auch **Diamad-Peer** geschrieben. *„Eine ziemlich grosse Birn, von etwas länglichter Form. Schale glatt und dick. Fleisch ist derb und körnicht, doch saftig genug. Der Baum hat ein gutes Gewächs".* **Diamant-Birne** ist auch ein Synonym der **Roten Dechants-Birne,** schreibt das Pomolog. Handbuch für Nieder-Österreich 1893.

DIANA
Im Bundes-Obstarten-Sortenverzeichnis angegeben.

DICKBAUCH VON CERSENITZ
Sehr alte Sorte, wird im „Pirarium" beschrieben. Eine Kochbirne, zur damaligen Zeit von Diel Wirtschaftsfrucht genannt.

DICKSTENGEL
Wurde 1939 in der Preisgruppeneinteilung erwähnt. Preisgruppe 4. Diese Sorte war 1889 in den Elb- und Wesermarschen, also auch im Alten Land bekannt als **Dickstengelige Zuckerbirne.** Nach meinen Vermutungen könnte es sich hier um die **Holländische Zuckerbirne** handeln, die einen sehr dicken Stengel hat. In der Literatur erscheint diese Sorte selten.

DICOLOR
Winterbirnensorte aus der CSR. Wurde in Holovousy/CSR gezüchtet. Ist seit einigen Jahren auf dem Markt. Kreuzung aus **Nordhäuser Forelle X Williams Christbirne.** Mittelstarker Wuchs. Erntezeit: Oktober. (Obstbau-12/94)

DIE DOPPELTE RIETBIRN
Wurde 1795 von Schiller sehr gut beschrieben. Heißt auch **Riet-Beere** (dubbelde) Ist eine Most- und Wirtschaftsbirne. Baum ist starkwüchsig. Schiller schreibt u.a.: *„von etwas strengem und herben Geschmack, daher sie nicht wohl aus der Hand zu essen ist, hingegen wird sie gekochet gar wohl geachtet, indem sie ein gutes Gerichte gibt, auch ist sie gedürrt gut."*

DIE EINFACHE RIETBIRN
Schiller schreibt: *„Sie ist von der "Doppelten" nur alleine darinnen unterschieden, daß sie kleiner ausfällt, doch ist sie auch etwas bleicher von Farbe, und gekochet nicht so wohl geschmack."* Beide Sorten sind identisch mit der **Winterrietbirne**. Siehe auch **Rietbirne**.

DIE GELBE ST. GERMAIN
Schiller schrieb 1795, dass diese Sorte von der **St. Germain** nicht zu unterscheiden ist. *„Lediglich die Farbe fällt etwas gelblichter aus, doch kommt solcher sonder Zweifel von dem Pfropfen her."* Die Sorte **St. Germain** ist eine sehr alte Sorte und hat viele Synonyme und Doppelnamen. **Saint Germain Jaune.** Auf deutsch übersetzt: **Gelbe Saint Germain.** Dieser Name taucht in neueren Sortenbüchern nicht mehr auf. Siehe auch **Saint Germain**.

DIE GROSSE BLANQUETTE MIT LANGEN STIELE
Beschrieben von J. V. Sickler 1797 im Teutschen Obstgärtner. Auf fast 5 Seiten hat er viel über diese Birne gebracht. Französischer Name war damals: **Le Gros-Blanquet a la longue queue,** heute schreibt man: **Gros Blanquet á Longue Queue.** Englischer Name war damals: **Longstalked Blanquette Pear.** Dieser Name wird so heute noch als Synonym angegeben. Sickler schrieb: *„Dieß ist eine vortreffliche Birn und gehört zu denen von mittlerer Größe."* Reifezeit ist Ende IX, haltbar bis XII. Über den Geschmack schreibt Sickler: *„Das Fleisch ist, wenn die Birn ihre rechte Zeitigung erhalten hat, schmelzend, und enthält einen feigensüßen Geschmack und noch vieles mehr."* Heute sind noch weitere Synonyme bekannt: **Musette d´Anjou, Musette de Florence, Musette Grosse, Geschelbirne.** Über Letztere schreibt Sickler: *„Der gemeine Mann nennt sie, weil sie vom Wind sehr leicht wegen ihres langen Stiels hin und her getrieben wird: Geschelbirn.* Heutiger Name ist nur noch: **Große Blanquette.** Eine Farbtafel von 1797 ist im Buch vorhanden. (Der Teutsche Obstgärtner 1797)

DIE GRÜNE BUTTERBIRN
Beurré verde. 1795 von Schiller nur kurz erwähnt. Nach seiner Meinung handelt es sich hier um die **Graue Butterbirn**, auch **Beurré gris**. Heutiger Name ist **Graue Herbstbutterbirne**.

DIE GRÜNE HERBST-ZUCKERBIRN
Von Sickler sehr ausführlich beschrieben. Englisch damals, wie heute: **Green Sugar Pear**. Französisch: **Sucré Vert**. Siehe auch: **Grüne Herbstzuckerbirne**.

DIE GRÜNE MESSIRE JEAN
Schiller schreibt 1795, dass sich die **Weisse Messire Jean** und die **Grüne Messire Jean** nicht von der **Messire Jean Gris** unterscheiden. Es muss sich um die **Grüne Winter-Herrenbirne** handeln. Siehe unter: **Messire Jean Gris**.

DIE KNECHTCHENS-BIRN
1797 von Sickler im „Teutschen Obstgärtner" sehr gut beschrieben. Eine sehr alte Sorte, die damals schon lange bekannt war und in Thüringen, besonders im Raum Eisenach, sehr viel angebaut wurde. Siehe auch: **Knechtchens Birne**.

DIE LANGE GRÜNE
Verde Longe. 1795 von Schiller beschrieben „*als sehr grosse Birne von länglichter Form. Schale glatt, von grüner Farbe. Der Baum hat ein schönes starkes Gewächs und ist ungemein tragbar.*"

DIE MARKGRÄFIN
Von Sickler 1797 beschrieben. Siehe unter: **Markgräfin**.

DIE PFUND-BIRN
1797 von Sickler beschrieben. Siehe unter: **Pfundbirne**.

DIE ROTBAKICHTE
Auch: **Rode Wangetjes**. 1795 von Schiller sehr gut beschrieben. Nach seiner Beschreibung hieß diese Birne auch **Frühe Gaißhirtlen** oder **Frühe Franz-Birn**.

DIE ROTHE PFALZGRÄFIN
Sickler schrieb 1797 von der **Rothen Pfalzgräfin** und der **Großen Pfalzgräfin**. Ebenfalls war die Rede von einer **Kleinen Pfalzgräfin**. Siehe: **Rote Pfalzgräfin**.

DIE ROTHE VEVIRBIRN
1795 von Schiller beschrieben. Siehe unter: **Vevirbirn.**

DIE SCHÖNE CORNELIA
Moye Neeltje, Peters-Birn und **Weyler-Birn.** Nach der Beschreibung kommen hier mehrere Sorten in Frage. Vermutlich handelt es sich um die **Petersbirne** die in Sachsen schon um 1750 bekannt war. Die Eigenschaften stimmen mit dieser Sorte überein. Siehe unter: **Petersbirne.**

DIE SCHWEIZER HOSE
Von Sickler im "Teutschen Obstgärtner" beschrieben. Siehe: **Schweizerhose.**

DIE TRUCHSESS
Die Truchseß wurde 1830 von Hinkert beschrieben. *Zum Rohgenuß und für den Markt; Baum trägt ungeheuer voll, verdient alle Anpflanzung.* " Anfang November wurde als Pflückreife angegeben, dann bis 3 Wochen haltbar.

DIE URSULA
Synonym: **Ursule.** Wurde 1826 von Diel beschrieben, als Birne in der Classe II. Die Herkunft konnte er nicht feststellen. Vorwiegend Wirtschaftsbirne. In der Einteilung von Diel waren in der Zweiten Classe; *Saftreiche, geschmackvolle Birnen, deren Fleisch etwas, oder ziemlich rauschend ist, sich aber im Kauen ganz auflöst.* (Systematische Beschreibung der Kernobstsorten, Diel 1826)

DIELS AUGUSTBIRN
Alte Sorte, im „Pirarium" einwandfrei beschrieben.

DIELS BUTTERBIRNE
Um 1800 in Belgien gefunden. Eine der besten und eine sehr bekannte alte Sorte. Bei mir liegen etwa 60 Synonyme und ausländische Namen der **Diels Butterbirne** vor. Sie ist eine hervorragende Tafelbirne, aber auch eine brauchbare Wirtschaftsfrucht. Reifezeit von Oktober bis Dezember. Große bis sehr große Frucht, nicht ganz gleichmäßig gebaut. Schale hellgrün, später gelb, Sonnenseite sogar goldgelb. Fleisch ist gelblichweiß, zart, halbfein, bis schmelzend, sehr saftig. Süß mit feinherbem Aroma. Die Sorte ist ein schlechter Pollenbildner, also triploid. War trotz ihrer Qualtäten nur in der Preisgruppe 3 eingestuft. Inspektor Bach schreibt 1906: Der Baum wächst sehr kräftig, ist sehr tragbar, anspruchslos in Bezug auf Boden. Im Praktischen Ratgeber von 1888 wird die **Diels** mehrmals gelobt. Erwähnt wird mehrmals die Bevorzugung von geschützten Lagen. Am besten werden die Früchte in einem nur mäßig feuchten, sandigen Lehm- und Sandboden.

Gaucher schrieb 1894: Ganz vorzügliche Tafel- Wirtschafts- und Marktfrucht. Die Landwirtschaftskammer Hannover schreibt 1907: Groß, birnförmig, dunkelgrün, in der Reife düstergelb. Beansprucht warme Lagen und etwas feuchten Boden. Muß spät gepflückt werden. Leidet unter Fusikladium. (Schorf) Nach den Angaben von Bivord wurde **Diels Butterbirne** zu Anfang des 19. Jahrhunderts in Vilvorde in Belgien aufgefunden. Van Mons hat sie dann nach den berühmten Pomologen Diel benannt. Mathieu zählt in seiner "Nomenclator pomologicus" 38 verschiedene Namen auf. **Beurré Magnifique, Beurré Royale, Beurré de Trois-Tours, Poire Melon, Graciole d'hiver.** Hinkert hat die Sorte bereits 1830 als **Diel's Butterbirn** beschrieben. An vielen Stellen in Deutschland ist die Birne stark vom Fusikladium befallen und es wird über das Rissigwerden der Früchte geklagt. Weitere Synonyme: **Beurré de Gelle, Beurré des Trois Tours, Beurré Diel, Beurré du Roi, Beurré d'Yelle, Beurré Incomparable, Beurré Oran, Beurré Royal, Céleste, Dillen, Dillen d'Hiver, Dorothée, Dorothée Royale, Dry-Toren, George de Podiebrad, Gros Dillen, Grosse Dorothée, Grosse Dorothée Royale, Guillaume de Nassau, Mabille, Melon de Knops, Poire d'Horticulture, Saint-Auguste.** In Österreich waren im 19. Jh. folgende Synonyme bekannt: **Georg Podiebratzky, Grosse Kaiser-Birne, Pfund-Birne, Podiebrader Butter-Birne, Riesenblanche, Riesen-Butter-Birne, Ustroner Pfund-Birne.** Ausländische Namen: **Bera Diela** (polnisch), **Bere Dil** (russisch), **Butirra Diel** (italienisch), **Diel vajkörte** (ungarisch), **Dielova** (tschechisch), **Dilova Maslova** (bulgarisch), **Untoasa Diel** (rumänisch).
Literatur: (16) (24) (39) (40) (45) (55) (68) (72) (86) (111) (114) (115) (117) (119)

DIENSTBOTENBIRNE
Tafel- und Wirtschaftsbirne. Genussreife: Oktober. Frucht ist mittelgroß. Schale hellgelb, später gelb. Kelch berostet, Fleisch ist schmelzend, gewürzt und süß.
Literatur: (Lexikon der Obstsorten)

DILLENS BUTTERBIRNE
Lt. Praktischer Ratgeber 1888 in Thüringen bekannt. Eine **Dillens Herbstbirn** wurde vor 1850 von Diel beschrieben.

DIRECTEUR ALPHAND
In Deutschland: **Direktor Alphand.** Wurde 1896 auf der Pomologenversammlung gelobt. Trifft aber nur für Frankreich zu, in Norddeutschland war die Sorte nicht zu gebrauchen, man hielt sie eher für eine „Rübe". (Pomologen-Versammlung 1896)

DIRECTEUR VARENNE
Im Bundes-Obstarten-Sortenverzeichnis angegeben.

DIREKTOR HARDY
Sehr gute Tafelbirne. Genussreife: Oktober. Große birnförmige Frucht, manchmal länglich und flaschenförmig. Schale gelbgrün, später gelb. Zur Sonne gerötet. Fruchtfleisch sehr fein, weiß, manchmal rosafarben, sehr saftig, schmelzend. In der älteren Literatur hieß es: **Directeur Hardy.**

DITTRICHS WINTER-BUTTERBIRN
Vor 1850 als Tafelfrucht 1. Ranges beschrieben. Haltbar bis zum Dezember.

DIX
Herbstbirne, sehr alte Sorte. Im „Pirarium" beschrieben.

DOBBELT BERGAMOT
Im Bundes-Obstarten-Sortenverzeichnis angegeben.

DOCTEUR JULES GUYOT
Schreibweise der **Guyot** vor 90 Jahren bei F. Hertel. (Die wichtigsten Birnensorten) In Österreich schrieb man im 19. Jh. **Doctor Julius Guyot.** (Pomolog. Handbuch)

DOCTOR BOUVIER
Uralte Sorte, vor 1850 beschrieben. Tafelbirne, haltbar bis März. (Pirarium)

DOCTOR BRETONNEAU
Eine sogenannte Halbbutterbirne, schrieb Diel. Haltbar bis März/April. Genaue Beschreibung im „Pirarium". Sorte ist über 200 Jahre alt.

DOCTOR CAPRON
Sehr alte Sorte. Im „Pirarium" beschrieben, nach Diel.

DOCTOR TROUSSEAU
Sehr alte Sorte. Herbstbutterbirne, im „Pirarium" beschrieben.

DOINA
Im Bundes-Obstarten-Sortenverzeichnis angegeben.

DOKTOR JOUBERT
Tafelbirne. Genussreife: XI bis I. Große birnförmige Frucht. Schale fein rauh, hellgrün, später gelb. Machmal völlig berostet. Geschmack angenehm süß. Baum wächst kräftig, ist sehr fruchtbar.

DOKTOR LENTHIER
Diese Sorte wurde im Praktischen Ratgeber von 1886 kurz beschrieben. In Potsdam (Versuchsanlagen Wildpark) wurde diese Sorte als gut empfohlen, in anderen Gegenden wurde sie als unfruchtbar und verwerflich bezeichnet.
Synonyme: **Docteur Lenthier** und **Dr. Lenthier.**

DOLACOMI
Synonyme: **Dolacami** und **Jowil.** (Bundes-Obstarten-Sortenverzeichnis)

DON GUIDO
In der EU-Liste über großfrüchtige Birnensorten aufgeführt. **Donguindo** heißt diese Birnensorte in Spanien, im Export heute bedeutungslos.
(Warenkunde für den Fruchthandel 1957)

DONAU-BIRNE
In Österreich im 19. Jh. ein Synonym der Sorte **Großer Katzenkopf.**

DONAUER'S BERGAMOTTE und
DONAUERS HERBSTBUTTERBIRN
Sehr alte Sorten, wurden vor 1850 beschrieben. (Pirarium)

DONVILLE
Diese Sorte wurde 1877 auf der Pomologenversammlung in Potsdam ausgestellt.

DOPPEL WRIED
Sorte war in Preisgruppe 3. Im Alten Lande schrieb man **Doppelte Wried.** 1958 wurde diese Sorte beim geschätzten Ernteaufkommen an der Niederelbe erwähnt, immerhin 250 to, das waren damals 3,8 % der Birnenernte. Literatur: (13) (26-7/58)

DOPPELT TRAGENDER BIRNBAUM
Baum soll jährlich zweimal blühen. Zweite Blüte Ende Juni. Sommerfrucht grün und gelb, oben kolbig, unten spitz. Süß und saftig. Genußreife: Anfang September. Herbstfrucht ohne Kerne, gurkenähnlich. Saftig und süß.
(Lexikon der Obstsorten)

DOPPELTE BERGAMOTTE
In der Preisgruppeneiteilung gab es die **Einfachen Bergamotten** und die **Doppelten Bergamotten**. Alle **Bergamotten** waren in der Preisgruppe 4. Die Sorten waren an der Niederelbe nur unter dem Namen **Bergamotte** bekannt.

DOPPELTE MANSUETTE
Sehr alte Sorte, wurde von Diel beschrieben.

DOPPELTE PHILIPPSBIRNE
Diese Sorte stammt aus Belgien, sie wurde zum Unterschied von einer anderen, dort verbreiteten kleineren Philippsbirne, die als **Philippe le bon** beschrieben ist, **Doppelte Philippsbirne** genannt. In Belgien und an der französischen Grenze führt sie auch die Namen: **Beurré de Mérode** und **Doyénne Boussoch**. In vielen Gegenden Deutschlands wird sie auch **Frühe Diel** oder **Sommer-Diel** genannt. (Deutschlands Obstsorten und Ill. Handbuch, Nr. 206.) An der Niederelbe wurde diese Sorte 1947 noch zum Anbau empfohlen und zwar für das Alte Land, Kehdingen, Land Hadeln und für die Geest. Besonders auf sortenreiner Sämlingsunterlage. War in der Preisgruppe 3. In Frankreich heißt sie auch **Philippe Double**. Fleisch ist gelblichweiß, sehr saftig und schmelzend. Geschmack säuerlichsüß, schwach gewürzt. Diese Sorte wurde als sehr gute Tafel- und gute Wirtschaftsbirne bezeichnet, ich kann die **Doppelte Philipp** (anerkannter Handelsname) nur bedingt als Tafelbirne, dafür um so mehr als Wirtschaftsbirne bezeichnen. Der süßsaure eigenartige Geschmack war mir nie sympathisch. Vielleicht ist der Geschmack in Süddeutschland besser, bedingt durch Klima und Bodenlage. Die Sorte ist ein schlechter Pollenspender, triploid. Wenig anfällig für Krankheiten und Schädlinge, dafür früh einsetzender Ertrag und bekannt als Massenträger. Die LWK Hannover schreibt 1907: Tafel- und gute Marktfrucht, verkauft sich leicht. Muß vor der Reife geerntet werden, da die Frucht sonst leicht mehlig wird. Reife von Mitte September bis Oktober. Weitere Synonyme: **Albertine, Beurré Boussoch, Beurré Mérode Westerloo, Doppelte Philippsbirn, Double-Philippe, Doyénne de Mérode**, (erster und ursprünglicher Name aus Belgien) **Gros Monseigneur, Gros Seigneur, Nouvelle Boussoch** und **Philippe**. Im Erwerbsobstbau keine Bedeutung mehr.
Literatur: (02) (08) (14) (24) (26-3/47) (39) (40) (45) (52) (72) (86) (111)

DOPPELTE RIETBIRN
Auch **Riet-Beere** (dubbelde) 1795 von Schiller als *„braune Most-Birn bezeichnet. Eine sehr grosse Birn, von länglichter Form, gegen den Stiel lauft sie spitz zu. Der Baum hat ein gutes, starckes Gewächs wird gros und ist sehr tragbar."* Die Sorte

stammt vermutlich aus Deutschland, sehr gute Kochbirne, Verarbeitung ab November, haltbar bis Dezember. Fruchtfleisch gelblichweiß, beim Kochen rötlich werdend. Ertrag gut und regelmäßig.

DOPPELTE RUSSELET
Wurde im „Pirarium" beschrieben.

DOPPELTTRAGENDE MUSKATELLERBIRNE
Tafelbirne. Reife Mitte August. Mittelgroß. Schale hellgrün, dann grünlichgelb. Hinkert schrieb 1830 über die **Doppeltragende gelbe Muskateller** folgendes: „*Für Markt und jeden Gebrauch.*" Quelle: (40) (117)

DORNBIRN
Eine schweizer Lokalsorte. Aus dem Dorf Beringen, am Fuße des hohen Randenberges im Klettgau. Eine kleine Birne von rundlicher Gestalt. Ein feiner Geschmack, ihr Fleisch ist saftig und weich. Als Tafel- Koch- und Dörrbirne zu verwenden. Soll in noch nicht ganz reifem Zustand einen guten Most geben, mit anderem Obst gemischt soll es einen guten Obstwein geben. Die Fruchtbarkeit ist erstaunlich. (Empfehlenswerte Obstsorten für das Großherzogtum Baden 1906)

DOROTHEA ROYAL
Synonym: **Dorothy royal**. War im ausgehenden 19. Jahrhundert u.a. in Ostfriesland und im Oldenburgischen bekannt. Soll eine sehr große Frucht gewesen sein und eine der edelsten Kochbirnen überhaupt. (Praktische Ratgeber 1889 und 1914)

DORSCHBIRNE
Stammt aus Niederösterreich. Synonym: **Dornbirne**. Frucht ist klein bis sehr klein. Nur eine Mostbirne. Fleisch ist gelblichweiß, saftig, grobzellig, hart, bald teigig. Säuerlichsüß. Größe, Farbe und Aussehen mit der schweizer **Dornbirne** identisch, vom Wert der Brauchbarkeit ist es aber eine andere Sorte. (Neue Alte Obstsorten)

Im Bundes-Obstarten-Sortenverzeichnis ist angegeben:
DOUBLE DE GUERRE

DOWNTON
Wurde 1877 auf der Pomologenversammlung ausgestellt und beschrieben. Züchter war Max Touchon aus Hohenau in Hessen.

DOYENÈ AMELINCK
Im Bundes-Obstarten-Sortenverzeichnis angegeben.

DOYENNÈ BIZET
Mittelgroße Tafelbirne. Züchter ist unbekannt. Genussreife: I bis II. Fruchtbarkeit ist sehr gut. Wuchs ist ziemlich kräftig.

DOYENNÈ DE MONTJEAN
Französische Sorte, von Perrau gezüchtet. Mittel- bis großfrüchtig. Genussreife ist Februar bis März.

DOYENNE GEORGE BOUCHER
Sämling der Vereinsdechantsbirne. In Form und Geschmack dieser ähnlich. (87)

DOYENNE MADAME TH. LEVASSEUR
Eine hocharomatische, sehr süße und würzige Birne. Anbau ist nur in guter warmer Lage zu empfehlen. (Die wichtigsten Birnensorten von F. Hertel)

DOYENNÈ RAHART
Im Bundes-Obstarten-Sortenverzeichnis aufgeführt.

DOYENNÈ GRIS
1877 auf der Pomologen-Versammlung als eigene Sorte beschrieben.

DR. ANDRY
Sorte war 1877 auf der Pomologenversammlung in Potsdam ausgestellt.

DR. ENGELBRECHT
Name wird bei H. Petzold erwähnt. Soll eine späte Herbstbirne sein. Keine weitere Beschreibung. Vermutlich nach dem Pomologen Dr. Th. Engelbrecht benannt.

DR. GALL
Sorte war 1877 auf der Pomologenversammlung ausgestellt.

DR. JOUBERT
Alte Sorte. Genussreife: November bis Januar. Großfrüchtig. Schale gelb, Sonnenseite gerötet.

DR. JULES GUYOT
Von der Baumschule Baltet in Troyes, Frankreich aus Samen gezogen. Seit 1875 im Handel. Tafel- und Wirtschaftsbirne. Groß bis sehr groß, birnenförmig. Schale ist glatt, etwas hart. Bei Reife hellgelb, sonnenseits verwaschen goldorange. Baumreife: Ende August. Höchstens 2 Wochen haltbar. Ertrag ist früh, sehr hoch und

regelmäßig. Die **Guyot** wird seit Jahren aus vielen Ländern eingeführt, besonders aus Italien und Frankreich. **Guyot** ist auch der anerkannte Handelsname. Von Lade (Direktor in Geisenheim) nannte sie 1893 „eine der besten Sommerbirnen". Spanien liefert diese Birne unter dem Namen **Limonera**. Die **Dr. Jules Guyot** war in der Preisgruppe 1, kann also nur eine gute Tafelbirne sein. Ein Nachteil ist, dass die Birne bei zu später Ernte schnell mehlig wird. Nur gering schorfanfällig, aber anfällig für die Obstmade. Synonyme sind nicht bekannt. Bekannte ausländische Namen sind: **Doktor Ghiuyo** (Bulgarien), **Juli Ghiuyo** (Russland), **Guyotova** (Tschechien) und **Dr. Guyot Gyula** in Ungarn. (13) (24) (40) (51) (52) (77) (115)

DR. JULIUS QUINDON
Keine Beschreibung gefunden. Soll eine alte französische Sorte sein.

DR. LINDLEY
War im 19. Jh. in Dänemark bekannt. (Pomologen-Versammlung 1877)

DR. NELIS
1877 auf der Pomologenversammlung in Potsdam ausgestellt.

DR. TROUSSEAU
Sorte stammt aus Frankreich. Auf der Pomologenversammlung 1877 ausgestellt.

DREIMAL TRAGENDER BIRNBAUM VON ROUSSILLON
Sehr alte Sorte, wurde 1854 von Calwer beschrieben. Der Baum soll dreierlei Früchte gebracht haben. Im August muskatellerähnliche Birnen, im September bergamottartige, später noch längliche Birnen, die nicht mehr reif wurden. Quelle: (Lexikon der Obstsorten von W. Votteler)

DRESDENER BUTTERBIRNE
Eine unbedeutende Lokalsorte, wurde 1914 im Praktischen Ratgeber erwähnt.

DUBREUIL PÈRE
1877 auf der Pomologenversammlung ausgestellt und dort auch beschrieben.

DUCHESSE ANNE
Sorte war 1877 bei der Pomologenversammlung ausgestellt und wurde auch beschrieben. Züchter: Max Touchon aus Hohenau in Hessen.

DUC DE BORDEAUX
Im Bundes-Obstarten-Sortenverzeichnis angegeben.

DUCHESSE BÈRÈRD
Tafelbirne. Genussreife: November bis Dezember. Frucht groß bis sehr groß. Zur Reifezeit ganzflächig berostet. Schale ist mit hellbraunem, grünlich schimmerndem Rost überzogen. Sonnenseite goldbraun verfärbt. Fruchtfleisch schmelzend, fein, gewürzt und süß. Sämling der Sorte **Duchesse Bronzèe** wurde 1890 im Rhónetal entdeckt, erhalten durch M. Etienne Bèrèrd aus Quincieux, Vallèe du Rhòne. Baum trägt reichlich. Etwas schorfanfällig. Anbau nur in guten Lagen. Qualitativ hochwertige Birne schreibt H. Kessler in „Birnensorten der Schweiz".

DUCHESSE DE BRISSAC
Wurde von Mathieu im Praktischen Ratgeber von 1889 als gute Septemberfrucht beschrieben. War bei uns bedeutungslos.

DUCHESSE PANACHÉE
Ist die **Gestreifte Herzogin von Angouléme** oder die **Bunte Herzogin von Angouléme.** Die Birne war sehr selten, ähnlich wie die Urform. Bäume standen bei Lucas (Pomologe) in Reutlingen und Müllerklein in Carlstadt. (heute Karlstadt am Main) Müllerklein hatte eine Baumschule und war Mitarbeiter bei „Deutschlands Obstsorten".

DUDERSTADTS BUTTERBIRNE
Diese Sorte wird bei H. Petzold als späte Herbstbirne erwähnt. Genussreife im November. Vermutlich eine alte Lokalsorte aus dem Eichsfeld in Sachsen-Anhalt.

DUHAMELS HIRTENBIRNE
Tafelbirne. Genussreife: November bis Februar. Frucht ist dickbauchig und beulig. Schale hellgrün, später gelb. Leichte Berostungen. Halbschmelzend, gewürzt, süß.

DUHAMELS MUSKATELLERBIRNE
Hinkert schrieb 1830: **Du Hamel`s königliche Muskateller.** Reife im September. *„Für Tafel und Markt; Baum ist sehr fruchtbar, ist häufig anzupflanzen."*
Genussreife: IX. Kleine Frucht, hellgrün, dann grünlichgelb. Sonnenseite manchmal gerötet. Großflächig berostet. Geruch ist kräftig. (117)

DUHMYANAYA
Im Bundes-Obstarten-Sortenverzeichnis aufgeführt.

DUMAS HERBSTDORN
Eine Winterbirne, von Diel in die Klasse der Schmalzbirnen eingeteilt. Reife im November. Sehr alte Sorte. Beschreibung im „Pirarium."

DUMON DUMORTIER
Eine sehr alte Sorte. Winterbirne, wurde von Diel in die Klasse der „Grünen Langbirnen" eingeteilt. Baumreife: Mitte Oktober. Beschreibung im „Pirarium."

DUMONTS BUTTERBIRNE
Auch: **Beurré Dumont** oder **Beurré Dumon**. Die Pomologen-Versammlung schrieb 1893: **Beurrè Dumont**. Gaucher schreibt 1894: Ganz ausgezeichnete, sehr gesuchte Tafel- und Marktfrucht. Reife: XI bis I. Schale ist fein, zuerst hellgrün, zahlreich punktiert, mit gräulichen Flecken marmoriert und auf der Sonnenseite schwach gerötet. Fruchtfleisch ist weiß, schmelzend, sehr saftig. Geschmack angenehm erfrischend, aromatisch und süß.   Literatur: (40) (45) (68) (115)

DUMORTIERS BUTTERBIRN
Sehr alte Sorte, vor 1850 von Diel beschrieben.

DUNMORE
Oberdieck schrieb vor 1886: *„Die Birne ist zwar von angenehmen Geschmacke, aber ohne besondere Vorzüge."*   Entbehrlich ! schrieb der Prakt. Ratgeber 1886. Von Diel wurde diese Sorte vor über 150 Jahren gelobt. Reife: Ende September.

DURONDEAU
Ist in Belgien der Name für die **Birne von Tongern**. Handelsname ist **Tongern**. Eine der Hauptbirnensorten in Belgien. Wird heute noch nach Deutschland exportiert. Einführen immer ab Anfang September. **Durandeau** wird im Bundes-Obstarten-Sortenverzeichnis geschrieben.

DUSSARTS BERGAMOTTE
Wurde vor 1850 beschrieben, zählte in der Einteilung bei Diel aber zu den Winterbutterbirnen. Reife: XI bis I. Er schrieb: Exzellente Frucht.

DUVALS BUTTERBIRN
Eine sehr alte Sorte. Herbstbirne. Reife im November.

DYKER SCHMALZBIRNE
Wurde um 1790 bei Schloß Dyk am Niederrhein gefunden. Reife: X. Mittelgroße bis große Frucht, geringe Haltbarkeit. Lokalsorte am Niederrhein, Ansprüche an Boden und Lage sind sehr gering. Ist wenig anfällig für Schädlinge und Krankheiten.

DZINTRA
Wird im Bundes-Obstarten-Sortenverzeichnis aufgeführt.

ECHTE WEISSE FRANZMADAME
Im Praktischen Ratgeber von 1889 erwähnt. Sorte war z. B. in der Provinz Brandenburg bekannt. **Franzmadam** ist auch ein Synonym für die **Sparbirne** in Österreich und in Deutschland, ebenso für die **Römische Schmalzbirne**.

ECKEHARD
Im Bundes-Obstarten-Sortenverzeichnis aufgeführt. Sorte ist seit 1961 bekannt, eine Kreuzung aus **Nordhäuser Winterforelle X Clapps Liebling**. Gezüchtet in der Versuchsstation Naumburg des Instituts für Obstforschung. Literatur: (70) (75)

ECKERBIRNE
Unbekannte Mostbirnensorte. Wird bei H. Petzold erwähnt.

EDELCRASSANE
Stammt aus Frankreich, bei Rouen gezüchtet. Sorte kam 1855 in den Handel. Tafelbirne. Auch: **Neue Crassane, Edel-Crasanne** oder **Passe Crassane**. Aus Italien ist diese Birne von September bis zum Mai auf unseren Märkten. Italienischer Name ist **Passacrassana**. Große bis sehr große Birne. Plattrunde bis rundliche Form. Schale graugrün, später grünlichgelb. Fruchtfleisch ist gelblich, schmelzend, saftig. Geschmack etwas weinsäuerlich. Die Sorte soll 1845 entstanden sein. Gaucher schrieb 1894: Sehr delikate Tafel- und sehr begehrte Marktfrucht, eine der besten Wintersorten. Name und Heimat: Der Baumschulenbesitzer Boisbunel in Rouen brachte die **Edelcrassane**. Außer diesen Name führt sie noch den Namen: **Passe Crassane**. In Österreich waren im 19. Jh. einige Synonyme bekannt: **Bergamott-Birne, Crasannerl** und **Neue Crasanne**. Da diese Birne hohe Ansprüche an Klima, Lage und Boden stellt, war man mit dem Anpflanzen sehr vorsichtig. Die Sorte neigt zur Fleischbräune, diese ist von außen nicht zu erkennen, der Geschmack wird dann muffig. Diese Überlagerungsschäden treten besonders von Februar bis Mai auf. Ausländische Namen: **Vrassanskà** (tscheschisch), **Nemes Krasszan** (ungarisch), **Pas Krasan** (bulgarisch), **Pass Krassan** (russisch), **Passa Crassana** (italienisch). Quellen: (24) (40) (45) (52) (68) (114) (121)

EDELWEISSBIRNE
Edelweißbirne ist eine Sommerfrucht, vor allem in Tirol bekannt. Lokalsorte, die wahrscheinlich auch aus Tirol stammt. Fruchtschale grüngelb, später heller werdend. Fleisch gelblichweiß, um das Kernhaus etwas steinig. Saftig, halbschmelzend, würzig und süß. Literatur: (Verzeichnis der Apfel- und Birnensorten)

EDLE SOMMERBIRNE
Uralte Sorte. Vor 1830 als **Edle Sommerbirn** von Diel beschrieben. Tafel- und Wirtschaftsbirne. Reife: Im August. Frucht groß, länglich. Schale grünlichgelb, Sonnenseite etwas gerötet. Leichte Berostungen. Geruch ist kräftig, Fleisch schmelzend, gewürzt, süß.

EDUARDSBIRN
Eine Halbbutterbirne. Vor 1850 beschrieben. Zählte zu den Sommerbirnen. Reife: Ende Sept. Wurde aber nur als Wirtschaftsfrucht empfohlen. (Pirarium)

EGMOND
Tafelbirne. Reife: Oktober. Mittelgroß, etwas beulig. Schale gelb, teilweise berostet. Fleisch körnig, sehr saftig, gewürzt, süß. **Egmont** heißt es im „Pirarium".

EGNACHER MOSTBIRNE
Vermutlich eine Lokalsorte. Angegeben im Bundes-Obstarten-Sortenverzeichnis.

EIBACHER ZUCKERBIRNE
Lokalsorte. Klein, bauchig. Schale gelb, etwas berostet. auffällige Lentizellen. Keine Angaben über Herkunft und Verbreitung. (Lexikon der Obstsorten)

EIFERSÜCHTIGE
Diel beschrieb **Die Eifersüchtige** 1826 in seiner „Systematischen Beschreibung der Kernobstsorten". Synonym: **La Jalonsie**. Tafelbirne. Reife: Oktober, dann bis vier Wochen haltbar. Schale hellgrün, später gelblichgrün. Sehr saftig.

EIFÖRMIGE AUGUSTINERBIRN
Sehr alte Sorte. Wurde bereits vor 1850 von Diel beschrieben.

EINFACHE BERGAMOTTE
Diese Sorte wurde in der Preisgruppeneinteilung aufgeführt. Bergamotten waren fast immer in der Preisgruppe 4.

EINFACHE KAISERIN
Keyserin. (enkelde) Damals auch **Honig-Birn** oder **Süsse Kayßer-Birn.** 1795 von Schiller beschrieben als „*mittelmässig grosse Birn, von länglichter etwas bauchichter Form. Schale ist glatt, grünlichgelb, fällt mehr oder weniger hellroth aus. Der Baum hat ein gutes Gewächs und trägt sehr starck*".

EISENBIRN
1877 auf der Pomologenversammlung ausgestellt. Kurz beschrieben.

Im Bundes-Obstarten-Sortenverzeichnis aufgeführt:
EISENHÜLLER und **EISENHÜTLE**

EISENBART
Im 19. Jh. in Österreich ein Synonym für die **Graue Herbst-Butter-Birne.**

ELDORADO
1945 in den USA entstanden. In Placerville, El Dorado County, Kalifornien. Ein Sämling von **Williams.** Groß bis sehr groß. Lang, birnförmig. Schale glatt, trocken, bei Reife grüngelb mit unterschiedlicher starker Berostung. Tafelbirne, auch zum Einmachen geeignet. Baumreife: September. Genußreife: November/Dezember. Literatur: (Verzeichnis der Apfel- und Birnensorten)

ELEKTRA
Ist in Geisenheim in der Sortenprüfung. (85)

ELETTA MORETTINI
Passacrassana X Beurré Hardy. Diese Sorte wurde etwa 1960 auf den Markt gebracht. Züchter: Prof. Morettini. (Warenkunde für den Fruchthandel)

ELIOTS FRÜHBIRNE
In Amerika entstanden. 1890 nach Europa gekommen. Auch: **Eliots Early.** Gute Frühbirne, kleinfrüchtig, rundlich und kegelförmig. Schale fein, grün, später blassgelb. Sonnenseite streifenförmig gerötet. Literatur: (39)

ELSA
Elsa ist der Handelsname der **Herzogin Elsa,** s. a. **Herzogin Elsa.** Ausländische Namen: **Djushes El'za** (russisch), **Eli'ska** (tschechisch). Literatur: (Birnensorten)

ELTON BIRN
Eine sehr alte Sorte, wurde vor 150 Jahren beschrieben. Herbstbirne. Das Fleisch ist gelblichweiß, innerhalb des Kernhauses etwas rötlich. Sehr saftig, angenehm süß und leicht gewürzt. Reife: Oktober. (Pirarium)

EMIL HEYST
Wurde vor über 150 Jahren von Diel beschrieben. Eine Herbstbirne in der Gruppe der Flaschenbirnen. Reife: Anfang November. Literatur: (72) (121)

EMILIE BIVORT
Sehr alte Sorte. Wird im „Pirarium" als Herbstbutterbirne beschrieben.

EMILE D`HEYST
Sorte wird ohne Beschreibung bei H. Petzold aufgelistet. Eine Herbstbirne. Pflückreife: Anfang Oktober. Auch **Emilie d`Heyst** geschrieben.

EMPEREUR ALEXANDRE
Synonyme: **Beurré Bose, Beurré d´Apremont** und **Bosc**. In der Liste der großfrüchtigen Birnensorten. Hier handelt es sich einwandfrei um die **Bosc´s Flaschenbirne**. **Bosc** ist der anerkannte Handelsname der **Bosc´s Flaschenbirne**.

ENGELBRECHT'S BUTTERBIRN
Auf der Pomologenversammlung 1877 kurze Beschreibung der Sorte. Anbau vermutlich in Sachsen und Sachsen-Anhalt.

ENGELSBIRNE
Tafelbirne. Reife: VIII. Schale grasgrün, dann gelblichgrün, berostet. Deutlicher Geruch. Fleisch süßsäuerlich. **Engelsbirn** war der alte Name. Mittelgroße bis große Frucht. Reife: Oktober bis Dezember schrieb Insp. Bach 1906. Regelmäßige langbirnförmige Gestalt. Schale glänzend, hellgrün, feinrauh, ziemlich stark und mit zahlreichen grünen oder bräunlichen Punkten bedeckt. Frucht wurde im Badischen stark angebaut und fand Verwendung als Tafelfrucht und zum Dörren. Im Bundes-Obstarten-Sortenverzeichnis ist eine **Engelbirne** aufgeführt.

ENGHIN
Eine Halbbutterbirne, wurde vor 1850 von Diel beschrieben. Reife: Ende August.

ENGLISCHE BUTTERBIRN
Poire d´Angleterre. Schiller schreibt: *„Eine ziemlich grosse Birn, von länglichter Form. Schale etwas rau, was aber ihre Farbe betrifft, so ist sie in einem grünlichtgelben Grund mit kleinen bräunlichten Tupfen starck besprenget, usw. Der Baum hat ein gutes Gewächs, und ist sehr tragbar".* 1888 schrieb man im Praktischen Ratgeber **Englische Butterbirne**. Identisch mit der Sorte: **Englische Sommerbutterbirne**.

ENGLISCHE KÖNIGIN
Soll ein Synonym der Sorte **Doppelt Tragender Birnbaum** sein. Bei Schiller 1795 auch **Engelse Koningin,** u.a. schreibt er: *„Diese Sorte hat auch die Art, daß der Baum manchmal zweymal im Jahr trägt, in dem er im Monat Julio das*

zweytemal Blüthen bringet, und da werden die Früchte gegen den October reif, bleiben aber insgeheim kleiner und sind ungeschmackter als die ersten". Er schrieb auch, dass ihm damals noch kein anderer Name bekannt war. **British Queen** wurde 1877 als Sorte von Paladt beschrieben.

ENGLISCHE SOMMERBUTTERBIRNE
Sehr gute Tafel- und gute Wirtschaftsbirne. Mittelgroße, länglichbirnförmige Frucht. Grünlichgelb, rostig punktiert. Fruchtfleisch würzig. Synonyme: 1888 z.B. **Englische Sommer-Butterbirne**, 1830 **Englische Sommer-Butterbirn**. War auch in Österreich bekannt. Reife: Ende September/Oktober. Haltbar bis 2 Wochen. Sie ist eine hochfeine, saftige Tafelbirne und liefert delikates Dörrobst. Baum ist gesund, bildet eine schöne Pyramide, auf trockenem Standort stets tragbar. Literatur: (16) (44) (72)

ENGLISCHE WINTERBIRNE
Tafelbirne. Genussreife: November bis Januar. (Lexikon der Obstsorten)

EPARGNE
Ist ein Synonm der **Sparbirne,** einer alten französischen Sorte, die bereits um 1500 bekannt war. Schiller schrieb 1795 schon folgendes: *„Eine grosse längliche Birn, von etwas ungleicher schiefer Form, mit einem langen Stiel. Wenn sie reif ist, hat sie eine rothe Farbe, an der einen Seite ist sie manchmal grünlichgelb. Ihr Fleisch ist derb, saffitg genug, und manchmal etwas sauren Geschmackes, so daß sie nicht gepflanzet zu werden verdienet"*.

EPINE DU MAS
Synonyme: **Mas** und **Präsident Mas.** Eine große bis sehr große Birne mit unregelmäßiger Form. Tafelbirne. Baumreife: X. Genußreife: XI bis XII. Früh einsetzender, hoher und regelmäßiger Ertrag. Bei Vollreife hellgelb mit zahlreichen Schalenpunkten. (Alte und neue Birnensorten von F. Mühl)

ERCOLE D'ESTE
Sorte ist in Geisenheim in der Sortenprüfung. Literatur: (85)

ERCOLINA
Frühbirne aus Spanien, identisch mit der **Coscia** aus Italien.

ERDAPFEL-BIRNE
Synonym von **Arenberg's Colmar.**

ERDEI VAJKÖRTE
Im Bundes-Obstarten-Sortenverzeichnis aufgeführt. Dem Namen nach eine Birnensorte aus Ungarn, bzw. der ungarischer Name einer bekannten Birnensorte.

ERIKA
Stammt aus Tschechien, soll seit 1984 im Handel sein. (Obstbau 12/96)

ERLENBACHER MOSTBIRNE
Eine alte Lokalsorte, im Bundes-Obstarten-Sortenverzeichnis aufgeführt.

ERZBISCHOF AFFRE
Sehr alte Sorte, vor 1850 beschrieben. Diel zählte sie zu den Herbst-Bergamotten. Reife ist Ende Oktober.

ERZBISCHOF HONS
Synonym: **Monseigneur des Hons.** Reife: August. Etwa 3 Wochen haltbar. Kleine bis mittelgroße Früchte. Schale rot marmorirt, rostfleckiggrün. Reichgewürzte Tafelfrucht. Baum wächst sehr kräftig. Ertrag ist hoch, setzt früh ein. Nicht genug zu empfehlen, schreibt das Pomologische Handbuch für Niederösterreich 1893.

ERZBISCHOFF SIBOUR
Sehr alte Sorte. Herbstbutterbirne. Vor 1850 von Diel beschrieben.

ERZENGEL MICHAEL
Sehr alte Sorte. Von Diel beschrieben. Eine sogenannte Herbstbutterbirne. Reife ist Ende Oktober. Tafelfrucht 1. Ranges.

ERZHERZOG KARL
Tafel- und Wirtschaftsbirne. Reife: IX. Frucht kegelförmig und bauchig. Schale hellgrün, später hellgelb. Fleisch sehr saftig. schmelzend, gewürzt, süß.
(Verzeichnis der Apfel- und Birnensorten)

ERZHERZOGSBIRNE
Tafel- und Wirtschaftsbirne. Reife: August. Frucht groß, kegelförmig. Schale hellgrün, etwas gerötet. Synonyme: **Adels-Birne, Dürckheimer Tafel-Birne, Frauen-Birne, Gelbe Sommer-Herren-Birne, Herren-Birne, Kandl-Birne, Tafel-Birne, Türkheimer Tafel-Birne.** Auf der Pomologenversammlung 1877 gab man der Birne noch das Synonym: **Franz Madame.** Bekannt ist auch eine **Erzherzoginbirne.** Nicht identisch, denn hier handelt es sich um eine großfrüchtige und bauchige Wirtschaftsbirne. Eine **Erzherzogin** wurde schon von Diel vor fast

200 Jahren beschrieben. Er beschrieb diese als Halbbergamotte. Reife: Mitte September. Die Beschreibung im „Pirarium" stimmt mit der **Erzherzogbirne** überein. Literatur: (40) (72) (114) (121)

ERZHERZOG CARL-SOMMERFRUCHT
Im 19. Jh. in Niederösterreich als eigene Sorte und Synonym der Sorte **Gute Graue** bekannt. (Pomologisches Handbuch für Nieder-Österreich)

ERZHERZOG KARLS WINTERBIRN
Uralte Sorte. Wurde vor 1850 beschrieben. Winterbirne. Genussreife: Dezember.

ESCHENBACHER
Ist im Bundes-Obstarten-Sortenverzeichnis aufgeführt.

ESMERALDA
Sehr alte Birnensorte. Wird im "Pirarium" beschrieben.

ESPERENS BERGAMOTTE
Stammt aus Belgien, wurde 1830 von dem Major Esperen aus Samen gezogen. In Deutschland um 1855 eingeführt. Fälschlich lief sie auch unter dem Namen **Winterbergamotte**. Dunkelgrün, bei zunehmender Reife gelblich, manchmal mit einem roten Anflug. Zeitweise Berostungen, viel Saft und fein, rötlich angehaucht. Genussreife: II bis IV. Mittelgroß. Schale gelblichgrün. Starke Berostungen, auffällige Lentizellen. Sehr aromatisch. Synonyme: **Bergamotte Espéren, Esperen, Poire d´Esperen**. War am Ende des 19. Jahrhundert auch in Böhmen als Tafelbirne bekannt. Zufallssämling. **Bergamotta Esperen** (italienisch), **Esperenova** (bulgarisch). Literatur: (02) (24) (40) (45) (68) (115)

ESPERENS HERRENBIRNE
1894 schrieb man **Espéren´s Herrenbirne**, in Österreich **Esperen's Herren-Birne**. Seit 1831 nachgewiesen. Entstand vermutlich bei Mecheln/Belgien. Nach Bivort soll sie von Major Esperen zu Mecheln gezogen sein. Synonyme: **Seigneur d´Esperen, Bergamotte lucrative** und **Fondante d´Automne** sind die in Belgien, Frankreich und Amerika bekannten Namen. In Deutschland führte sie vereinzelt den Namen **Oberdieck´s Butterbirne**. Allgemein unter **Esperens Herrenbirne** bekannt. Klein bis mittelgroß. Gelblichgrün, später grünlichgelb. Genussreife: September bis Oktober. **Esperence Herrenbirne** war in der Preisgruppe 4. Weitere Synonyme: **Arbre-Superbe, Arbre superbe Urbaniste, Autumn Melting, Belle Lucrative, Bergamotte Fiévée, Beurré lucratif, Fondante de**

Maubeuge, Grésiliére, Herrenbergamotte, Lucrate, Schmelzende Herbstbirne, Poire du Seigneur, Seigneur Espéren.
Literatur: (24) (40) (45) (114) (115) (119)

ESPERENS MÄRZBIRN,
ESPERENS WALDBIRN und
ESPERENS WILDLING. Alle 3 Sorten von Esperen vor 1830 gezogen.

ESPERINE
Grosse Louise du Nord. Gute Tafel- und Wirtschaftsbirne. Genussreife: Oktober bis November. **Schmidtbergers Butterbirne** soll auch die **Esperine** sein. Frucht mittelgroß, länglich birnförmig, hellgelb mit roter Backe, vielfach netzartig berostet. Die Sorte ist wegen ihrer reichen Tragbarkeit rentabel. Der Baum verlangt guten Boden, stellt aber keine Ansprüche an Klima und Lage. **Esperinenbirne** war in Preisgruppe 3. Literatur: (12) (13) (40) (111) (115) (121)

ESSIGBIRNE
Im Bundes-Obstarten-Sortenverzeichnis aufgeführt.

ETRUSCA
Etruska. Vermutlich eine italienische Lokalsorte. Auch im Bundes-Obstarten-Sortenverzeichnis.

EUGÈNE DE NOUHES
Sorte war 1877 auf der Pomologenversammlung ausgestellt.

EVA BALTET
1890 entstanden. Kreuzung aus **Williams Christ X Holzfarbige Butterbirne**. Genussreife: X bis XI. Große, abgestumpft birnförmige, dickbauchige und beulige Frucht. Schale dünn, hellgelb, braun punktiert. Zur Reifezeit verwaschen gerötet. Fleisch weiß, saftreich, angenehmes Aroma. (39)

EWART
Ist im Bundes-Obstarten-Sortenverzeichnis aufgeführt.

EYERBIRN
1795 von Schiller beschrieben. **Poire d'Oeuf.** Wurde auch **Ayerbirn** geschrieben. *„Ist eine mittelmässig große Birn, von länglichtrunder Form, wie ein Ey, woher sie auch ihren Namen hat. Schale glatt, von gelblichtgrüner Farbe".* **Eierbirne** ist

ein Synonym für die **Wilde Eierbirne**, für die **Sommereierbirne** und für die **Colomas Herbstbutterbirne**. Auf den Pomologentagen 1886 in Meißen hat der Garteninspektor Lämmerhirt ("Die Obstverwertung" von Otto Lämmerhirt) die **Sommer-Eierbirne** auch **Beste Birne** genannt und zur besten Einmachbirne benannt. Auf der Pomologenversammlung in Potsdam 1877 hieß es **Eierbirn**. Literatur: (15 S. 396) (37) (121)

EYEWOOD
Sehr alte Birnensorte. Vor 1830 beschrieben. Reife Ende Oktober. Tafel- und Wirtschaftsbirne.

FASSLBIRNE
Auch **Faßbirne**. Synonym für die **Grüne Winawitzbirne**. 1877 in Potsdam auf der Pomologen-Versammlung als **Fassbirn** ausgestellt.

FÄSSLEBIRNE
Lokalsorte am Kaiserstuhl. Wirtschaftsbirne. Verarbeitung: September. Mittelgroß. Schale grüngelb, Sonnenseite gerötet. Im Bundes-Obstarten-Sortenverzeichnis auch **Fässlebirne**.

FAUSTBIRNE
Wirtschaftsbirne. Verarbeitung: Im Oktober. Sehr große Frucht, birnförmig. Schale gelb, deutlich berostet, auffällige Lentizellen. Fleisch mäßig saftig, fade. Der Name ist auch ein Synonym für die Sorte **Großer Katzenkopf**. In Österreich schrieb man **Faust-Birne**. Die **Faustbirn** wurde 1830 bereits von Hinkert beschrieben. „*Gute Küchenfrucht, zum Welken und Dämpfen.*"

FEBRUAR-BUTTERBIRN
Im Praktischen Ratgeber von 1886 steht: Hart gegen Frost. Sehr reichtragend, schmelzend, der Geschmack etwas fein adstringierend und pikant, gut. Im „Pirarium" steht: Eine Winterbirne. Die Beschreibung von 1830 stimmt mit der von 1886 fast überein. Literatur: (15) (72)

FEIGEN-BIRN
War in Österreich ein Synonym der **Holländischen-Feigen-Birne**. (Pomologisches Handbuch für Nieder-Österreich von 1893)

FEIGENBIRNE
Es gibt verschiedene **Feigenbirnen**. In Schleswig-Holstein wurde die **Feigenbirne** 1888 zu einer bewährten Birnensorte erkoren, desgleichen wurde in Mecklenburg

die **Holländische Feigenbirne** zu einer bewährten Sorte erklärt. Auch die **Meißner Feigenbirne** wird oft nur **Feigenbirne** genannt. Bekannt ist auch eine **Französische Feigenbirne**. Literatur: (17) (40) (70)

FEIGENBIRNE VON ALENCON
Synonyme: **Feigen-Birne, Figue d´Alencon, Figue d`Hiver** und **Poire Figue**. Tafelbirne. Genussreife: November bis Januar. Mittelgroß, Schale grün, feigenförmig, trüb gerötet. Häufig berostet. Eine Edle Tafelbirne, schrieb 1893 das Pomologische Handbuch für Niederösterreich.

FELLBACHER MOSTBIRNE
Lokalsorte in Schwaben. Schale leuchtend gelb. Sonnenseite intensiv gerötet. Diese Birne wurde 1936 bei Goetz erwähnt.

FERDINAND DE LESSEPS
1877 auf der Pomologenversammlung in Potsdam ausgestellt. Im Bundes-Obstarten-Sortenverzeichnis aufgeführt.

FERTILIA
Ist im Bundes-Obstarten-Sortenverzeichnis aufgeführt.

FERTILIA DELBARD
Kreuzung aus **Williams X Frühe Morettini**. Zeichnet sich durch früh einsetzende, regelmäßige Erträge, guten Geschmack und gute Lagerfähigkeit aus. Feuerbrandgefährdet. (Obstbau 9/94)

FERTILITY
Wird als guter Pollenbildner aufgeführt. Auf der Pomologenversammlung 1893 wurde diese Sorte beschrieben. Im Bundes-Obstarten-Sortenverzeichnis wird eine **Fertility Improved** aufgeführt.

FEUCHTWANGER BUTTERBIRNE
Lokalsorte im Raum Feuchtwangen. Tafelbirne. Reife: XI bis XII. Sehr große Frucht. Schale grünlichgelb. Fleisch gelblichweiß. Geschmack ausgezeichnet. Baum wächst mittelstark, widerstandsfähig gegen Krankheiten und Schädlinge. Wird heute noch für den Streuobstanbau empfohlen. Die Sorte ist auch als **Feuchtwanger Winterbirne** bekannt. Literatur: (39) (70)

FIN DE SIÈCLE
Entstand bei Anvers in Frankreich. Sämling der Sorte **Souvenir de Lydie.** Seit 1899 in den Handel. Reife: Oktober. Große bis sehr große Frucht. Schale zitronengelb, rostig punktiert. Sonnenseite lebhaft gerötet. Fleisch weiß, fein gezuckert, gewürzt, süß. Ist auch im Bundes-Obstarten-Sortenverzeichnis aufgeführt. Literatur: (39) (70)

FINDLING VON HOHENSAATEN
Die Sorte wurde im Wald der Gemeinde Hohensaaten durch Herrn Schultze-Pankow entdeckt. Tafel- und Wirtschaftsbirne. Frucht groß bis sehr groß. Zitronengelb, von schönem süßem Geschmack. Reife: IX. Baum wächst steil aufrecht und pyramidal. (Pomologenversammlung 1893)

FISCHBÄCHLER
Sehr kleinfrüchtige Mostbirne aus der Schweiz. Lokalsorte. Fleisch ist gelblichweiß, knackend, grob, saftig, säuerlich und herb. (Birnensorten der Schweiz)

FLAMINGO
Wird in den Monaten Februar bis März aus Südafrika eingeführt. Kreuzung aus **Bon Rouge X Forelle.** Quelle: (BLE 10/1998)

FLASCHENFÖRMIGE FORELLENBIRNE
War in der Preisgruppe 3. Keine weiteren Daten gefunden.

FLEISCHBIRNE
Lokalsorte. Frucht klein bis mittelgroß. Schale grün mit braunen Punkten. Sonnenseite schwach gerötet. Gewürzt, süß. (Verzeichnis der Apfel- und Birnensorten)

FLEMISH BEAUTY
Wurde in den 30er und 40er Jahren in Kanada als besonders frosthart gelobt. Ist auch ein Synonym der **Holzfarbigen Butterbirne.** Literatur: (07) (39)

FLONS DECHANTSBIRNE
Doyenné Flon Ainé. Tafel- und Wirtschaftsbirne. Genussreife: XI. bis I. Große rundliche Birne. Schale fein rauh, grünlichgelb, schwach bräunlich gerötet. Schmelzend, saftig. Angenehm gewürzt, süßweinig. (39)

FLOR DE INVIERNO
In der Liste der großfrüchtigen Birnensorten aufgeführt.

FLORENTINERBIRNE
Reife: I bis VII. Großfrüchtig, kegelförmig. Schale grün, Sonnenseite gerötet, stark berostet. (Lexikon der Obstsorten)

FLOTOWS COLMAR
Sehr alte Sorte. Beschrieben im „Pirarium".

Im Bundes-Obstarten-Sortenverzeichnis sind folgende Sorten aufgeführt:
FONDANTE BAILLY-MAITRE,
FONDANTE DE CRONCELS und
FONDANTE DE GHELIN

FONDANTE DU BOIS
1877 auf der Pomologenversammlung in Potsdam erwähnt. Französische Sorte.

FONDANTE DE BREST
1795 von Schiller einwandfrei beschrieben. *„Ist eine sehr grosse Birn, die doppelte versteht sich".* Es gab damals auch noch eine **Einfache Fondante**, die auch **Einfache Französische Kaneelbirn** genannt wurde. **Fondante de Brest** ist auch ein Synonym der **Brester Saftbirne** und der **Brester Schmalzbirne**. Literatur: (37) (39)

FONDANTE DE THIRRIOT
Deutscher Name ist: **Thirriots Schmelzende**. 1879 von Thirriot gezüchtet. Diese Sorte wurde 1896 in Kassel auf der Pomologen-Versammlung empfohlen. Großfrüchtig. Reifezeit: X bis XI. Gute Fruchtbarkeit. Gedeiht auf Quitte und Wildling. Hat sich bei uns nicht durchgesetzt. Literatur: (115) (116)

FORELLE
Neue Birnensorte aus Südafrika. (Warenkunde Obst & Gemüse) Die Frucht ist nach meinen Beobachtungen fast mit der alten deutschen Sorte **Forellenbirne** identisch.

FORELLENBIRNE
Alte deutsche Sorte. Entstand bei Halle an der Saale. 1806 erstmals beschrieben. In Oberfranken **Beckenbirne**, sonst auch noch **Grain de Corail, Herbstforelle, Poire Forelle** und **Poire Truitée**. Hervorragende Tafelbirne. Reife: November bis Januar. Mittelgroße, längliche bis rundliche, unterschiedlich gebaute Frucht. Schale glatt, hellgrün, später gelb. Sonnenseite intensiv gerötet. Fleisch weiß, fein, saftig, schmelzend. Geschmack angenehm süßsäuerlich mit melonenartigem Aroma. Schorfanfällig. Wird als schlechter Pollenspender beschrieben. Lt. Fritz Guenther in der "Neue Obstbau" von 1942, als guter Pollenspender bekannt. "Deutschlands

Obstsorten" schreibt: Die **Forellenbirne** ist eine vom Stiftsamtmann Büttner in Halle an der Saale stammende echte deutsche Sorte. Zur Unterscheidung von der **Nordhäuser Winterforelle** nennt man sie auch **Herbstforelle**. Die Haltbarkeit bis zum Januar ist nur selten gegeben. Nach österreichischen Angaben handelt es sich um einen Zufallssämling. Die Anfälligkeit für Schorf wurde bestätigt. Die LWK Hannover beschreibt 1907 die **Forellenbirne** als Tafelfrucht ersten Ranges. Geschützte Lagen sind empfohlen und ein guter kräftiger Boden.
Literatur: (02) (07) (24) (40) (111) (115)

FORSTER BIRNE
1936 bei Goetz als mittelstarkwachsend angegeben.

FORTUNAS BERGAMOTTE
Sorte war im 19.Jh. in Unterfranken bekannt. (Pomologen-Versammlung 1877)

FORTUNÉE
Mittelgroße, bergamottförmige Frucht. Schale gelbgrün, zur Reifezeit fast vollständig berostet. Anbau nur in guten Lagen und bei guten Bodenverhältnissen. Wurde vor 1830 beschrieben und im „Praktischen Ratgeber" 1889 empfohlen. Synonyme: **Fortunée Supérieure, Glücksbirn, Poire Fortunée**. Die Sorte stammt aus Frankreich. Literatur: (02) (17 S. 475) (40) (72) (115)

FOUKOUBA
Wirtschaftsbirne. Großfrüchtig, Schale dunkelgelb, rot punktiert, fest. (40)

FOURCROY
Tafelbirne. Genussreife: Dezember. Kleine Früchte, unterschiedliche Formen. Schale hellgrün, dann gelb, fast ganzflächig berostet. Gewürzt, süß. (40)

FOUSALOU
Tafelbirne. Reife: Oktober. Schale gelblichgrün, dann hellgelb, teilweise berostet und grün gefleckt. Sehr saftig, gewürzt, süß. (Lexikon der Obstsorten)

FRANC RÈAL
Sehr alte Sorte, vor 1850 beschrieben. Herkunft: Frankreich.

FRAGANTE
Im Bundes-Obstarten-Sortenverzeichnis aufgeführt.

FRANCHIPANE
Tafelbirne. Sehr alte Sorte, schon vor 1830 beschrieben. Genussreife: Oktober bis November. Mittelgroße Frucht. Schale hellgrün, dann gelb, Sonnenseite gerötet. Auffällige Lentizellen. Fruchtfleisch körnig, gewürzt. **Frangipanne** ist im Bundes-Obstarten-Sortenverzeichnis aufgeführt. Beide Namen sind identisch.

FRANCOIS HUTIN
Auch **Francoise Hutin**. Tafelbirne. Reife im Oktober. Sehr groß, lang birnenförmig. Schale gelb, berostet. Fleisch schmelzend, aromatisch, süßsäuerlich. (39)

FRANKENBIRNE
Vermutlich identisch mit der Sorte **Frühe Frankenbirne**. Als **Frankenbirn** bei Diel beschrieben. Gehörte zur Klasse der Gewürzbirnen. Fleisch mattweiß, saftreich, schwach weinartiger Geschmack. Wirtschaftsbirne. Reife: Mitte September.

FRANKFURTER BIRNE
Nach Angaben von Goetz starkwachsend. Keine weiteren Daten angegeben.

FRANSCHE KAISERIN
War in Niederösterreich ein Synonym der Sorte **Grüne Magdalene**.

FRANZ II
Synonym: **Francois II**. Frucht mittelgroß, Schale hellgelb, Sonnenseite gerötet, berostet. Schmelzend, gewürzt, süß. Wurde 1826 von Diel beschrieben. Züchter soll Prof. van Mons gewesen sein. Tafel- und Wirtschaftsbirne. Wurde noch zu den Halbbutterbirnen gezählt. Genussreife: Ende September bis Oktober. Literatur: (40) (72) (117)

FRANZ BORGIA
Wurde 1877 auf der Pomologenversammlung wegen Wuchs und Tragbarkeit gelobt.

FRANZENSBIRNE
Beschrieben 1914 bei F. Hertel als Synonym der **Solanerbirne**.

FRANZMADAM
Tafelbirne. Reife: August. Großfrüchtig, birnförmig. Schale gelblichgrün, an der Sonnenseite manchmal etwas gerötet. Auffällige Lentizellen, deutlich berostet. Fruchtfleisch ist schmelzend, gewürzt, süßsäuerlich. Bei Schiller: **Franz Madam**, auch **L´Epargne**. Literatur: (37) (40)

FRANZÖSISCHE EIFERSÜCHTIGE
Synonym: **Butterbirn von Fontenay.** Uralte Sorte, wurde schon vor 1830 von Diel beschrieben. Stammt aus Frankreich. Eine Herbstbutterbirne. Reife: IX bis X.

FRANZÖSISCHE KÜMMELBIRNE
Klein, eiförmig. Genussreife: Oktober bis Dezember. Schale gelb. Sonnenseite berostet. Kümmelartig gewürzt. Synonym: **Besy d´Hery.**

FRANZÖSISCHE LANGSTIELIGE WEISSBIRNE
Tafelbirne. Reife: August. Klein, birnenförmig. Schale gelblichgrün, dann gelb, Sonnenseite manchmal etwa gerötet. Synonym: **Französische Langstielige Weißbirne.** (Lexikon der Obstsorten)

FRANZÖSISCHE SÜSSE MUSKATELLERBIRNE
Tafelbirne. Reife: IX bis X. Frucht bauchig, kreiselförmig. Schale grünlichgelb, auffällige Lentizellen. Im „Pirarium" als **Französische Muscateller** beschrieben.

FRAU GRETE BURGEFF
Geisenheimer Züchtung. Großfrüchtig, leichte Berostungen. Auffällige Lentizellen.

FRAU LUISE GOETHE
1882 in Geisenheim entstanden als Sämling von der **Esperens Bergamotte.** Genussreife: XII bis III. Bergamottförmig, Schale gelblichgrün, kräftig berostet. Fleisch schmelzend, wohlschmeckend. Frau Luise Goethe war die Frau von Dir. Goethe, dem ersten Direktor der „Königlichen Lehranstalt für Obst- und Weinbau" in Geisenheim.

FRAUENBIRNE
Diese Sorte ist 1888 als bewährte Birnensorte in der Pfalz ausgezeichnet worden. **Frauenbirne** ist auch ein Synonym von **Franzmadam** und **Römischer Schmalzbirne.** (Praktischer. Ratgeber von 1889) **Frauen-Birne** war in Nieder-Österreich ein Synonym der Sorten: **Erzherzogsbirne, Römische Schmalzbirne, Frauenschenkel** und **Königsgeschenk von Neapel.**

FRAUENSCHENKEL
Ein Synonym der **Pastorenbirne,** aber auch als eigene Sorte bekannt. Großfrüchtig, länglich kegelförmig oder walzenförmig. Schale blassgrünlich oder weißgelblich. Baum ist starkwüchsig. In Niederösterreich gab es folgende Synonyme: **Frauen-Birne, Sommer-Spindel-Birne, Wadel-Birne** und **Waden-Birne.** Hinkert hat

die Sorte 1830 als Tafelobst beschrieben, „*Baum in höhern Alter tragbar.*"
Literatur: (40) (87) (114) (117)

FRAUSCHERS SPÄTE
Mostbirnensorte. Lokalsorte aus Oberösterreich. Im Frühjahr 2000 wurde diese Sorte an Straßen und Wegen in Neuhaus, Landkreis Passau angepflanzt. Die Hochstämme, es handelt sich um sehr gesundes Pflanzmaterial, wurden von einer Baumschule in Oberösterreich geliefert.

FREDERICK CLAPP
Züchter: L. Clapp. Frucht mittelgroß. Tafelbirne. Genussreife: X bis XI. Fruchtbarkeit gut, Wuchs ist gewöhnlich. (Pomologen-Versammlung 1893)

FREGATTEN-BIRNE
In Niederösterreich ein Synonym für die **Holländische-Feigen-Birne**.
(Pomolog. Handbuch)

FREISTÄDTER SPECKBIRNE
Lokalsorte. War in Schlesien bekannt. Gehörte zu den bewährten Birnensorten. Eine Lokalsorte. (Praktischer Ratgeber von 1888) Diese Sorte war zum Dörren außerordentlich wertvoll; sie hat speckiges, festes Fleisch. Anbau besonders in der Gegend von Freistadt. (Pomologenverein 1893)

FREMION
Gutes Wirtschaftsobst, schrieb Hinkert 1830. Reife: Mitte Oktober. Kleinfrüchtig, bergamottförmig. Schale gelb, Sonnenseite trüb gerötet, manchmal berostet. Kräftiger Geruch. Fleisch schmelzend, gewürzt, süß. Lt. Diel eine sogenannte Halbbergamotte. Angenehmer Geruch, gewürzhafter Muskatellergeschmack.
Literatur: (40) (72) (117)

FREUDENTHAL
Eine mir noch gut bekannte Wirtschaftsbirne aus dem "Alten Land". Lokalsorte. Man sagte damals **Kochbirne**, nicht Wirtschaftsbirne. War zum Rohverzehr nicht geeignet, wurde aber gerne zum berühmten norddeutschen Gericht ***"Bohnen, Birnen und Speck"*** genommen. Das Fruchtfleisch wurde nach dem kochen zart rosa bis rot. War damals, wie alle Kochbirnen, in der Preisgruppe 5.

Die **Freudenthal** ist heute im Erwerbsobstbau an der Niederelbe nicht mehr zu finden, ebenso verschollen wie alle anderen Winterkochbirnen.

FRIEDRICH VON PREUSSEN
Tafelbirne. Reife: Oktober. Mittelgroß bis groß, Schale grünlichgelb, grüne Flecken, auffällige Lentizellen. Fleisch ist körnig, gewürzt und süßsäuerlich. Sehr alte Sorte. Von Diel als Halbbutterbirne beschrieben.   Literatur: (40) (72)

FRONTIGNACBIRN
Auch: **Frontignac-Peer.** 1795 von Schiller beschrieben. *„Eine ziemlich grosse Birn. Ihre Schale ist glatt und von blasbraunrother Farbe. Mild und saftig, aber nicht von hochfeinem Geschmack.*

FRÜHE AUS TRÉVOUX
Frühe aus Trévoux ist die alte Schreibweise, heute **Frühe von Trévoux**.

FRÜHE BACKHAUSBIRNE
Wurde 1830 von W. Hinkert beschrieben, als **Frühe Backhausbirn**. Reife: Ende August. Wirtschaftsbirne. Frucht mittelgroß. Schale gelblichgrün, dann hellgelb. Sonnenseite manchmal leicht gerötet. Der Baum ist sehr fruchtbar und kann die Größe einer Eiche erreichen. Auch für Gebirgsgegenden geeignet.   Literatur: (117)

FRÜHE CLAPPS LIEBLING
Im Bundes-Obstarten-Sortenverzeichnis aufgeführt.

FRÜHE DIEL
Wurde 1914 von F. Hertel als Synonym der **Doppelten Philippsbirne** beschrieben. Eine ziemlich große, längliche grünlichgoldgelbe Birne mit feinen Rostpunkten.

FRÜHE DÜNNSTIELIGE SOMMERBERGAMOTTE
Frühe Tafelbirne. Genussreife ist Ende August. Hinkert schrieb 1830: *„Schätzbar für Tafel und Markt."* Frucht mittelgroß. Schale hellgrün.

FRÜHE FRANKENBIRNE
Lokalsorte aus Württemberg. 1889 im Praktischen Ratgeber erwähnt.

FRÜHE FRANZBIRN
Von Schiller 1795 erwähnt. Nach seinen Vermutungen identisch mit der Sorte **Die Rotbakichte** oder **Frühe Gaißhirtlen**. Die **Frühe Gaishirtenbirn** ist bestimmt identisch.

FRÜHE INGELHEIMER
Alte Lokalsorte. Im Bundes-Obstarten-Sortenverzeichnis aufgeführt.

FRÜHE MORETTINI
Auch **Buttira Precosa Morettini**, in Deutschland **Butterbirne Frühe Morettini**. Um 1960 schon in München warenzeichenrechtlich geschützt worden. Züchtung von Prof. Morettini aus Florenz, einer der bekanntesten Birnenzüchter überhaupt. 1956 ist die Sorte in den Handel gekommen und wurde einige Jahre später in Italien und Frankreich sehr stark vermehrt. Die Schale ist leicht wächsig, Farbe gelbgrundig und sonnenseits wunderbar gerötet. Fruchtfleisch ist weiß, dicht, dabei schmelzend saftig, von süßlichem, sehr aromatischem Wohlgeschmack. Eine weitere gute Eigenschaft ist, dass die Frucht nicht teigig wird und dadurch sehr transportfähig ist. Quelle: (26-5/62)

FRÜHE SCHNABELSBIRN
Nach Vermutungen von Schiller um 1795, soll die Sorte identisch sein mit der **Muscatellerbirn.** Auch: **Muscat petit.**

FRÜHE SCHWEIZERBERGAMOTTE
Uralte Sorte, wurde schon vor 1830 von Diel beschrieben. Zählte zu den Halbbergamotten. Tafel- und Wirtschaftsfrucht. Reife: Ende VIII bis IX.

FRÜHE ST. GERMAIN
Genussreife: XI bis XII. Großfrüchtig, lang, eiförmig, bauchig. Schale hellgrün, oft etwas gerötet. Kräftiger Geruch. Diel schrieb damals Wirtschaftsfrucht.

FRÜHE VON TIVOLI
In der Schweiz eine Tafelbirne zweiten Ranges. Französischer Name ist: **Précoce de Tivoli.** Mittelgroße Birne. Genussreife: Ende August. (Birnensorten der Schweiz)

FRÜHE WITZE
In Niederösterreich ein Synonym der **Wiener Kirsch-Birne.**

FRÜHE WOHLRIECHENDE POMERANZENBIRNE
Eine Sommerbirne, Reife im August. Wurde 1830 von Hinkert beschrieben. Er schrieb u.a.: *„Für den Markt und jeden Gebrauch; bey Städten zu pflanzen."*

FRÜHE ZUCKERBIRN
Sukerey-Beer (vroege) Von Schiller 1795 beschrieben. *„Ist eine kleine Birne, von etwas länglichter Form und fast eyrund. Schale ist glatt, von gelblichter Farbe und öffters an der einen Seite bräunlicht. Das Fleisch ist körnicht, doch mild und safftig und von sehr lieblichem Geschmack. Der Baum hat ein feines Gewächs und ist sehr tragbar."*

FRÜHE VON TRÉVOUX
Gezüchtet von Treyve in Trévoux. Treyve war ein bekannter Obstzüchter, der mehrere Sorten herausgebracht hat. Die Sorte **Précoce de Trévoux** brachte 1862 die ersten Früchte und wurde unter diesem Namen verbreitet. War in der Preisgruppe 1. Handelsname ist nur noch **Trèvoux.** Die alten Pomologen schreiben noch **Frühe aus Trévoux.** Die Birne ist mittelgroß bis groß, eine glockenförmige Frucht. Schale grünlichgelb, später hellgelb. Der Ertrag beginnt früh, ist regelmässig und hoch. Um 1960 wurden vom Bundessortenamt nur zehn Birnensorten empfohlen, dazu hat immerhin die **Trévoux** gehört. Mittelstarker, schwächerer Wuchs, bevorzugt warme Lagen, aber auch in mittleren Höhenlagen, kaum schorfanfällig. Empfehlenswerte Sorte, muss aber kurz vor der Baumreife geerntet werden. In Polen Bekannt als **Trewinka**, in Rumänien **Timpurie de Trèvoux**, **Trevou i korai** ist der Name in Ungarn. Literatur: (07) (13) (24) (40) (45) (48) (77)

FUCHSBIRNE
Im Bundes-Obstarten-Sortenverzeichnis aufgeführt.

FÜRSTENZELLER BERGAMOTTE
Lokalsorte aus Niederbayern. Anm.: Fürstenzell liegt im Kr. Passau. (früher Kr. Griesbach) Hier haben einige Orte viel Streuobstanbau. Die Sorte wird in dem Gebiet entstanden sein. Schon W. Hinkert schrieb 1830 schon über den Obstanbau in Niederbayern.

FÜRSTENZELLER WINTERBIRN
Im „Pirarium" mit dem Synonym: **Bergamotte.** Nach den Abbildungen, dürften beide Fürstenzeller Sorten identisch sein.

FÜRSTLICHE TAFELBIRNE
Lt. „Praktischer Ratgeber" 1889 in der Provinz Sachsen bekannt. Gehörte damals zu den Birnensorten, die sich am besten bewährt haben. Synonym ist: **Champagnerbirne.** Die **Fürstliche Tafelbirne** ist auch ein Synonym für **Liegels Butterbirne** und für die **Römische Schmalzbirne.** Literatur: (17) (114)

GABRIELE
Ein Synonym für die **Gute Graue.**

GAMBIERS BUTTERBIRNE
Beurré Gambier. Späte Tafelbirne. Reife: II bis III. Mittelgroße, regelmäßig eiförmige oder bauchigbirnförmige Frucht. Schale fein, grün, später gelb.

Sonnenseite gebräunt bis lebhaft gerötet und gestreift. Fruchtfleisch weiß, fein, schmelzend, sehr saftig. Geschmack angenehm und süß. Sorte ist widerstandsfähig gegen Krankheiten und Schädlinge. (Verzeichnis der Apfel- und Birnensorten)

GÄNSEKOPF
1936 von Goetz erwähnt, ohne Angabe von Daten.

GANSELS BERGAMOTTE
Synonyme: **Gansel´s Bergamotte** und **Gansel´s Bergamot**. Guter Pollenspender.

GARANSBIRNE
Kleinfrüchtig, Schale gelblichgrün, Sonnenseite gerötet. Lentizellen auffällig. (40)

GÄRTNERBIRN
Uralte Sorte. Im „Pirarium" beschrieben.

GASTON DUPUIS
Frucht mittelgroß, grünlich, sehr wohlschmeckend, süß und schmelzend. Reife im November. Von Mathieu 1893 empfohlen.

GEBLÜMTE MUSKATELLERBIRNE
Tafel- und Wirtschaftsbirne. Frucht plattrund. Schale hellgelb, grün punktiert. Sonnenseite manchmal gerötet. Leicht berostet, deutlicher Geruch. Sehr saftig, gewürzt. (Lexikon der Obstsorten)

GEDDELSBACHER MOSTBIRNE
Alte Lokalsorte. Synonym: **Geddelsbacher.**

GEERARDS BERGAMOTTE
Vor 1850 beschrieben. Eine Halbbergamotte. Tafelbirne. Genussreife: XII bis I.

GEHEIMRAT DR. THIEL
Von dem Direktor der damaligen Königlichen Lehranstalt für Obst- Wein- und Gartenbau in Geisenheim, R. Goethe gezüchtet und nach dem damaligen Ministerialdirektor im preußischen Ministerium für Landwirtschaft benannt. Kreuzung zwischen **Blumenbachs Butterbirne X Diels Butterbirne**. Groß und regelmäßig gebaut. Schale grünlichgelb, später zitronengelb, meist einfarbig. Fleisch ist weiß, am Rande mit gelblichem Schimmer, mäßig saftig. Deutliche Berostungen, gewürzt, süßsäuerlich. Tafelbirne. Reife: X bis XI. (Deutschlands Obstsorten)

GEIERSBERGER BIRNE
Alte Lokalsorte, im Bundes-Obstarten-Sortenverzeichnis aufgeführt.

GEISENHEIMER KÖSTLICHE
Frühe Tafelbirne. Mittelgroß bis groß. Schale gelb, Sonnenseite manchmal trüb gerötet. Fleisch gelblich, sehr saftig. Fein gewürzt mit angenehmer Säure. Reifezeit: August. Baum wächst kräftig und trägt regelmäßig. (Die wichtigsten Birnensorten)

GEISSHIRTLE
Handelsname für die Sorte **Stuttgarter Geißhirtle**. In Niederösterreich auch als **Gaishirtl-Birne** oder **Stuttgarter Gaishirten-Birn** bekannt. Quelle: (14) (114)

GELBE AMIRE JOANNET
Kleinfrüchtige Sommerbirne. Reife im Juli.

GELBE BIRNE
Im Bundes-Obstarten-Sortenverzeichnis aufgeführt. **Gelb-Birne** war in Nieder-Österreich ein Synonym der **Grünen Sommer-Magdalene**. **Gelbe Frühbirn** ist vermutlich identisch.

GELBE FRÜHE SOMMER APOTHEKERBIRN
Eine Wirtschaftsbirne. Ist schon vor 1850 beschrieben worden. Reife: Ende August.

GELBE HOLZBIRNE
Mostbirne. Gehört zur Gruppe der Scheibelbirnen. (Birnensorten von H. Petzold)

GELBE LAURENTIUSBIRN
Uralte Sorte, wurde vor 1850 beschrieben.

GELBE MÖNCHSBIRN
Sehr alte Sorte. Im „Pirarium" beschrieben.

GELBE MUSKATELLERBIRNE
Siehe: **Muskatellerbirne**.

GELBE MUSKATELLER-POMERANZENBIRNE
Gelbe Pomeranzenbirne. Wirtschaftsbirne. Reife: September. Schale grünlichgelb, dann gelb. Leichte Berostungen. Fest, gewürzt, süß. (Lexikon der Obstsorten)

GELBE RUSSELET
Fruchtschale gelb, Sonnenseite gerötet. Reife: September. Fruchtfleisch schmelzend, gewürzt, süß. (Lexikon der Obstsorten von W. Votteler)

GELBE SCHEIBELBIRNE
Scheibelbirnen sind eine Gruppe von Mostbirnen. Hierzu gehören noch die **Gelbe Holzbirne, Grünmöstler, Wolfsbirne** u. a. (Birnensorten von H. Petzold)

GELBE SOMMERBUTTERBIRNE
Sehr alte Sorte. Tafelbirne. Reife: September. Zählte bei Diel zu den Bergamotten. **Gelbe Sommer-Butterbirn.** Frucht ist klein, bergamottförmig. Schale hellgrün, dann gelb. Teilweise berostet. Saftig, gewürzt, süß. Literatur: (40) (72)

GELBE SOMMER HERRNBIRN
Synonym: **Erzherzogsbirn.** Im"Pirarium"beschrieben. W. Hinkert schrieb 1830: **Gelbe Sommerherrenbirn.** Reife im September, dann 3 Wochen haltbar. Baum ist ein guter Träger. Literatur: (72) (117)

GELBE WADLBIRNE
Frucht birnförmig, Schale bräunlichgelb, punktiert berostet. Auch **Langbirne.** Reife: September. Starkwachsend, gibt sie große Bäume, verlangt aber guten Boden und geschützte Lage. Muss eine gute Mostbirne sein. Lämmerhirt schrieb 1885: *„Der Most klärt sich bald, er hat eine schöne hellgelbe Farbe und hält 2 Jahre".* Literatur: (Die Obstverwertung von Lämmerhirt 1885)

GELBE WINTERBIRNE
Tafelbirne. Genussreife: XII. Schale hellgrün, dann gelb, auffällige Lentizellen. Stiel und Kelch berostet. Sehr saftig, gewürzt, süß. (Lexikon der Obstsorten)

GELBER LÖWENKOPF
Wirtschaftsbirne. Verarbeitung: II bis VII. Großfrüchtig. An der Sonnenseite gerötet. Leichte Berostungen. Deutlicher Geruch. Fest, gewürzt, süßsäuerlich. Literatur: (40)

GELBMÖSTLER
Soll aus Bernhardzell im Kanton St. Gallen stammen. (Schweiz) Mostbirne, war auch am Bodensee viel verbreitet seit dem Ende des 18. Jh. Frucht ist gelbgrün, wird dann zitronengelb. Baumreife ist Anfang Oktober. Muss schnellstens verarbeitet werden. Nach 1 Woche morsch und teigig. Baum ist fruchtbar, gesunder Wuchs, Anspruchslosigkeit, wächst stark und bildet große, reich verzweigte Kronen. Sorte ist triploid. Ertrag setzt spät ein und ist nicht regelmäßig. Alte Bäume können

aber sehr hohe Erträge bringen. Nur als Hochstamm empfohlen. Die Sorte ist robust und kaum anfällig für Krankheiten und Schädlinge. Fleisch ist gelblich, grobkörnig, fest und saftig. Ausgereift würzig, aber ziemlich sauer und herb. Gehört zu den großfrüchtigen Holzbirnen. Im Praktischen Ratgeber von 1886 wurde eine **Gelbe Mostbirn** erwähnt. Es dürfte sich hier um die Sorte **Gelbmöstler** handeln.
Literatur: (15) (39) (40) (55) (68) (86)

GELLERTS BUTTERBIRNE
Oberdieck beschreibt die **Gellerts Butterbirne** im Ill. Handbuch als eine durch van Mons aus Frankreich erhaltene Sorte, die er nach dem Liederdichter Gellert benannte. Führt auch den Namen **Hardys Butterbirne**. Synonyme: **Beurré Hardy, Beurré Gellert, Hardy, Poire Hardy, Schäferbirne**. 1893 im Pomologischen Handbuch für Niederösterreich heißt es: **Gellert's Butter-Birne**. Eine hervorragende Tafelbirne und gute Wirtschaftsbirne. Bach schreibt 1906: Als Hochstamm und als Zwergbaum in allen Formen in Haus- und Obstgärten zur Anpflanzung geeignet. Handelsname ist **Gellerts**. War 1939 in der Preisgruppe 1. Herkunft: Die Sorte wurde um 1820 durch M. Bonnet in Boulogne-sur-Mer als Sämling gefunden, gelangte 1840 in den Handel und wurde in Deutschland fälschlich neu benannt. Eine Spurtyp-Mutante soll auch existieren. Der Anbau der **Gellerts** ist in den vergangenen Jahren zurückgegangen. Baumreife: IX. Genußreife: IX bis X. Mittelgroß, Schale grün bis braun, manchmal von viel Rost durchzogen. Reicher Saftgehalt, feiner Geschmack. Die LWK Hannover schrieb 1907 u.a: Vorzügliche Tafelfrucht. Ein Niederländer schrieb folgendes: „Da diese Birnensorte in ihrer grünrostbraunen Farbe wie ein Stück aus mattgetöntem, altem Gold wirkt, sollte man sie der Kundschaft besonders sorgfältig "vorstellen". Ihr Verkaufswert, der von dem feinen Geschmack voll bestätigt wird, tritt dann leuchtend und werbend hervor." Das war 1955. Ausländische Namen: **Bera Hardego** (polnisch), **Bere Gardi** (russisch), **Hardieva Maslovka** (bulgarisch), **Hardy Vajkörte** (ungarisch), **Hardyho Máslovka** (tschechisch), **Untoasa Hardy** (rumän.)
Literatur: (02) (13) (24) (29) (38) (40) (45) (55) (68) (77) (86) (111) (114)

GEMEINE KOCHBIRNE
War im 19. Jh. in Ober- und Niederösterreich als Koch- und Mostbirne bekannt. Reife: Ende September. Für alle Lagen und Böden geeignet. (Neue Alte Obstsorten)

GEMEINE PFUNDBIRN
Sehr alte Sorte. Vor 1850 als längliche Kochbirne beschrieben. Reife: Oktober.

GENDRONS BUTTERBIRNE
Eine späte Winterbirne. Pflückreife: X. Genussreife: I bis III. Bei der Pomologen-Versammlung 1877 vorgestellt als **Gendron's Butterbirn**. Literatur: (68) (121)

GENERAL DUTILLEUL
Eine sehr alte Sorte, aber kaum bekannt gewesen. Wurde vor 1850 beschrieben. Herbstbutterbirne. Reife: November. (Pirarium)

GENERAL DUVIVIER
War 1877 auf der Pomologenversammlung ausgestellt.

GENERAL KÖNIG
Im Bundes-Obstarten-Sortenverzeichnis aufgeführt.

GENERAL LECLERC
Stammt aus Frankreich und ist seit 1974 im Handel. Tafelbirne. Genussreife: X bis XI. Große, birnenförmige, regelmäßig gebaute Frucht. Herkunft: In der Baumschule Noblot, Bourg-la-Reine, Frankreich, aus freier Abblüte von **Vereinsdechant** ausgelesen und 1974 in den Handel gegeben. 1950 entstanden. Gute Tafelbirne. Die goldgelben, teils bis völlig berosteten Früchte sind birnen- bis kegelförmig, groß, manchmal etwas ungleichförmig. Sehr gute Tafelfrüchte, mit Schale zu verzehren. Für alle Birnenstandorte geeignet, jedoch anfällig für Feuerbrand, Birnenblattsauger, und für Kragenfäule. Es gibt auch einen Spurtyp **General Leclerc Spur**. Literatur: (38) (39) (52)

GENERAL LOURMEL
Eine Herbstbutterbirne. Wurde schon vor 1850 beschrieben. Reife von Mitte bis Ende Oktober. Diel schrieb: Sehr wohlschmeckende Tafelfrucht. (Pirarium)

GENERAL TOTTLEBEN
Synonym: **Tottleben**. Sehr gute Tafel- und Wirtschaftsbirne. Genussreife: XI bis XII. Frucht groß bis sehr groß, beulig, birnenförmig. Schale grünlichgelb bis gelb. Zur Reifezeit kräftig berostet. Fruchtfleisch schmelzend, schwach gewürzt, süß. Guter Pollenspender, diploid. Im Praktischen Ratgeber 1889 wurde die Sorte in Westfalen und in Bayern mit zu den empfehlenswerten Birnensorten gerechnet. Literatur: (17) (39) (40) (87) (114)

GENERAL PODIEBRADSKY
In Niederösterreich ein Synonym für die **Diel's Butter-Birne**.

GENTILE
Kommt aus der Gegend von Neapel und aus der Toscana. Wird auch nach Deutschland ausgeführt. Bekannt sind noch die Sorten **Gentile Bianca Di Firenze** und **Gentilona**. Literatur: (06) (36)

Im Bundes-Obstarten-Sortenverzeichnis sind angegeben:
GEORGE BOUCHÈ,
GEPA und
GERBURG

GERDESSENS WEIGSDORFER BUTTERBIRNE
Schale gelb, Sonnenseite gerötet. **Gerdessen** ist eine sehr alte Sorte, wurde schon vor 1850 beschrieben. Diel gibt die Reife mit September an.

GESEEGNETE BIRN
Gezegende Peer. *„Ist eine kleine Birn, von kurzer Form und nach den mittelmäßig langen Stiel zu, spitzig zulauffend, ohne dabey bauchicht zu sein".* 1795 von Schiller geschrieben. Sie hatte auch noch den Namen **Herrenspätling**. *„Die Schale ist glatt und, wenn sie reif geworden, gelblicht, auch an der einen Seite roth".*

GESTREIFTE BUTTERBIRNE
Ist im Bundes-Obstarten-Sortenverzeichnis aufgeführt.

GESTREIFTE POMMERANZENBIRNE
Tafel- und Wirtschaftsbirne. Reife im September. Wurde bereits 1830 von Hinkert beschrieben. Großfrüchtig, Schale gelblichgrün, später dann gelb. Berostungen.

GESTREIFTE RUSSELET
Eine sehr alte Sorte, bereits vor 1850 beschrieben. Herbstbirne, Reife: September. Wurde zur Trocknung bevorzugt. (Pirarium)

GESTREIFTE SCHÖNSTE AUGUSTBIRN
Pflückreife Mitte August, bis Ende August haltbar. W. Hinkert schrieb 1830: *Für Ökonomie; Baum gibt reichlich Ärnten."* Literatur: (117)

GESTREIFTE SOMMERMAGDALENE
Abart der **Grünen Sommermagdalene**. Synonym: **Citron des Charmes Panachée**.

GESTREIFTE ST. GERMAIN
Synonyme: **Späte Gurken-Birne, Späte Melonen-Birne.** Mittelgroße Frucht, langbirnen-förmig, grün und grünlichgelb gestreift. Eine sehr alte Sorte. Genussreife ist von Januar bis März. Literatur: (Pomolog. Handbuch für Nieder-Österreich)

GHELINS BUTTERBIRNE
Eine Herbstbirne. Genussreife: XI bis XII. 1877 schrieb man **Ghelin's Butterbirne.**

GIACCOLA DI ROMA
Synonym für die **Weiße Herbstbutterbirne.**

GIARDINA
Deutsch: **Giardine.** Eine Sommerbirne. Stammt aus den Abruzzen. Wird dort und in den umliegenden Provinzen erzeugt. (Warenkunde für den Fruchthandel 1969)

GIESER WILDEMANN
Die Sorte stammt aus Holland und ist seit 1850 im Handel. Wirtschaftsbirne. Verarbeitung ab Oktober. Haltbar bis Januar. Kleine Frucht. Schale hart, braungelb, stark berostet. Fruchtfleisch weiß, körnig, wird beim kochen rotbraun. Sorte ist diploid. Ertrag ist früh, nicht immer regelmässig. In Baumschulkatalogen aus Holland wird auch **Giesser Wildemann** geschrieben. Im „Fruchthandel" stand einmal „**Grieser Wildeman**". Literatur: (22) (27) (39)

GIFFARDS BUTTERBIRNE
1825 bei Angers in Frankreich gefunden. Auch: **Poire Giffard, Poire Giffart, Giffart.** Sehr gute Tafelbirne. Reife: Ende Juli. Nur gering haltbar, mittelgroße, kegelförmige Frucht. Schale dünn, gelbgrün, später blassgelb. Zur Reife häufig rot und grün punktiert. Fleisch gelblichweiß, fein, schmelzend. Angenehm süß mit schwacher Würze. Sorte ist diploid. Trägt nicht immer regelmäßig. Synonyme: **Beurré Giffard, Beurré Giffart** und **Giffard.** Sehr gute Tafel- und stark gesuchte Marktfrucht, schreibt Gaucher 1894. Wohlschmeckende Sommerbirne, schreibt der Praktische Ratgeber 1888. Das Pomologische Handbuch für Niederösterreich schrieb 1893 u. a.: *„Schön rothbackig und rothpunktiert. Baum mittelstark, wenig fruchtbar; als Spalier gegen Morgen gerichtet zu empfehlen."* Damals schrieb man **Giffard's Butterbirne** oder **Giffards Butterbirn.** Ausländische Namen: **Bere Zhiffar** (russisch), **Butirra Giffard** (italienisch), **Giffard vajkörte** (ungarisch), **Giffardova Máslovka** (tschechisch), **Jivardova Maslovka** (bulgarisch), **Untoasa Giffard** (rumänisch). Literatur: (02) (39) (40) (45) (68) (72) (87) (114)

GILES OF GILES
Wurde 1889 von der Kgl. Gärtner-Lehranstalt zum Anbau für Pyramiden und Zwergformen empfohlen. (Prakt. Ratgeber 1889 S. 287) Dem Namen nach dürfte die Sorte aus England stammen.

GILOGIL
Schlechter Pollenbildner, triploid. Keine weiteren Daten gefunden.

GIRAM
Eine alte Birnensorte, war vor 100 Jahren auch an der Niederelbe bekannt. Auch im Bundes-Obstarten-Sortenverzeichnis angegeben.   Literatur: (68) (70) (78)

GIRANDOUX
Tafelbirne. Reife: Ende September. Mittelgroß, bergamottförmig. Schale hellgrün. Großflächig berostet, sehr saftig, gewürzt, süßsäuerlich. (Lexikon der Obstsorten)

GLADIATORENBIRNE
War in der Preisgruppe 4. Keine weiteren Daten gefunden.

GLANZ-BIRNE
War in Österreich ein Synonym des **Großen Katzenkopf** und der **Virgouleuse**.

GLASBIRNE
Kleine Frucht. Ist ein Synonym der Sorten **Grüne Magdalene** und **Gute Louise**. (Pomologisches Handbuch für Niederösterreich von 1893)

GLASERBIRNE
Im Bundes-Obstarten-Sortenverzeichnis aufgeführt.

GLATTE ST. GERMAIN
In Niederösterreich ein Synonym der **Guten Louise**.

GLOCKENBIRNE
Michelsbirne. Als starkwachsend bei Goetz erwähnt. Synonym für die **Paulsbirne**. Eine Lokalsorte in Thüringen hatte um 1888 den Namen **Glockenbirne**. In Nieder-Österreich war der Name ein Synonym für die **Holländische Feigenbirne**.

GLOU MORCEAU
Wurde im 19. Jh. als Sorte aufgeführt. Ist die die **Hardenponts Butterbirne**.

GLÜCKSBIRNE
War 1889 in Anhaltinischen bekannt. Gehörte zu den bewährten Birnensorten dieser Jahre. Auch: **Bergamotte Fortunée.** (17 S. 166) Wurde auch 1888 zu den besten deutschen Birnensorten gerechnet. (16 S. 18)

GOBAULTS DECHANTSBIRN
Sehr alte Sorte. Wurde im „Pirarium" beschrieben.

GOLD PERGAMOTTE
Bergamotte dorée. Von Schiller 1795 beschrieben, er nannte sie auch **Salvati-Birn.** Geschmacklich hat er diese Birne nicht gelobt. Weiter schrieb er: *„Der Baum hat ein ziemlich gutes, ordentliches Gewächs, und wird sehr tragbar, wenn er etwas zu Jahren gekommen ist".* **Gold-Bergamotte** war in Niederösterreich ein Synonym für die **Weiße Herbst-Butter-Birne.**

GOLDBIRN
Goud-Peer. Von Schiller 1795 beschrieben. **Goldbirne** ist auch der einfache Name für die **Knoops Goldbirne, Seidels Goldbirne** und **September-Goldbirne.**

GOLDENER JUNKER HANS
Eine sehr alte Sorte. Wirtschaftsbirne. Reife: XII. Frucht groß, gelb bis hellbraun.

GOLDGELBE POMERANZENBIRNE
Tafel- und Wirtschaftsbirne. Reife: VIII. Kleinfrüchtig, bergamottförmig. Goldgelb, großflächig gerötet, leichte Berostungen. Fleisch ist körnig, gewürzt, süß. (40)

GOLDGELBE WINTERAPOTHEKENBIRNE
Sehr alte Sorte. Wirtschaftsbirne. Genussreife: XII bis III. Frucht groß. (40)

GOLDSCHMECKLER
Alte Mostbirnensorte aus der Schweiz. Kleinfrüchtig. Reife ist Ende Oktober, dann nur zwei Wochen haltbar. Ergibt einen milden Saft. (Birnensorten der Schweiz)

GOLDSCHWÄNZCHEN
Im Bundes-Obstarten-Sortenverzeichnis aufgeführt.

GÖNNER`SCHE BIRN
Sehr alte Sorte. Hinkert hat diese Sorte 1830 als **Gönnerische Birn** beschrieben. Pflückreife: Anfang September, Genussreife: Ende September. *„Zum Rohgenuß und*

in der Wirthschaft, zum Welken, Essig, usw; Baum auf Felder und an Straßen."
Literatur: (72) (117)

GORHAM
1910 entstanden. Kreuzung aus **Williams Christ** X **Josefine von Mecheln**. Züchter war R. Wellington. Versuchsstation Geneva, New York, USA. Mittelgroß bis groß. Schale glatt. Bei Reife hellgelb mit unterschiedlich starker Berostung. Fleisch ist feinkörnig, schmelzend. Guter Geschmack. Tafel- und Wirtschaftsbirne. Baum wächst mittelstark, bei Vollertrag schwach. Ertrag ist hoch und regelmäßig. Wenig anfällig für Schorf und Feuerbrand. Literatur: (39) (40) (52) (68)

GOTT VATER BIRNE
Im Bundes-Obstarten-Sortenverzeichnis aufgeführt.

GOUBAULTS BUTTERBIRNE
Wurde zum Anbau für Pyramiden und sonstige Zwergformen 1889 von der Kgl. Gärtner-Lehranstalt zu Wildpark empfohlen. (Praktischer Ratgeger von 1889)

GOUBAULTS DECHANTSBIRN
Sehr alte Sorte. Zählte zu den Halbbergamotten. Tafelbirne. Reife: Mitte November.

GOURMANDE DELBARD
Eine bei uns fast unbekannte Züchtung von Delbard aus Frankreich.

GRABENBIRNE
Eine Mostbirnensorte. Rundliche Frucht, langer Stiel. Fleisch ist feinkörnig, weiß bis gelblich, süßsäuerlich, stets herb. Wird überreif teigig ohne zu zerfließen. (Birnensorten von H. Petzold)

GRACIOENEN
Im Bundes-Obstarten-Sortenverzeichnis aufgeführt.

GRAF CANAL
Synonyme: **Comte Canal** und **Graf Canal von Malabaila**. Tafelbirne. Reife: XII bis III. Mittelgroße, konische, birnförmige Frucht. Schale grün, später grünlichgelb, manchmal etwas gerötet. Fleisch gelblichweiß, um das Kernhaus etwas steinig. Vollsaftig, schmelzend. Geschmack kräftig weinsäuerlich, gewürzt. Sorte wurde schon vor 1850 von Diel beschrieben. Literatur: (40) (72) (121)

GRAF COLOMA
Wurde 1888 mit zu den empfehlenswerten Birnensorten in Schlesien gezählt. (Prakt. Ratgeber) Da die Sorte nirgends zu finden ist, vermute ich, dass es sich hier um die **Colomas Herbstbutterbirne** handelt.

GRAF DIETRICH
Im Bundes-Obstarten-Sortenverzeichnis angegeben.

GRAF LAMY
Sehr alte Sorte. Eine Herbstbergamotte. Reife: Im November. (Pirarium)

GRAF MOLTKE
Um 1850 auf Seeland, Dänemark gefunden. Lokalsorte in Dänemark und Schleswig-Holstein. Tafel- und Wirtschaftsbirne. Reife: X bis XI. War in der Preisgruppe 2.

GRAF VON FLANDERN
Sehr alte Sorte, wurde schon vor 1850 beschrieben. Gehörte zu den „Grünen Langbirnen". Reife: Mitte Dezember. Ausgezeichnete Kompottfrucht. Wurde auf der Pomologen-Versammlung 1893 empfohlen, aber nur für bestimmte Gebiete.
Literatur: (72) (115)

GRAF VON LAMBERTY
Comte de Lambertye. Tafelbirne. Reife: September. Nicht lagerfähig. Mittelgroße bis große Frucht. Schale gelb, zur Reifezeit berostet. Fleisch gelblichweiß, schmelzend, sehr saftig. Geschmack würzig und angenehm süßsäuerlich. (39)

GRAF VON PARIS
Sorte war auf der Pomologenversammlung in Potsdam 1877 ausgestellt. Nicht identisch mit der **Gräfin von Paris.**

GRAF WILHELM
Im Bundes-Obstarten-Sortenverzeichnis aufgeführt.

GRÄFIN VON GUASCO
Uralte Sorte, schon vor 1850 beschrieben.

GRÄFIN VON PARIS
Synonyme: **Comtesse de Paris, Gräfin, Paris.** Tafelbirne. Genussreife: XI bis I. Fruchtschale grün bis hellgrün, starke Berostungen. Fleisch schmelzend, gewürzt, süß. Um 1884 entstanden, in Dreux, Frankreich. 1898 zum ersten Mal beschrieben.

Züchter: Gärtner W. Fourcin. War in der Preisgruppe 1. Selbst habe ich die Erfahrung gemacht, dass sich diese Sorte bei richtiger Lagerung im normalen Kühllager bis Ende März hält. Die Schalenfarbe verändert sich bis dahin aber nicht. Auch der schmelzende, süße, gute Geschmack bleibt erhalten. Anfälligkeiten für Krankheiten und Schädlinge sind sehr gering. Bekannte ausländische Namen sind: **Parizanka** in Tschechien, **Paryzanka** und **Harbina Paryza** in Polen, **Contesa de Paris** in Rumänien, **Grafinea Parijskaia** in Russland und **Pàrizsi Gròfnö** in Ungarn. Literatur: (13) (24) (77)

GRAHAMBIRNE
Im Bundes-Obstarten-Sortenverzeichnis aufgeführt.

GRAMSHIRTLE
Sommerbirne. Herkunft ist mir nicht bekannt.

GRANATBIRN
Granaat Peer. Von Schiller 1795 beschrieben. Er nannte sie auch **Blutbirn**. „*Ist eine gar grosse Birn. Schale ist glatt, von gelblichter Farbe und an der einen Seite insgemein roth. Ihr Fleisch ist mild, etwas körnicht und hier und dar blutroth, wovon sie denn auch ihren Namen bekommen, anbey hat sie auch einen ziemlich lieblichen und angenehmen, doch nicht hochfeinen Geschmack. Der Baum hat gutes Holz und trägt starck".* Im Pomologischen Handbuch für Niederösterreich wurde die **Granat-Birne** als Synonym der **Sommer-Blut-Birne** aufgeführt.

GRAND CHAMPION
Bei Feuerbrandresistenzprüfungen wurde eine geringe Befallshäufigkeit festgestellt. Seit 1943 verbreitet. Knospenmutation von **Gorham**. Herkunft: Hood River, Oregon USA. Tafel- und Wirtschaftsbirne. Fleisch ist feinzellig, schmelzend, sehr saftig. Auch eine **Grand Champion Delbard** ist bekannt. (Obstbau 8/94) (52)

GRASHOFS`S LECKERBISSEN
Wurde von Oberdieck 1877 auf der Pomologenversammlung in Potsdam vorgestellt. **Grashoffs Leckerbissen** ist auch ein Synonym für die **Köstliche von Charneux**.

GRAUE BUTTERBIRN
Beuré gris. 1795 von Schiller beschrieben. „*Eine sehr große Birn, von etwas länglichter Form. Sie wurde damals mit für die lieblichste aller Birnen gehalten".*

GRAUE DECHANTSBIRNE
Tafelbirne. Reife: Oktober. Mittelgroß, abgestumpft, kegelförmig, etwas beulig. Schale hellgelb, dünn berostet. Fleisch sehr saftig, schmelzend, gewürzt, süßsäuerlich. Alte Sorte, im „Pirarium" beschrieben als **Graue Dechantsbirn.**

GRAUE HERBSTBERGAMOTTE
Bei Goetz 1936 ohne Daten erwähnt. In Niederösterreich war eine **Graue Bergamotte** als Synonym der Sorte **Wildling von Motte** bekannt. (12) (114)

GRAUE HERBSTBUTTERBIRNE
Tafel- und Wirtschaftsbirne. Reife: Oktober. Groß bis sehr groß, birnförmig, etwas beulig. Gelblichgrün, zur Reifezeit ganzflächig berostet. Vermutlich handelt es sich hier um die von Schiller beschriebene **Graue Butterbirn.** Soll aus der Normandie stammen und um 1600 bekannt gewesen sein. Synonyme: **Beurré d´Amboise, Beurré Doré, Beurré Gris,** (s.a. bei Schiller) **Braune Mouille-Bouche, Graue Bergamotte, Grauer Isembert, Grisambirne, Isambert,** Name in Frankreich, **Großer Isembart,** Name in Deutschland und Österreich. **Normännische Rote Butterbirne** und **Rote Butterbirne von Anjou.** Bei Diel **Große Herbstbutterbirn.** In Niederösterreich waren 1893 noch folgende Synonyme bekannt: **Eisenbart, Grauer Isambart, Grauer Isenbart, Gries-Birne, Grosser Isambart, Isenbart, Isenbart-Gries-Birne, Normännische rothe Herbst-Butter-Birne, Rothe Butter-Birne von Anjou, Rother Normännischer Isenbart.** Literatur: (02) (24) (40) (72) (114) (115)

GRAUE HERBSTRUSSELET
Sehr alte Sorte. Wirtschaftsbirne. Reife: Oktober. Mittelgroß, hochgebaut. Schale gelblichgrün, Sonnenseite leicht gerötet. Oft ganzflächig berostet. Fruchtfleisch gewürzt, süß. (Lexikon der Obstsorten)

GRAUE MUSKATELLERBIRNE
Tafelbirne. Reife: Dezember. Groß, bergamottförmig, beulig. Gelbgrün, großflächig berostet. Fleisch sehr saftig, körnig, gewürzt, süß. (Lexikon der Obstsorten)

GRAUE PELZBIRNE
Mostbirne. Ernte und Verwertung: Dezember. Kleinfrüchtig. Schale gelblich überzogen von zimtfarbigem Rost. Fleisch weiß, grob, sehr saftig, süß. Schorfanfällig. Baum wächst stark, später Ertrag. In Niederösterreich eine der besten Mostbirnen.

GRAUE SPECKBIRNE
Tafel- und Wirtschaftsbirne. Genussreife: September. Groß, walzenförmig. Schale blassgelb, stark berostet. Fleisch körnig, gewürzt, süß. (Lexikon der Obstsorten)

GRAUE WINTER-BUTTERBIRNE
Beurré gris d´hiver wurde 1889 im Badischen als gute Sorte empfohlen. (Prakt. Ratgeber) Bei Diel vor 1830 **Graue Winter-Butterbirn.** Er nannte sie Frucht 1. Ranges. Reife: XI bis XII.

GRAUE WINTERBERGAMOTTE
Tafelbirne. Reife: XI bis II. Mittelgroß, bergamottförmig, beulig. Schale gelblichgrün, Sonnenseite leicht gerötet, stark berostet. Kräftiger Geruch, Fleisch schmelzend, gewürzt, süß. Vor 180 Jahren war auch eine **Graue runde Winter-Bergamotte** bekannt. Literatur: (40) (72)

GRAUE ZUCKERBIRN
Suikerey (grauwe) Von Schiller 1795 beschrieben. Soll vor 200 Jahren eine der besten Sorten gewesen sein.

GRAUER JUNKER HANS
Sehr alte Sorte. Reife: XI bis XII. Schale gelb, grau berostet. Auffällige Lentizellen.

GRAZIÖSE
Wirtschaftsbirne. Verarbeitung: November. Großfrüchtig, eiförmig, Schale hellgrün, später gelb, Sonnenseite gerötet. Kräftiger Geruch. Fleisch fest, gewürzt, süß. Literatur: (Lexikon der Obstsorten und Pirarium)

GRIESBIRNE
In Österreich als Synonym der **Grauen Herbst-Butter-Birne** bekannt, ebenso im Bundes-Obstarten-Sortenverzeichnis aufgeführt. Literatur: (70) (114)

GRIMMELFINGER BUTTERBIRNE
Im Bundes-Obstarten-Sortenverzeichnis angegeben.

GROSBRITANNEN
Grand Bretagne. 1795 von Schiller beschrieben. *„Ist eine ziemlich grosse Birn, gröstentheils runder, doch ovaler Form. Der Baum ist von gutem Gewächs und trägt sehr wohl.*

GROSDEMANGE
In der Sortenliste bei H.Petzold. Genussreife: Dezember bis März.

GROSSBIRNE
Großbirne. Diese Sorte wird 1936 bei Goetz erwähnt, ohne Beschreibung.

GROSSE BLANQUETTE
Gute Tafelbirne, sehr alte Sorte. Genussreife: IX bis XII. Synonyme: **Geschelbirne, Gros Blanquet á Longue Queue, Grosse Blanquette mit langem Stiel, Long Stalked Blanquette Pear, Musette d'Anjou, Musette de Forence** und **Musette Grosse.** Mittelgroße, kegelförmige Frucht. Schale weißlichgrün, später hellgelb. Sonnenseite gerötet und gestreift. Dicke Schale. Schmelzend, Geschmack feigenartig süß. Diese Namen wurden bereits vor 200 Jahren von Sickler beschrieben.

GROSSE BLUTBIRNE
Große Blutbirne. Herkunft unbekannt.

GROSSE BRITANNISCHE SOMMERBIRN
Große Britannische Sommerbirn. Alte Sorte, wurde vor 1850 von Diel und 1830 von Hinkert als **Große brittanische Sommerbirn** beschrieben. Reife: Mitte IX. *„Für Tafel und Markt; Baum verlangt guten Boden."* Quellen: (72) (117)

GROSSE CASSOLET
Große Cassolet. Schiller nannte sie 1795 auch die **Cassolet friolet.** (37 S. 169)

GROSSE GELBE WEINBIRNE
Wirtschaftsbirne. Reife: Ende VIII. Frucht groß. Schale grünlichgelb, dann gelb, Sonnenseite etwas gerötet. Kelch berostet. Sehr saftig, grobkörnig, süßsäuerlich. (Lexikon der Obstsorten) Im „Pirarium" beschrieben als **Große Gelbe Weinbirn.**

GROSSE KAISERIN
Wirtschaftsbirne. Verarbeitung Ende August. Großfrüchtig. Schale grünlichgelb, dann gelb. Sonnenseite etwas gerötet. Kelch berostet. Fruchtfleisch gewürzt. (Lexikon der Obstsorten)

GROSSE LANGE SOMMERMUSKATELLER
Frühreife Muskatellerbirne. War gegen Ende des 16. Jh. in der Gegend von Orléans in Frankreich im Anbau. 1798 von Sickler beschrieben. Synonyme: **Kleine lange**

Sommermuskateller, Muscat a longue, Queue d'eté. Reife: Anfang August, dann bis 14 Tage haltbar. Tafelfrucht, auch für Saft geeignet. Literatur: (67)

GROSSE MUSKATELLERBIRNE
Keine Beschreibung gefunden. Abbildung: (39 S. 633)

GROSSE RIEDBIRNE
Tafel- und Wirtschaftsbirne. Genussreife: September. Frucht groß, birnförmig. Schale hellgrün, großflächig berostet. Fruchtfleisch wenig saftig, weich, gewürzt, süßsäuerlich. (Lexikon der Obstsorten)

GROSSE ROMMELTER
Robuste Mostbirne für rauhe Lagen und geringen Boden. Verarbeitung: X bis XII. Mittelgroß. Baum groß, breitkronig. Anspruchslos. Die Sorten **Große Rommelter, Rommelterbirn** und **Große Rummelter** sind identisch.

GROSSE ROMMELTERBIRN
Mostbirne, auch zum Kochen und Dörren beliebt. Birne von mittlerer Größe, plattrunde Form oder kreiselförmige Gestalt. Schale ist gelblichgrün, später orangegelb. Reife: Ende IX bis X. War in Südbaden und in der Rheinebene (Oberrhein) unter diesem Namen vertreten. (Die empfehlenswerten Obstsorten 1906)

GROSSE RUMMELTER
Mostbirne. Reife: X bis XI. Sehr stark wachsend und fruchtbar, auch für rauhe Lagen zu empfehlen. Zu Most wird die Birne vom Baum hinweg verwendet. Auch: **Poire Rummelter.** Die Sorte ist triploid. Literatur: (17) (23) (68)

GROSSE SALZBURGER
Schlechter Pollenbildner, triploid. Vermutlich die **Salzburger Birne.**

GROSSE SCHÖNE JUNGFERNBIRN
Die **Große schöne Jungfernbirn** wurde 1830 von Hinkert beschrieben. Er zählte sie zu den Sommerbirnen. Reife Ende VIII. dann 14 Tage haltbar. Eine häufige Anpflanzung wurde empfohlen. (Practische Obstbaumzucht von W. Hinkert 1830.)

GROSSE SEPTEMBERBIRN
Uralte Sorte. Wurde vor 1830 beschrieben.

GROSSE SIEVENICHER MOSTBIRNE
Identisch mit der **Sievenicher Mostbirne,** bzw. eine Abart dieser Sorte.

GROSSE SOMMERBERGAMOTTE
Tafel- und Wirtschaftsbirne. Reife: Ende VIII. Frucht groß. Schale grünlichgelb, Sonnenseite trüb gerötet. Stark berostet. Deutlicher Geruch. Im „Pirarium" eine Halbbergamotte. Reife ist Anfang September. Geeignet als Haushaltsfrucht. Hinkert schreibt 1830: „*Zu allem Gebrauche, Baum fruchtbar.*" (40) (72) (117)

GROSSE SOMMERPRINZENBIRN
Reife Anfang September. W. Hinkert schrieb 1830: Für Ökonomie, Markt und Rohgenuß. Baum ist seht tragbar. Literatur: (117)

GROSSE SOMMERRUSSELET
Tafelbirne. Reife im September. Frucht mittelgroß bis groß. Auch birnförmig und bauchig. Schale gelblichgrün, dann gelb, Sonnenseite gerötet, stark berostet. Fruchtfleisch schmelzend, gewürzt, süßsäuerlich. (Lexikon der Obstsorten)

GROSSE SOMMERZAPFENBIRNE
Frucht flaschenförmig. Reife: September. Schale gelb und berostet. Fleisch körnig.

GROSSE SOMMER-ZITRONENBIRN
Sehr alte Birnensorte, wurde schon vor 1830 beschrieben. **Sommerzitronenbirne** ist auch ein Synonym der **Sommereierbirne.**

GROSSE WEISSBIRNE
Große Weißbirne. Reife im August. Frucht groß, Schale gelblichgrün, dann hellgelb. Fleisch fest, sehr saftig, wohlschmeckend.

GROSSE WINTERRUSSELET
Wirtschaftsbirne. Verarbeitung von Februar bis in den Sommer. Frucht klein, bergamottförmig. Schale gelb, Sonnenseite gerötet, Kelch berostet.

GROSSE ZWIEBELBIRNE
Tafelbirne. Reife im August. Frucht kegelförmig. Schale hellgelb, Sonnenseite gerötet, auffällige Lentizellen. Fruchtfleisch wenig saftig, süß. Bei Schiller war es die **Grosse Zwiebelbirn. Oignonnet** (gros), 1795 beschrieben. „*Ist eine mittelmässig große Birn, von runder Form, und um das Aug, so nicht tief ist, etwas platt. Schale ist glatt, von Farbe gröstentheils roth, oder braunroth und an der Seite, so nicht gegen die Sonne gekehret ist, etwas grün oder graulichtgelb, auch manchmal hin und wieder schwarz, oder schwarzbraun gefleckt. Der Baum treibt schönes starckes Holz, und wenn er etwas zu Jahren gekommen, ist er sehr tragbar*".

GROSSER FRANZÖSISCHER KATZENKOPF
Im Badischen hieß der **Große Katzenkopf** oft **Großer Französischer Katzenkopf**. Es war aber auch ein **Kleiner Katzenkopf** im Badischen verbreitet. (55)

GROSSER KATZENKOPF
Die Heimat dieser Sorte lässt sich nicht mehr nachweisen. In Frankreich und auch an der deutsch-französischen Grenze wird er **Catillac** genannt. In Bayern, Württemberg, im Bodenseegebiet, in der Pfalz und Priegnitz, auch in Pommern und Mecklenburg heißt er **Pfundbirne**. Im Rheinland ist es die **Hotzelbirne**, in Sachsen **Katharinenbirne** und in Oberhessen der **Ochsenknüppel**. Am gebräuchlichsten war aber nur **Katzenkopf**. Mathieu hat in seiner Nomenclator pomologicus 70 verschiedene Bezeichnungen angegeben. In meinen verschiedenen pomologischen Büchern habe ich über 50 Bezeichnungen gefunden. In einigen Gebieten muss die Sorte sehr frosthart sein, denn im strengen Winter 1879/80 war der **Katzenkopf** die einzigste Sorte, die vom Frost verschont geblieben ist. Hervorragende Wirtschaftsbirne. Reife: XII bis VII. Große bis sehr große bauchige Birne. Ertrag früh einsetzend und hoch. Sie wird in günstigen Lagen oft bis 1 Pfund schwer und führt daher den Namen **Pfundbirn**. Stellt aber generell keine Ansprüche an Klima und Boden. Bach schreibt 1906: Mehr Kochbirne, denn Mostbirne. Die LWK Hannover schreibt 1907: Sehr gute Kochbirne. Reife: Januar bis Februar.
Weitere Synonyme, die 1894 bekannt waren; **Admirable des Chartreux, Angoisse blanche, Belle Pear, Besi des Marais, Bon chrétien d'Amiens, Brassicana, Brassicana Cadillac, Catillac, Catillac Endegeester-Peer, Citrouille, Citruille, Endegeester-Peer, Faustbirne, Florushey-Peer, Fourty Ounce, Französischer Katzenkopf, Glanzbirne, Graciole ronde, Grand Mogol, Grand Monarch, Gros Gilot, Gros Thomas, Grosser Mogul, Hotzelbirne, Ingentia, Katharinenbirne, Klotzbirne, Monstre, Monstreuse des Landes, Poire de Catillac, Poire de Péquigny, Pugillaria, Quenillac, Schlegelbirne, Severiana, Téte de chat, Téton de Venus, Turriana, Ys-bout-Peer, Zellensia**. Literatur: (24) (40) (45) (55) (111) (115)

GROSSER MOGEL
Grand Monarque. 1795 von Schiller beschrieben. Eine der größten Sorten der damaligen Zeit. Es dürfte sich hier um den **Großen Katzenkopf** handeln.

GROSSVATER
Großvater. Ein Synonym der **Petersbirne**. s.a. **Petersbirne**. Auch: **Großvaters-Birne**. War in Preisgruppe 3 eingestuft.

GRUMKOWER BUTTERBIRNE
Eine alte deutsche Sorte, die auf dem Gut Grumkow bei Rügenwalde in Hinterpommern am Ende des 18.Jh. von Kantor Koberstein aufgefunden wurde. Eine andere Quelle sagt folgendes; In einem Bauerngarten im Dorf Grumbkow bei Pottangow, zwischen Stolp und Lauenburg. Diel hat die Birne 1806 erstmals beschrieben. Unter diesem Namen fast in ganz Deutschland verbreitet. Reife ist Mitte X bis Ende XI. Schale dick, blassgrün, später grünlichgelb, glänzend, bisweilen auf der Sonnenseite braunrot überzogen. Fleisch grünlich weiß, oft etwas rosa angehaucht. Saftig, schmelzend, angenehm süßsäuerlicher Geschmack. In ungünstigen Jahren um das Kernhaus sehr steinig und rübenartig. Bäume werden auf Hochstamm über 100 Jahre alt. Bekannte Synonyme: **Grumgauer, Grumgauer Birn, Grumbkower Butterbirne, Grumkower Winter-Butterbirne, Moriseau, Morizeau, Poire de Grumkow, Poire d´hiver de Grumkow.** Ausländische Namen: **Bere Grumkov (russisch), Kalebasa Plocka (polnisch).**
Quellen: (24) (40) (45) (68) (72) (114) (115)

GRUMMETBIRNE
War vor 100 Jahren in Südtirol sehr bekannt. Wurde dort auch **Muskatellerbirne 10**genannt. Nicht identisch mit unserer **Muskatellerbirne.** Quelle: (Eine Obstbaustudienreise nach Tirol und Steiermark. Von O. Schindler 1908)

GRÜNE CONFESSELSBIRNE
Wirtschaftsbirne. Reife: IV bis VIII. Abgestumpfte, kegelförmige Frucht. Schale grün, dann grünlichgelb, punktiert. Fruchtfleisch fest, wenig süß. Literatur: (40)

GRÜNE FICHTELBIRNE
Im Bundes-Obstarten-Sortenverzeichnis aufgeführt.

GRÜNE GESEGNETE WINTERBIRNE
Wirtschaftsbirne. Verarbeitung: Dezember bis März. Frucht ist mittelgroß, eiförmig. Schale hellgrün, dann gelblich. Halbschmelzend, sehr süß. (Lexikon der Obstsorten)

GRÜNE HERBST-APOTHEKERBIRN
Sehr alte Sorte. Vor 1830 beschrieben. (Pirarium)

GRÜNE HERBSTBIRNE
Tafel- und Wirtschaftsbirne. Reife: Oktober. Frucht groß und kreiselförmig. Schale geschmeidig, gelblichgrün, Sonnenseite manchmal etwas gerötet. Etwas Berostet. Deutlicher Geruch. Schmelzend, süß. (Lexikon der Obstsorten)

GRÜNE HERBST-MUSKATELLER
Alte Sorte. Vor 1830 beschrieben. Zählt zu den Halbbutterbirnen. Reife: Dezember. Angenehme Tafelfrucht. (Pirarium)

GRÜNE HERBSTZUCKERBIRNE
Tafel- und Wirtschaftsbirne. Reife: X bis XII. Schale grünlichgelb. Fruchtfleisch ist schmelzend und süß. Synonyme: **Green Sugar Peer, Sucré Vert**. Im 19. Jh. schrieb man **Grüne Herbstzuckerbirn**.

GRÜNE HOYERSWERDER
Synonym: **Grüne Hoyerswerda**. Siehe **Hoyerswerder Grüne**. Sehr alte Sorte. Literatur: (Pirarium)

GRÜNE JAGDBIRNE
Mostbirne. Reife: November bis Januar. Frucht klein bis mittelgroß. Vor der Verarbeitung lagern. Der Baum ist außerordentlich anspruchslos und gedeiht auch in den rauhesten Lagen. Starkwachsend, hochkronig. Etwas schorfempfindlich. Fleisch grünlichweiß, sehr saftig, sehr herb, schorfanfällig. Literatur: (40) (68)

GRÜNE ORANGE
Orange verde. Schiller schrieb 1795: „*Ist eine ziemlich grosse Birn, von rundlicher Form. Der Baum hat ein gutes Gewächs, und ist sehr tragbar, bekommt aber auch gar gerne den Krebs*".

GRÜNE PFUNDBIRNE
Wurde 1826 von Diel beschrieben. Die Birne hat er als **Poire de Livre** von einem Domherrn mit Namen von Geyr aus Köln bekommen. Eine große, schön und meistens regelmäßig geformte Birne. Reife: Anfang Oktober, nur 2 Wochen haltbar. Quelle:(Systematische Beschreibung der vorzüglichsten in Deutschland vorhandenen Kernobstsorten von Dr Aug. F. A. Diel 1826)

GRÜNE PICHLBIRNE
Vor 1700 schon in Oberösterreich bekannt. Soll dort auch entstanden sein. Gute Mostbirne. Viele Synonyme: **Püllerbirne, Pillerbirne, Pülibirne, Billingbirne, Bullingbirne** und andere. Frucht klein, kugelig bis eiförmig, mittelbauchig. Grundfarbe gelbgrün, bald gelb. Deckfarbe fehlt. Im Frühjahr 2000 wurde diese Sorte, zusammen mit anderen Mostbirnensorten, noch im Landkreis Passau an Straßen und Wegen gepflanzt. Das gesunde und kräftige Pflanzmaterial (Hochstämme) wurde von einer Baumschule aus Oberösterreich geliefert. (Autor) Erwähnt wird auch eine **Rote Pichlbirne**. Literatur: (02) (70)

GRÜNE POMERANZENBIRNE
Synonym: **Muskateller-Pomeranzenbirne**. Reife: August/September. 3 Wochen haltbar, schreibt Hinkert 1830. Frucht groß, Schale gelb, Sonnenseite gerötet. Deutliche Berostungen. Für „*Tafel, Wirthschaft und den Markt.*" Literatur: (117)

GRÜNE SOMMER-MAGDALENE
Eine sehr alte Sorte. Reife: Mitte bis Ende Juli. Ursprung ist nicht mehr festzustellen. In Sachsen, Rheinhessen und im Rheinland geht sie unter dem Namen **Grüne Margaretenbirne** oder **Margaretenbirne**. In Bayern nennt man sie **Glasbirne**, in Belgien und in Frankreich **Citron des Carmes**. In Baden trägt sie die Bezeichnung **Amedutte** und in anderen Regionen heißt sie noch: **Weinbirne, Heubirne, Erntebirne, Frühe Jakobibirne, Grüne Jakobibirne, Jakobibirne.** Schale anfangs dunkelgrün, später hellgrün bis grünlich gelb, oft mit vielen kleinen rostfarbigen Punkten übersät. Fleisch grünlichweiß, fast schmelzend, saftig angenehm gewürzt und mit deutlich wahrnehmbarem Duft. Weitere Synonyme: **Madeleine, Margarethenbirne, Petit Madeleine, Poire Madeleine** und **Poire Magdalene**. In Niederösterreich waren im 19. Jh. zahlreiche Synonyme bekannt: **Carmeliter Citronen-Birne, Deutsche langstielige Weiss-Birne, Franche Kaiserin, Gelb-Birne, Glas-Birne, Grosse frühe Jakobi-Birne, Grüne Margarethen-Birne, Grüne Sommer-Magdalene, Grüne Sommer-Margarethen-Birne, Jakobi-Birne, Kaiserin, Karmeliter Citronen-Birn, Magdalena-Birn, Magdalenen-Birne, Margarethen-Birne.** Hinkert hat die **Grüne Sommermagdalene** bereits 1830 beschrieben. Nach seinen Angaben war der Baum recht fruchtbar. Literatur: (02) (24) (39) (40) (87) (114) (117) (119)

GRÜNE SOMMERRUSSELET
Tafelbirne. Reife: Ende August. Frucht klein, kreiselförmig, gerippt. Schale gelblichgrün, Sonnenseite etwas gerötet.. Berostet. Fruchtfleisch ist schmelzend, gewürzt, süß. (Lexikon der Obstsorten)

GRÜNE TAFELBIRNE
Aufgeführt im Bundes-Obstarten-Sortenverzeichnis. Ebenfalls 1936 bei Götz erwähnt und im Pomologischen Handbuch für Nieder-Österreich von 1893. Synonyme: **Champagner-Birne, Fürstliche Tafelbirne, Grüne fürstliche Tafel-Birne, Schmalz-Birne.** Großfrüchtig, Schale gelblichgrün, etwas gerötet. Tafel- und Kochbirne.

GRÜNE WINAWITZBIRNE
Synonym: **Faßlbirne.** Stammt vermutlich aus Oberösterreich. Gute Mostbirne. Klein bis mittelgroß. Schale gelblichgrün, später gelb. Verarbeitung: September. Fleisch ist gelblichweiß, sehr saftig, grobzellig, mittelhart, bald weich. Säuerlich süß, adstringierend, mittelstark sortentypisch gewürzt. (Neue Alte Obstsorten)

GRÜNER LANGSCHWANZ
Im 19. Jahrhundert eine Lokalsorte in Thüringen. (Prakt. Ratgeber 1888 S. 799)

GRÜNER ISAMBERT
Tafelbirne. Pflückreife: Oktober Genußreife: Dezember. Frucht mittelgroß. Wurde 1830 von Hinkert beschrieben. Baum soll sehr fruchtbar sein, will tiefen Boden, ist für rauhe Gegenden angemessen. (Gründlicher Unterricht in der practischen Obstbauzucht von Hinkert 1830)

GRÜNER SOMMERDORN
Tafelbirne. Reife: IX. Mittelgroß, kegelförmig. Schale gelblichgrün, Sonnenseite etwas gerötet. Fleisch sehr saftig, gewürzt.

GRÜNMÖSTLER
Mostbirne. Keine nähere Beschreibung, von H.Petzold als triploid bezeichnet.

GRÜNSCHNABEL
Wurde 1877 auf der Pomologenversammlung als sehr alte Sorte erwähnt.

GUILLARDS DECHANTSBIRNE
Tafel- und Wirtschaftsbirne. Reife: XI bis XII. Großfrüchtig. Schale gelbgrün, später gelb. Deutliche Berostungen. Fruchtfleisch würzig. (Lexikon der Obstsorten)

GUNTERSHAUSER MOSTBIRN
Stammt aus Guntershausen, Kanton Thurgau, Schweiz. Ist dort seit 1750 bekannt. Lokalsorte. Klein bis mittelgroß. Nur zur Mostverarbeitung zu gebrauchen. Baumreife: Ende September, dann bis 3 Wochen haltbar. Baum wächst rasch, ist gesund, trägt sehr früh. Literatur: (55)

GUNZENHÄUSER GEISSHIRTLE (Geißhirtle)
Im Bundes-Obstarten-Sortenverzeichnis aufgeführt.

GURKEN-BIRNE
In Niederösterreich als Synonym der **Holländischen Feigen-Birne** und der **Schweizer Hose** bekannt. (Pomologisches Handbuch)

GUTE GRAUE
Im 18. Jahrhundert ist die **Gute Graue** als **Beurré gris** oder **Grise bonne** aus Frankreich nach Deutschland eingeführt worden. War dann in ganz Deutschland verbreitet. In Obstgegenden waren von dieser Sorte sehr alte Riesenbäume zu finden. In Brandenburg **Graue Sommerbutterbirne**, in Ostpreußen **Grauchen**, in Mecklenburg und Anhalt **Schöne Gabriele**. In Oldenburg war es die **Jütte Peer**, in Westfalen und Detmold die **Judenbirne**, in der Rheinprovinz die **Schnuckelchesbirne**, im Westerwald die **Pickelsbirne**. In anderen Bezirken lief sie noch unter den Namen: **Sommer-Ambrette, Grisbirne, Graubirne, Eisenbart, Sommerambrette** und **Weinbirne**. Schale sehr dick, gelbgrün, am Baum meist grasgrün, fast ganz mit zimmetfarbigen Rost überzogen, an der Sonnenseite vereinzelt schwach gerötet.. Weitere Synonyme sind: **Erzherzogs Karls Sommerbirne, Poire Grise Bonne**. In Österreich waren im 19. Jh. noch folgende Synonyme bekannt: **Erzherzog Carl-Sommerfrucht, Gabriele, Graue Sommer-Butter-Birne, Graumännchen, Holländische Sommer-Dechants-Birne, Jutjes-Birne, Schöne Gabriele, Sommer-Beurre-Gris, Sommer-Isenbart, Wahre schöne Gabriele**. Hervorragende Tafelbirne, auch gute Wirtschaftsfrucht. Fleisch mattweiß, um das Kernhaus etwas körnig, fein, saftig, schmelzend. Geschmack sehr gut, zimtartig gewürzt. Starker Duft. Die LWK Hannover schreibt 1907: Klein bis mittelgroß, birnförmig, grau berostet, oft ohne Röte. Baumreife: Ende August. Nur zwei Wochen haltbar. Verhältnismäßig geringe Ansprüche an Boden und Klima. In feuchtem Boden am besten wachsend. Der Baum wird sehr alt. Literatur: (24) (40) (52) (111) (114) (115) (119)

GUTE LOUISE
Im Pomologischen Handbuch für Nieder-Oesterreich 1893 als eigene Sorte angegeben. Frucht mittelgross, bauchig, birnenförmig, mattgelb, *„graurostig punktirt und marmorirt"*, halbschmelzend. Baum kräftig, pyramidal, sehr fruchtbar in warmen Boden. Für Pyramide oder Spalier. Synonyme: **Frühe St. Germain, Glas-Birne, Glatte St. Germain, Grün-Birne, Grüne lange Winter-Birne, Lange gelbe Winter-Birne, Römische Winter-Birne, Wahre gute Louise, Weisse Bergamotte, Weisse Schal-Birne, Weisse Schöller-Birne, Weissschalige Bergamotte**. (Pomologisches Handbuch 1893, Pomologenverein 1893)

GUTE LOUISE VON AVRANCHES

Die **Gute Luise von Avranches** soll 1788 zu Avranches von einem Herrn von Longueval aufgefunden worden sein. Erster Name dieser Sorte: **Bonne de Longueval.** Unter diesem Namen wurde sie auch von Leroy beschrieben und abgebildet. Bei uns findet man sie nur unter **Gute Luise** oder unter **Gute Louise von Avranches.** In Coburg kam sie als **Prinz von Württemberg** vor. Eine sehr gute Tafel- und Wirtschaftsfrucht. Reife im September. Nur 2 Wochen haltbar. Kleine bis mittelgroße, unscheinbar wirkende Frucht. Schale grasgrün, später gelblichgrün. Zur Reifezeit völlig zimtbraun berostet. 1906 schrieb Inspektor Bach: Der Baum wird mittelstark, ist sehr fruchtbar, gedeiht in jedem Boden, ist nicht empfindlich; die Früchte sind als ausgezeichnete Tafelbirnen bekannt und sehr beliebt. Handelsname ist: **Gute Luise.** Viele Synonyme vorhanden, zu merken sind noch: **Louise Bonne d´Avranches** und **Bonne Louise of Jersey** Es gibt auch eine großfrüchtige Mutante: **Dubbele Bonne Louise.** **Doppelte Gute Luise** stammt aus den Niederlanden. In Italien und den Niederlanden starker Anbau dieser Sorte. In England: **William IV.** 1796 wurde die Sorte sehr gut durch Johann V. Sickler beschrieben. Die LWK Hannover schreibt 1907: In nicht geeigneter Lage und Boden wird das Holz leicht schorfig und die Früchte rissig. Sollte dort in Massen angebaut werden, wo die Frucht gut gedeiht. Aus Italien werden jährlich große Mengen der „**Buona Luisa**" importiert. Weitere Synonyme: **Bergamotte d´Avranches, Beurré d´Avranches, Bonne d´Avranches, Bonne-Lousi d´Avranches, Poire de Jersey, Louise d´Avranches, Louise-Bonne de Jersey, Prince Germain, William the Fourth,** Französische Rousselet und andere. Bekannte ausländische Namen sind: **Louise Bonne of Jersey** (Frankreich), **Avransskà** (Tschechien), **Bon Luiz Avransskaia** (Russland), **Avranchesi jo Lujza** (Ungarn) Im Bundes-Obstarten-Sortenverzeichnis sind angegeben: **Doppelte Gute Luise, Doppelte Gute Luise Lired, Späte Gute Luise** und **Gute Luise Spur.**
Literatur: (14) (24) (32) (38) (39) (45) (52) (55) (77) (111) (115) (117) (119)

GUTE VON EZÉE

Gute Tafelbirne. Genussreife: IX bis X. Sehr große Birne, Schale gelb, Sonnenseite manchmal gerötet. Fleisch ist süß, saftig, von würzigem Geschmack. Der Baum wächst mittelstark, ist gesund und trägt regelmäßig. Diploid. Literatur: (33) (39)

GUYOT
Siehe unter **Dr. Jules Guyot.**

HAFERBIRNE
Wirtschaftsbirne. Verarbeitung im November. Frucht ist klein. Schale grünlichgelb, dann hellgelb. Halbschmelzend, gewürzt, süßsäuerlich. Guter Ertrag. Literatur: (40)

HALLEMINE BONNE
1795 von Schiller sehr gut beschrieben. **Halemin-Bonne,** auch **Grosse Wasserbirn, Gros Mouille bouche, Ongeendte Peer** und **Friesländer Birn** führte Schiller als Namen auf. Sie soll einige Jahre vorher aus den Kernen der **Sommer-Bronchretien** gezüchtet worden sein. Herkunft: Friesland, aus dem Dorf Hallum, woher sie auch ihren Namen bekommen hat. *Eine sehr große Birn, etwas bauchicht. Hellgrüne, etwas ins gelbe spielende Farbe. Fleisch ist einigermassen derb, aber mild und voll Saftes. Der Baum treibt gutes starckes Holz und ist sehr tragbar.*

HALLISCHE HONIGBIRNE
Wirtschaftsbirne. Verarbeitung: September. Frucht klein, bergamottförmig, beulig. Schale grünlichgelb, dann hellgelb, punktiert. Kräftiger Geruch Fest, gewürzt, süß.

HALLMANNS MELONENBIRNE
Vermutlich ein Schreibfehler von Herrn Dipl.-Gartenbau-Inspektor Goetz, denn es handelt sich um die **Hellmanns Melonenbirne.** Eine **Hallmanns Melonenbirne** ist nicht bekannt.

HAMBURGER BIRNE
Wirtschaftsbirne. Verarbeitung: Oktober. Mittelgroß, kreiselförmig. Schale hellgelb, dann hellgrün, Sonnenseite gerötet. Stark berostet. Fruchtfleisch fest.

HAMMELSBIRN
War vor fast 200 Jahren bekannt. Wurde von Diel beschrieben. Bestimmt identisch mit der **Hammelsbirne,** eine alte Lokalsorte. 1888 in Thüringen bekannt. 1889 eine Birnensorte die sich bewährt hat. (Praktischer Ratgeber von 1888 und 1889)

HANDSCHUHSHEIMER FRÜHBIRN
Frühbirne, in Handschuhsheim bei Heidelberg verbreitet. Über ihren Ursprung ist nichts bekannt. Lokalsorte. Schale ist hellgrün, etwas dunkler auf der Schattenseite, häufig etwas rotbraun angelaufen auf der Sonnenseite. Der Baum wächst stark, bildet eine sehr schöne hohe Krone, zeichnet sich durch regelmäßige und reiche Fruchtbarkeit aus. (Empfehlenswerte Obstsorten für das Großherzogtum Baden)

HANNOVERSCHE BÜRGERMEISTERBIRNE
HANNOVERSCHE BUTTERBIRNE
Beide Sorten wurden 1936 bei Goetz erwähnt, ohne Angabe von Daten.

HANNOVERSCHE JAKOBIBIRNE
Mehr Wirtschaftsbirne. Reifezeit: Juli. Kleine bis mittelgroße Frucht. Empfehlenswerte Sorte für den Hausgarten.

HANNOVERSCHE JAKOBSBIRNE
Zählte 1888 mit zu den besten deutschen Birnensorten. Keine näheren Daten angegeben. Der Name soll aber auch ein Synonym für die **Petersbirne** sein. War in den Elb- und Wesermarschen im 19 Jh. bekannt. Literatur: (16) (17 S. 428) (115)

HANNOVERSCHE WINTERCHRISTBIRNE
1936 bei bei Goetz erwähnt. Ohne Angabe von Daten.

HANSEBIRNE,
HÄNSEBIRNE und
HAPPERTSHÄUSER BIRNE
Diese drei Sorten sind im Bundes-Obstarten-Sortenverzeichnis angegeben.

HARDENPONT'S LECKERBISSEN
Tafel- und Wirtschaftsbirne. Reife: Oktober/November. 2 Wochen haltbar. Synonyme: **Archiduc Charles, Charles d'Autriche, Delices d'Hardenpont de Belgique, Fondante Pariselle, Surpasse Delices.** Diel hat diese Birne 1826 beschrieben. Synonym: **Delices Hardenpont**. Mittelgroße oft unregelmäßig gebaute Frucht. Schale glatt, blaßgrün, später gelbgrün. Fleisch weiß, fein, schmelzend, sehr saftig. Weitere Synonyme: **Délices, Délices d'Hardenpont, Délices-d'Hardenpont belge, Délices-d'Hardenpont Belgique, Hardenponts Leckerbissen.** Literatur: (12) (45) (114) (118)

HARDENPONT'S WINTER-BUTTERBIRNE
Hardenponts Winterbutterbirne. Aus Belgien, nach dem Züchter Hardenpont benannt und seit 1759 in Belgien bekannt. Diel führte sie 1810 in Deutschland ein. Synonym in Gotha und auch anderwärts **Kronprinz Ferdinand von Österreich**, in Bayern und Sachsen unter dem Namen **Schinkenbirne**, in Westfalen als **Kronprinzessin Friedrich** bekannt. In Frankreich **Glou Morceau** und **Beurré de Chambron**. In Italien: **Ardenpont**. Hardenponts Winterbutterbirne war in der Preisgrupppe 3. Weitere Synonyme: **Amalia von Brabant, Beurré**

d´Arenberg, Beurré d´Arenberg des Francais, Beurré d`Hardenpont, Beurré d´hardenpont belge, Beurré d´Hardenpont de Cambron, Beurré d´Hardenpont d´hiver, Beurré d´hiver des Belges, Beurré Kent, Beurré Lombard, Ferdinand d´Autriche, Fondante jaune d´hiver, Glou-morceau de Cambron, Goulu-morceau, Gris-Dechin, Hardenpont d´hiver, Kronprinz Ferdinand, Linden d´automne, Prince Impérial d´Autriche. In Österreich waren Noch folgende Synonyme bekannt: **Kaiser Ferdinand, Kronprinz Ferdinand, Kronprinz Ferdinand von Österreich, Kronprinz von Österreich, Rosen-Birne, Schinken-Birne, Winter-Butter-Birne**. Ist auch in Bulgarien bekannt als **Hardenponta Maslowka**, in Rumänien **Untoasa Hardenpont**, in Russland **Bere Ardanpon**. Literatur: (24) (45) (68) (114) (115) (118) (119)

HARDENPONTS BUTTERBIRNE
Name 1936 bei Goetz erwähnt. Ist die **Hardenponts Winterbutterbirne**.

HARDENPONTS FRÜHE COLMAR
Tafelbirne. Reife im September. Mittelgroß. Schale gelb, großflächig berostet. Sehr saftig, gewürzt, süßsäuerlich.

HARIGELBIRNE
War früher in Württemberg stark verbreitet. 1854 hat Lucas sie als Most- und sehr gute Schnitzbirne (Dörrbirne) empfohlen. Vor allem für rauhe Lagen geeignet. War auch als **Harigelbirn** bekannt. Reife: Mitte bis Ende Oktober. Mittelgroß, Langer Stiel. Eine hellgrüne Grundfarbe, die später gelb wird, auf der Sonnenseite trüb gerötet. Bei Vollreife goldgelb mit schönem Rot, viele graue Punkte. Fleisch ist weiß, etwas hart und ein wenig zusammenziehend. Gewürzter, nicht unangenehmer Geschmack. Baum wächst steil. Hohe, eiförmige Krone und hängende Zweige.

HARROW DELIGHT
Kanadische Sorte, ist kaum empfindlich für Feuerbrand. Züchtung der Versuchsstation Harrow, Ontario in Kanada. (Farbatlas Obstsorten)

HARROW SWEET
(HW 609) ist eine Züchtung der Versuchsstation Harrow in Kanada. **Williams X (Old Home X Early Sweet)** Feuerbrandresistent und gute Lagerfähigkeit. Fruchtfarbe grünlichgelb mit roter Backe. Quelle: (Bundesamt für Ernährung.)

HARTE NEAPOLITANERIN
Wirtschaftsbirne. Verarbeitung: Januar bis zum Sommer. Mittelgroß. Hellgrün, dann gelb. Sonnenseite gerötet. Auffällige Lentizellen, Fleisch fest, süß. Literatur: (40)

HARTLEFFS
In der EG-Liste der Sommerbirnen.

HARTLEFS
Sommerbirne, war im Alten Land bekannt. Früher Preisgruppe 4. Identisch mit der mit 2 ff geschriebenen **Hartleffs**.

HARVEST QUEEN
Sommerbirne aus Kanada. Züchtung der Research Station Harrow im State Ontario. **Williams X (Williams X Seckel).** Züchter: Hough, selektiert von Quamme. 1991 in den Handel gekommen. Mittelgroße Früchte, grünlichgelb bis gelb. Fleisch ist feinzellig, saftig, schmelzend und angenehm süß. (Farbatlas Obstsorten)

HASEN-BIRNE
War ein Synonym der **Crasanne** in Niederösterreich. (Pomolog. Handbuch)

HEBAR
Neue Birnensorte aus Bulgarien. Bekannt seit Ende der 90er Jahre. Kreuzung aus **Dr. Jules Guyot X Hardenponts Butterbirne.** (Obstbau)

HEILIGE KATHARINA-BIRNE
In Nieder-Österreich ein Synonym der **Zwibotzen-Birne**. (Pomolog. Handbuch)

HEINRICH DER IV
Wurde 1826 von Diel als **Henri IV** beschrieben. Er bezeichnete diese als eine große recht gewürzhafte Novemberbirne. Die Reiser erhielt er 1817 von Prof. van Mons. In der Literatur ist diese Birne nur selten zu finden.

HELENE GRÉGOIRE
Sehr alte Sorte. Tafel- und Wirtschaftsbirne. Reife im Oktober. Haltbar bis drei Wochen. Große eiförmige, dickbauchige Birne. Schale glatt, hellgrün, später gelbgrün. Schon bei Diel erwähnt, ebenso im Bundes-Obstarten-Sortenverzeichnis.

HELLMANNS MELONENBIRNE
Beschrieben im Praktischen Ratgeber von 1889.

HELMES MELONE
War in Preisgruppe 3 eingestuft, auch 1936 bei Goetz erwähnt.

HELMSTATTER GOTTESACKERBIRNE
Im Bundes-Obstarten-Sortenverzeichnis aufgeführt.

HENRI IV
Sorte war 1877 auf der Pomologenversammlung ausgestellt.

HENRI COURCELLES
Beurrè Henri Courcelles wurde 1896 auf der Pomologenversammlung in Kassel von Mathieu empfohlen. 1874 von Sannier gezüchtet. Tafelbirne. Genussreife ab Dezember. Kleine bis mittelgroße Birne. Frucht ist sehr fein im Geschmack und wird immer reif und schmelzend.

HENRY CAPRON
Diese Sorte wurde 1889 von der Königl. Lehranstalt in Wildpark für Hochstamm empfohlen. (Praktischer Ratgeber 1897.)

HENRY GRÈGOIRÈ
1877 auf der Pomologenversammlung in Potsdam ausgestellt und beschrieben.

HENTZE'S BUTTERBIRN
War im 19. Jh. in Schleswig-Holstein bekannt. (Pomologenversammlung 1877)

HERBSTBERGAMOTTE
Siehe unter **Rote Bergamotte**. Auch **Bergamot d'Automne**. 1795 von Schiller beschrieben. *„Mittelmäßig große, plattrunde Birn. Schale glatt, gelblichtgrün und braunpunctiret. Öffters an der einen Seite etwas rotbraun. der Stiel ist sehr kurz. Mild und schmelzend, von sehr lieblichem, angenehmen, hochfeinen Geschmack. Der Baum treibt gutes starckes Holz, und wenn er etwas zu Jahren gekommen, trägt er sehr stark."*

HERBSTAMBRETTE
Wurde 1830 von Hinkert beschrieben. Herbstbirne. Reife im September, haltbar bis Oktober. Baum ist ein sehr guter Träger.

HERBST-BONCHRETIEN
Bon Chretien d'Automne. 1795 von Schiller sehr gut beschrieben. Auch: **Herbst-Zuckerbirn**. Sie gleicht in der Form der **Sommer-Bonchretien**. *„Der Baum hat mit dieser einerley Beschaffenheit, und muß auf gleiche Weise behandelt werden."*

HERBST-BUTTERBIRNE
Siehe unter **Weiße Herbstbutterbirne.**

HERBST-COLMAR
Tafel- und Wirtschaftsbirne. Mitte Oktober. 3 Wochen haltbar. Synonyme: **Colmar Musque, Muskierte Regentin, Passe Colmar d'Automne, Passe Colmar Musque.** Mittelgroße, abgestumpft und kegelförmige, manchmal auch rundliche Birne. Mattgrün, später gelb. Sonnenseite gerötet. Fleisch gelblich, fein, saftig, schmelzend. Süß mit zimtartiger Würze.

HERBST-EIERBIRNE
Im Praktischen Ratgeber 1889 erwähnt. Ohne Daten.

HERBST SYLVESTER
Hochfeine, saftige, delikate Herbstbirne. Genussreife: X bis XI. Frucht groß. Oft prachtvoll rotgefärbt, geeignet für Hochstamm und Spalier. Ist starkwachsend und gesund. Trägt auch auf trockenem Boden alljährlich. Im Praktischen Ratgeber **Herbstsylvester** geschrieben. Literatur: (Prakt. Ratgeber 1888) (1889 S. 287)

HERBST-AMADOTTE
Sehr alte Sorte, wurde schon bei Diel erwähnt. (Pirarium)

HERBST-ZAPFENBIRNE
Wirtschaftsbirne. Reife: X bis XI. Mittelgroß. Schale gelb, großflächig gerötet. Fleisch ist fest, gewürzt, süß. (Lexikon der Obstsorten)

HERBST-ZUCKERBIRN
Suikerey (herfst) Von Schiller 1795 beschrieben. Ähnlich der **Grauen Herbst-Zuckerbirn.**

HERBSTBERGAMOTTE
Gute Tafelbirne. Reife: X bis XII. Großfrüchtig, veränderlich bergamottförmig. Schale hellgrün, dann hellgelb, etwas gerötet. Leichte Berostungen. Fleisch schmelzend, süßsäuerlich. Siehe auch **Rote Bergamotte.**
(Lexikon der Obstsorten)

Im Bundes-Obstarten-Sortenverzeichnis aufgeführt:
HERMANN und
HERRENBIRNE

HERRENHÄUSER WINTERCHRIST
Sorte war in der Preisgruppe 3. Die LWK Hannover schreibt 1907: Mittelgroß, birnförmig, dunkelgrün schmutzig gerötet. Genussreife von Januar bis März. Tafel- und Wirtschaftsbirne. Für Hochstamm, wächst sehr kräftig und hoch. Gedeiht auch auf leichtem Sandboden. Empfohlen zur Anpflanzung an Straßen und Feldwegen. Man schrieb: **Herrenhäuser Christbirne.** Literatur: (13) (70) (111)

HERSFELDER MARKTBIRNE
Lokalsorte, ist im Bundes-Obstarten-Sortenverzeichnis angegeben.

HERTRICHS BERGAMOTTE
Erwähnt 1888 im Praktischen Ratgeber. Synonym: **Hertrich Bergamotte,** war als Spätbirne in Norddeutschland bekannt.

HERZOG VON NÉMOURS
Synonym: **Walter Scott.** Stammt aus Frankreich, beschrieben im „Pirarium" und im Prakt. Ratgeber von 1887. Auch **Walter Skott** geschrieben.

HERZOGIN ELSA
Entstand in den Anlagen von Schloß Wilhelma bei Stuttgart und wurde 1885 durch das Pomologische Institut in Reutlingen in den Handel gebracht. Auch: **Duchesse Elsa.** Gute Tafelbirne. Reife: Ende September. Etwa 3 Wochen haltbar. Große bis sehr große, längliche Birne. Fruchtschale grün, später gelb, etwas rauh durch feinen, zimtfarbenen Rost. Sonnenseite gerötet, manchmal gestreift. Schmelzend, manchmal auch steinig oder körnig. Saftreich, angenehm süß, und fein gewürzt. N. Gaucher schreibt 1894: Sehr gute Tafel- und Marktfrucht. Fleisch ist weiß, fein, schmelzend, sehr saftig, sehr süß und von sehr angenehmen, säuerlichem Geschmack. Literatur: (02) (24) (45) (48) (51) (52) (87)

HERZOGIN VON ANGOULÉME
Stammt aus Frankreich. Sie wurde zunächst nach ihrem Entdeckungsort **Poire des Esparronnais** benannt, später als **Duchesse d`Angouléme** verbreitet. In französischen Katalogen wurde sie auch als **Poire de Pézénas** aufgeführt. Reifezeit: X bis XII. Weiterhin noch **Beurré Soule, Colmar de Chin, Poire des Esparronnais.** Tafel- und Wirtschaftsbirne. Sehr große Frucht. Fruchtfleisch weiß, etwas grob. Saftig, angenehm süß, zimtartig gewürzt. Die Birne wurde vom Baumschulenbesitzer Audusson in Angers zu Anfang des 19. Jh. auf einem Bauernhofe gefunden und 1820 nach der Tochter des König Ludwig XVI von

Frankreich benannt. Bei Gaucher noch: **Duchesse, Poire de Vézenas.**
Literatur: (15) (24) (40) (45) (114) (115)

HERZOGIN VON NAMUR
Alte Sorte aus Frankreich. Abbildung im Verzeichnis der Apfel- und Birnensorten.

HERZOGIN VON BORDEAUX
Diploid. **Duc de Bordeaux** (Herzog von Bordeaux) ist vermutlich identisch. Die Sorte hat in Deutschland nie eine Rolle gespielt.

HIGHLAND
Entstand im State of New York und kam 1974 in den Handel. **Williams Christbirne X Gellerts Butterbirne.** Tafel- und Wirtschaftsbirne. Mittelgroße bis große, bauchige. etwas unregelmäßig gebaute Birne. Schale ziemlich glatt, gelblichgrün bis gelb. Sonnenseite manchmal gerötet. Fleisch cremefarbig, weich, schmelzend, saftig. Reife: Mitte IX bis Mitte X. Diploid, Ertrag setzt früh ein, ist hoch und regelmäßig. **Williams X Vereinsdechant.** 1944 in den USA entstanden. Schale glatt, mitunter etwas uneben. Die Sorte soll bei uns keine Bereicherung sein und man kann auf sie verzichten.
Literatur: (39) (52)

HILDESHEIMER BERGAMOTTE
Im Prakt. Ratgeber von 1889 und im „Pirarium" erwähnt und beschrieben.

HILDESHEIMER SOMMERBIRNE
Wirtschaftsbirne. Reife: September. Frucht groß, bauchig, birnförmig. Schale grünlichgelb, Sonnenseite punktiert gerötet. Fleisch weich, wenig saftig, gewürzt, süß. (Lexikon der Obstsorten)

HILDESHEIMER WINTER-BERGAMOTTE
War in Österreich ein Synonym der **Winter-Dechantsbirne.**

HIMMELFAHRTSBIRNE
Wurde 1889 von der Königlichen Gärtner-Lehranstalt in Wildpark zum Anbau für Pyramiden und Zwergformen empfohlen. (Prakt. Ratgeber 1889 S. 287)

HIMMELMUCKE
Im 19. Jh. eine Lokalsorte in Thüringen. (Prakt. Ratgeber von 1888 S. 799)

HOCHFEINE BUTTERBIRNE
Synonyme: **Beurré Superfin, Hochfeine Butter-Birne, Hochfeine Butterbirn.** 1840 in Frankreich entstanden. Tafel- und Wirtschaftsbirne. Haltbarkeit nur kurz im Oktober. Große bis sehr große, dickbauchige Birne. Angenehm gewürzt und süß. Guter Pollenbildner. Gaucher schrieb 1894: Eine hochfeine Tafel- und vorzügliche Marktfrucht. Das Fleisch ist gelblichweiß, ganz schmelzend, sehr fein, sehr saftreich und von ausgezeichnetem, eigenartig süßsäuerlichem Geschmack. (33) (45) (114)

HOERENZ BUTTERBIRNE
Guter Pollenbildner. Sorte ist diploid.

HOFBERGAMOTTE
Tafelbirne. Genussreife im Dezember. Frucht groß, bergamottförmig, beulig. Schale hellgrün, dann gelb. Sonnenseite gerötet. Berostungen. Sehr saftig, gewürzt. (40)

HOFRATSBIRNE
Wurde von Van Mons in Belgien aus Samen gezogen und von ihm 1840 **Conseiller de la cour** benannt. Lt. der Pomologen-Versammlung von 1893 soll die Birne auf der ganzen Welt bekannt sein. Gaucher sagte einmal: „Es gibt keine bessere Birne". In Deutschland war sie nur unter diesen beiden Namen bekannt. Reifezeit: Mitte X bis XI. Auch: **Beau de la Cour, Clara Pringalle, Duc d´Orleans, Grosse Marie, Maréchal de la Cour** und **Poire du Conseiller.** Im 19. Jh. schrieb man: **Hofrathsbirne.** Tafel- und Marktfrucht schrieb die LWK Hannover 1907. Groß, birnförmig, mit rötlichen Backen. Leicht schief gebaute Frucht. Schale hellgrün, später mattgelb. Fleisch weiß, sehr saftig, halbschmelzend. Weitere Synonyme: **Baud de la Cour, Bó de la Cour, Conseiller á lá Cour, Die Hofratsbirne, Maréchal Decours.** Literatur: (24) (45) (111) (114) (115)

HOLLÄNDISCHE BUTTERBIRN
Sehr alte Sorte. Von Diel beschrieben.

HOLLÄNDISCHE FEIGENBIRNE
Tafelbirne. Reife im September. Große flaschenförmige Frucht. Schale mattgrün, später grüngelb. Fleisch weiß, schmelzend, wenig körnig. Würzig, süß. In der Gegend von Bremen Ende des 19. Jh. nur als **Calabasse** bekannt. Hochfeine, altbekannte, saftige Tafelbirne, schreibt der Praktische Ratgeber 1888. Synonyme: **Fregattenbirne, Gurkenbirne, Hopfenbirne, Kaiserinbirne.** In Österreich: **Feigen-Birne, Fregatten-Birne, Glocken-Birne, Grüne Flaschen-Birne, Gurken-Birne, Hopfen-Birne, Kaiserin-Birne.** Literatur: (16) (40) (114) (115)

HOLLÄNDISCHE FLASCHENBIRNE
Soll identisch sein mit der **Holländischen Feigenbirne**. Ist eine sehr reichlich tragende Sorte. Quelle: Pomologen-Versammlung 1893

HOLLÄNDISCHE ZUCKERBIRNE
Im Bundes-Obstarten-Sortenverzeichnis aufgeführt. Keine weiteren Angaben gefunden. Mir aus meiner Lehrzeit noch gut bekannt. Große starkwüchsige Bäume. Periodischer Träger, dann aber Vollertrag. Mehr Wirtschaftsbirne, mittelgroß bis groß, eher abgestumpft und kegelförmig. Schale dunkelgrün, etwas Berostungen. Fleisch fest. 1936 auch bei Goetz angegeben.

HOLLMANNS BUTTERBIRNE
Erwähnt 1889 im Prakt. Ratgeber. Vermutlich die **Hellmanns Butterbirne,** da der Name **Hollmanns Butterbirne** nie in der Literatur auftaucht.

HOLZFARBIGE BUTTERBIRNE
Nach dem Ill. Handbuch von Van Mons gezüchtet und unter dem Namen **Fondante des bois** verbreitet. Diel hat sie dann unter dem Namen **Holzfarbige Butterbirne** beschrieben. In Belgien **Davy** und **Belle de Flandre**. Reife: September/Oktober. Synonyme: **Beauté de Flandre, Belle Alliance, Belle des Bois, Belle des Flandres, Bergamotte de Flandres, Beurré de Flandré, Beurré du Bois, Beurré de Bourgogne, Beurré couleur de bois, Beurré Davy, Beurré Deftenghem, Beurré de Deftinge, Beurré Della Faille, Beurré d'Elberg, Beurré Foidard, Beurré Saint-Amour, Beurré Spence, Bos Pear, Bosc Peer, Bosc Sire, Bosch peer, Bouche nouvelle, Brederode, Empereur Francois-Joseph, Excellentissime, Féodale, Flemish Beauty, Fondante du Bois, Fondante de Paris, Fondante Spence, Gros-Quessois d'été, Impératrice de France, Léon Juleré, Liegel`s Dechantsbirne, Mouille Bouche nouvelle, Sommer-Verlaine** und **Verlaine d èté**. In Nieder-Österreich waren noch folgende Synonyme bekannt: **Baumfarbige Butter-Birne, Braune Butter-Birne, Doppelte Kaiser-Birne, Kaiser Franz Joseph I, Kaiser von Österreich, Liegel's Dechants-Birne, Rothblanche, Sommer-Verlain**. Frucht groß bis sehr groß, vorzügliche Tafelbirne. Oft stark rostig. Der Baum wächst kräftig.
Literatur: (02) (40) (45) (114) (115) (121)

Im Bundes-Obstarten-Sortenverzeichnis aufgeführt:
HOLZBIRNE,
HOMORED und
HONIGBIRNE.

HONIGBIRNE
Ist auch ein Synonym für mehrere Birnensorten, u. a. für die **Langstielige Blankette, Petersbirne, Sommerhonigbirne** und **Stuttgarter Geißhirtle.**

HOOSIC
Großfrüchtige Birne. Reife im Oktober. Besticht durch ihre Schönheit. der Baum ist sehr fruchtbar und hat einen kräftigen Wuchs. Literatur: (39)

HOPFENBIRNE
Frühe Tafel- und Wirtschaftsbirne. Kleine Frucht. Schale hellgelb, Sonnenseite streifig gerötet. Deutlich berostet. Wenig saftig. Auch ein Synonym für die **Holländische Feigenbirne.** (Pomolog. Handbuch für Nieder-Österreich)

HOYERSWERDER GRÜNE
Tafel- und Wirtschaftsbirne. Reife: Ende August. Haltbar nur 2 bis 3 Wochen. Mittelgroße, saftige Butterbirne von süßweinigem Geschmack. Baum stellt nur geringe Ansprüche an Boden, wächst auch in rauhen Anbaulagen. Schale gelblichgrün, leicht berostet. Süßsäuerlich. Im Prakt. Ratgeber von 1886 steht wörtlich: **Grüne Hoyerswerder** bei Oberdieck als frühe Birne sehr empfohlen, eine andere Feststellung sagt: klein, halbschmelzend, völlig entbehrlich und anderen gleichzeitig weit nachstehend. Hinkert hat diese Sorte ebenfalls als **Grüne Hoyerswerder** 1830 beschrieben. In Österreich war das Synonym **Hoyerswerder Grün-Birne** bekannt. Literatur: (15) (40) (114) (117)

HUBERT GRÈGOIRE
Sorte war 1877 auf der Pomologenversammlung in Potsdam ausgestellt.

HUDGENSBIRNE
Wird 1936 bei Goetz erwähnt, ohne näheren Angaben.

IDA MÜLLER
Lokalsorte, die sich 1888 bewährt hat. (Prakt. Ratgeber S. 131)

IDAHO
Entstand in Idaho, USA und wurde 1890 in Deutschland eingeführt. Tafel- und Wirtschaftsbirne. Genussreife: X bis XI. Bergamottförmige, fast runde, große Birne. Schale fest, hellgrün, später gelb. Manchmal schwach gerötet. Ausgeprägter Geruch. Fleisch gelblichweiß, schmelzend, saftig, kräftig gewürzt. Liefert ein schön rot gefärbtes Kompott. (Verzeichnis der Apfel- und Birnensorten)

Im Bundes-Obstarten-Sortenverzeichnis aufgeführt:
ILENA MOSTBIRNE,
ILLINKA,
ILLINOIS,
ILLINOIS MAXIME und
INGELHEIMER BIRNE

INGENIEUR WOLTERS
Kommt aus Frankreich und kam um 1900 in den Handel. Genussreife: Oktober bis November. Mittelgroß bis groß. Schale glatt, dünn, gelbgrün, später gelb. Geschmack angenehm gewürzt und süß. Baum wächst mittelstark. Literatur: (39)

INVALIDEN-MANNABIRN
Sorte wurde 1877 auf der Pomologenversammlung in Potsdam ausgestellt.

ISENBART und
ISENBART-GRIES-BIRNE
In Nieder-Österreich Synonyme für die **Graue Herbst-Butter-Birne.** (114)

ISOLDA
Ist im Bundes-Obstarten-Sortenverzeichnis angegeben.

ITALIENISCHE WINTERBIRNE
Wirtschaftsbirne. Verarbeitung: XII bis III. Mittelgroß. Fleisch fest, süßsäuerlich.

JACQUES MEURIS
Sorte war 1877 auf der Pomologenversammlung ausgestellt.

JAGDBIRNE
Im 18. und 19. Jh. schrieb man **Jagdbirn.** Tafelbirne. Wurde von Diel beschrieben. Genussreife: XII bis II. Schale hellgrün, später gelb, punktiert. (Pirarium)

JAMINETTE
Tafelbirne. XI. Frucht groß, kreiselförmig. Schale hellgrün, später gelb. Großflächig berostet, punktiert. Fruchtfleisch sehr saftig, gewürzt und süß.
(Lexikon der Obstsorten)

JANA
Winterbirnensorte aus Tschechien. 1994/95 zugelassen.

JARGONELLE
1795 von Schiller beschrieben. *Eine ziemlich grosse Birn, von länglichter Form. Fleisch ist mild genug, aber von Geschmack garnicht fein, auch wird sie bald mehlicht, daher sie denn eine solche Birn ist, so unter den guten Sorten, keinen Platz verdient.*

JE LÄNGER JE LIEBER
Hoe langer hoe liever Von Schiller 1795 sehr gut beschrieben. *Eine mittelmässig grosse Birn, von länglichter, etwas bauchichter Form. Fleisch ist zart, etwas kornicht, safftig, und von sehr angenehmen lieblichen Geschmack.*

JEAN DE WITTE
1877 auf der Pomologenversammlung ausgestellt, auch kurz beschrieben.

JEANNE D´ARC
Stammt aus Frankreich und kam 1893 in den Handel. Synonym: **Jungfrau von Orleans**. Tafelbirne. Genussreife: XII bis I. Großfrüchtig. Grundfarbe trübgrün, dann grünlichgelb. Kreuzung aus **Diels Butterbirne X Vereinsdechantsbirne**. Eine andere Quelle sagt: **Clairgeau X Beurrè amandè**. Fruchtfleisch ist schmelzend. Diploid. Baum verlangt hohe Standortansprüche, verlangt wärmere, nährstoffreiche, genügend feuchte Böden. Quellen: (24) (40) (77) (116)

JEVERSCHE
Kochbirne. Lokalsorte, war an der Niederelbe verbreitet. 1958 rechnete man bei Erntevorausschätzungen noch mit 310 to, etwa 5 % der Birnenernte. (26-7/58) Heute ist diese Sorte, wie fast alle Kochbirnen im Alten Land, verschwunden.

Im Bundes-Obstarten-Sortenverzeichnis aufgeführt sind:
JOHANNISBIRNE,
JOKKER`S GUTE BIRNE und
JOSEPHINE VON MECHELN

JOSEFINE VON MECHELN
1888 schrieb man **Josephine von Mecheln**. Sie wurde damals mit Recht als die beste Winterbirne für deutsches Klima bezeichnet. Genussreife: XII bis II. Fleisch ist lachsfarben, der Geschmack melonenartig, eine Fülle von köstlichem Aroma in sich vereinigend. Nach Lauche, gab es an kalten Plätzen in Norddeutschland, Entwicklungsprobleme. Lt. "Deutschlands Obstsorten" hat Major Esperen ihr den Namen zu Ehren seiner Gattin gegeben. Sie ist fast nur unter diesem Namen oder in Frankreich als **Josèphine de Malines** bekannt. In Thüringen und im Gothaischen

kennt man sie als **Winterkönigin** oder **Königliche Winterbirne**. Handelsname ist **Mecheln**. Bekannte ausländische Namen sind: **Josefina Mehelncka** (Bulgarien), **Mechelenskà** (Tschechien), **Jozefinka** (Polen) **Malinesi Jozefin** (Ungarn). Literatur: (14) (16) (24) (40) (45) (77) (115)

JOSEFSBIRNE
Tafelbirne. Reife im September. Mittelgroß, kreiselförmig, bauchig. Schale hellgrün, dann gelb. Sonnenseite leicht streifig gerötet. Halbschmelzend, etwas gewürzt, süß.

JULES BAISE
Sorte war 1877 auf der Pomologenversammlung in Potsdam ausgestellt.

JULES DEMARET
Frucht groß, flaschenförmig. Schale gelb. Lentizelle. Wohlschmeckend, gewürzt. Wurde 1886 in Belgien als Sämling der **Birne von Tongern** gezogen. Der Baum wächst kräftig und ist fruchtbar. (Verzeichnis der Apfel- und Birnensorten)

JULI DECHANTSBIRNE
Auch **Julidechantsbirne**. Tafelbirne. Reife im Juli. Kleine, runde Frucht. Schale hellgrün, später gelb. Sonnenseite gerötet. Halbschmelzend, gewürzt. N. Gaucher schreibt 1894: Die beste Tafel- Wirtschafts- und Marktfrucht für die Jahreszeit. Wurde auch zum Einmachen empfohlen und wurde von den Konditoren mit Vorliebe angekauft und teurer als die anderen Sorten bezahlt. Von F. Hertel wurde die Birne 1914 beschrieben. Synonyme: **Doyenné d´été, Doyenné de Juillet, Jolimont, Jolimont précoce, Mehlbutte, Poire de Juillet, Roi Jolimont, Saint-Michel d´été, Summer Doyenne, Doyenné d´Eté.** Literatur: (45) (87) (121)

JUNGFERNBIRNE
War 1888 in der Rheinprovinz bekannt. Reife: Ende August. Großfrüchtig. Schale gelblichgrün, dann hellgelb. Sonnenseite leicht gerötet. Berostungen. Schmelzend, gewürzt, süßsäuerlich. **Jungfernbirne** ist auch ein Synonym für die **Weinbergsbirne** und **Zinks rote Jungfernbirne**. (Praktischer Ratgeber.)

JUNKER MARTIN
Wirtschaftsbirne. Verarbeitung von Februar bis zum Sommer. Mittelgroß, bauchig birnförmig. Schale gelb, Sonnenseite gerötet. Berostungen. Fruchtfleisch fest, gewürzt, süß. (Lexikon der Obstsorten)

Im Bundes-Obstarten-Sortenverzeichnis aufgeführt werden:
JULSKA SARENA,
JUNGFERNLENNE,
JUNKERSBIRNE, eine Lokalsorte in Deutschland. (Prakt. Ratgeber) und
JUNSKA SLATO

KAISER VON ÖSTERREICH
Tafelbirne. Reife: September. Mittelgroß bis groß, bergamottförmig. Hellgrün, später hellgelb. Großflächig berostet. Wenig saftig, gewürzt, süß. (Lexikon der Obstsorten)

KAISERBIRNE MIT DEM EICHENBLATT
Wirtschaftsbirne. Verarbeitung von IV bis zum Herbst. Mittelgroß, breitrund. Schale grün, dann gelb, braun punktiert. Fest, wenig saftig, süß. War Duhamel schon 1786 bekannt. Von Lucas 1854 beschrieben. Synonyme: **Kaiserin mit dem Eichenblatt. Eichenblattbirne, Eichenlaubige Kaiserbirne, Kaiserin mit dem Eichenlaub.** Literatur: (40) (67)

KAISERKRONE
Ein Synonym der **Bosc Flaschenbirne.**

KAISERINNEN
Preisgruppe 4. Vermutlich handelt es sich hier um die **Große Kaiserin** oder um die **Kaiserinbirne,** ein Synonym der **Holländischen Feigenbirne.** Schiller beschrieb die **Einfache Kayserin** als **Süsse Kayßer-Birn** oder **Honig-Birn.**

KAISERLICHER PRINZ
Bei H. Petzold erwähnt, ohne Beschreibung. 1877 auf der Pomologen-Versammlung in Potsdam ausgestellt. Sorte ist diploid.

KALCHBÜHLER
Mostbirne. Bei H. Petzold erwähnt, ohne Beschreibung. Sorte ist diploid.

KALLINGER BUTTERBIRNE
Lokalsorte in Niederbayern. Schale gelb, leichte Berostungen, auffällige Lentizellen. (Lexikon der Obstsorten)

KALMERBIRN
Kalmer Peer. 1795 von Schiller beschrieben. *„Eine sehr grosse Birn, von länglichter Form. Ihr Fleisch ist ein wenig derb, aber doch mild und saftig genug. Von sehr lieblichem und angenehmen Geschmack, sie dauret aber nicht lange, wird*

bald mehlig und pfleget auch gerne in schlechten Jahren aufzuplatzen. der Baum hat ein gutes Gewächs und trägt sehr starck."

KALVILLBIRNE
Tafelbirne. Genussreife: Februar bis März. Mittelgroß, dickbauchig. Schale hellgrün, später gelb. Sonnenseite manchmal gerötet. Berostungen. Süßsäuerlich. (40)

KAMPER VENUS
Auf der Pomologenversammlung 1893 nicht mehr empfohlen. Man schrieb: **Kampervenus.** Wirtschaftsbirne. Reife: IX bis I. Mittelgroß. Leichte Berostungen. Schalenfarbe matt hellgrau bis zitronengelb. Fruchtfleisch färbt sich beim Kochen rötlich. Ertrag setzt früh ein und reichlich. Schiller hat 1795 *die Frucht als nicht so schön roth und gelb beschrieben. Sie ist ebenfalls nicht aus der Hand zu essen, taugt aber ausnehmend wohl zum Kochen, da sie dann, ohne irgendeinen Zusatz, roth wird.* Schiller schrieb ebenfalls: **Kampervenus.**

KANDISBIRNE
War in Preisgruppe 4. Keine weitere Beschreibung gefunden.

KANZLER VON HOLLAND
Wurde 1826 von Diel beschrieben. *„Nur Schade, daß ihr ansehnlich Aeußeres nicht ganz ihrem Inneren entspricht, wie das leider oft der Fall ist."* Synonym: **Chancelier d'Hollande.** Tafelbirne. Reife Mitte September. Großfrüchtig. Hellgelb, dann gelb. Berostungen.

KARL ERNST
Tafelbirne. Reife: X bis XI. Frucht groß, dick und eirund. Schale gelb, häufig rostfarbig gefleckt. Fein, schmelzend. Von Goetz als mittelstarkwachsend beschrieben. Synonym: **Charles Ernst.** (Lexikon der Obstsorten)

KARL FRIEDRICH
Eine Lokalsorte. Mittelgroß. Abb. im Verzeichnis der Apfel- und Birnensorten.

KARTÄUSERIN
Tafelbirne. Reife im November. Mittelgroß. Schale grünlichgelb, Sonnenseite gerötet. (Lexikon der Obstsorten)

KICKS FLASCHENBIRNE
Tafel- und Wirtschaftsbirne. Reife im Oktober. Sehr groß, flaschenförmig, beulig. Hellgrün, dann gelb, fast ganzflächig berostet. Schmelzend, gewürzt, süß. (40)

KIEFFERS SEEDLING
Birnensorte aus Nordamerika. In Kanada stand diese Sorte z.B. 1958 an zweiter Stelle der Erntemengen. Entstand 1863 in Roxborough/USA. Sämling von **Chinese Sand Pear**. Auch **Kiefferbirne, Kieffer, Kieffers Sämling, Kieffer´s Seedling**. Literatur: (07) (26-12/85)

KING JOHN
Wurde zusammen mit anderen Sorten 1956 zum ersten Mal von Argentinien nach Deutschland geliefert. (Warenkunde für den Fruchthandel)

KIRCHENSALLER MOSTBIRNE
Lokalsorte in Hohenlohe/Württemberg. Lang, birnförmig. Schale gelb.

KIRCHENSALLER SÄMLING
Wurde in den 60er und 70er Jahren des 20. Jahrhundert im Alten Land als Unterlage für fast alle damals empfohlenen Birnensorten verwendet. Vermutlich identisch mit der **Kirchensaller Mostbirne**.

KIRCHMESSBIRNE
Kirchmeßbirne. Tafel- und Wirtschaftsbirne. Reife im September. Frucht groß, birnförmig, beulig. Hellgrün, dann gelblichgrün, Sonnenseite gerötet, großflächig berostet. Fruchtfleisch sehr saftig, schmelzend, gewürzt, süßsäuerlich. (40)

KJUSTENDILSKA MASLOVKA
Sorte aus Bulgarien. **Hardenponts Butterbirne X Doyenné d´Hiver**. (Obstbau)

KLEINE GELBE SOMMERBERGAMOTTE
Pflück- und Genussreife: Anfang September. 3 Wochen haltbar. Frucht ist klein. Schale gelblichgrün, dann hellgelb, leichte Berostungen. Für Tafel und Ökonomie. Der Baum ist ein guter Träger, schreibt W. Hinkert 1830.

KLEINE GELBE ZUCKERBIRNE
Sommerbirne. Reife: August. Frucht mittelgroß, grünlichgelb, dann gelb. Auffällige Lentizellen. Fruchtfleisch ist süß. (Lexikon der Obstsorten)

KLEINE GEWÜRZBIRNE
Sommerbirne. Reife im August. Klein, bergamottförmig. Schale graugelb. Sonnenseite gerötet, berostet. Gewürzt, süß. (Lexikon der Obstsorten)

KLEINE LANDLBIRNE
Entstand vor 1720 in Oberösterreich. Mostbirne. Sehr klein, kreiselförmig. Schale glatt. Grünlichgelb, später gelb. Zur Reifezeit gerötet und gestreift. Fleisch gelblichweiß, mittelfein, saftig, etwas hart. Süßsäuerlich. (Lexion der Obstsorten und Pomolog. Handbuch für Nieder-Österreich)

KLEINE MARGARETHENBIRNE
Tafelbirne. Reife: August. Mittelgroß, grünlichgelb, Sonnenseite gerötet. Sehr saftig. (Lexikon der Obstsorten)

KLEINE MUSKATELLER
War Ende des 19. Jh. in Thüringen bekannt. (Prakt. Ratgeber)

KLEINE PFALZGRÄFIN
Tafel- und Wirtschaftsbirne. Reife im September. Gelb, Sonnenseite gerötet. Halbschmelzend, aromatisch, süß. Sickler hat 1797 über diese Sorte, im Vergleich mit der **Großen Pfalzgräfin** geschrieben.

KLEINE PFUNDBIRNE
Tafel- und Wirtschaftsbirne. Reife: X. Großfrüchtig. Schale gelb, berostet. (40)

KLEINE SOMMERMUSKATELLER
Tafelbirne. Genussreife: Anfang August. Sehr klein, kreiselförmig. Schale gelblichgrün, dann gelb. Halbschmelzend, gewürzt, süß. Diese Sorte ist seit dem Ende des 16. Jahrhunderts in der Gegend von Orléans in Frankreich im Anbau. Von Sickler 1798 einwandfrei beschrieben und im „Teutschen Obstgärtner" abgebildet. Der richtige Name war **Große lange Sommermuskateller.** Synonym: **Kleine lange Sommermuskateller.** Franz. Namen: **Muscat a longue, Queue d´eté.**

KLEINE SOMMERRUSSELET
Tafel- und Wirtschaftsbirne. Synonyme: **Kleine Zimmet-Rousselet, Zimmetbirn.** Reife im September. Mittelgroß, birnförmig. Schale gelb, Sonnenseite gerötet, berostet. Gewürzt, süß. (Lexikon der Obstsorten und W. Lauche, Potsdam 1877)

KLETTGAUER DORNBIRNE
Mostbirne. Bei H. Petzold erwähnt. Sorte ist triploid.

Im Bundes-Obstarten-Sortenverzeichnis angegeben sind:
KLETZENBIRNE, KLOSTERBIRNE und
KLUPPERTE BIRNE

KNABENBIRNE
Wirtschaftsbirne. Reife: August. Groß, kreiselförmig. Grünlichgelb. Deutliche Berostungen, starker Geruch. Halbschmelzend, süßsäuerlich. (40)

KNACKERLI
Ist im Bundes-Obstarten-Sortenverzeichnis aufgeführt.

KNAUSBIRNE
Lokalsorte in Oberschwaben. Grünlichgelb, Sonnenseite leicht gerötet. Synonyme: **Frühe Frankenbirne. Knausbirn** 1877 auf der Pomologenversammlung.

KNECHTCHENS BIRNE
Tafel- und Wirtschaftsbirne. Reife: August/September. Frucht mittelgroß, rundlich, birnenförmig. Schale gelb, Sonnenseite gerötet. Süßsäuerlich. War schon um 1700 bekannt. 5 Wochen haltbar.

KNOLLBIRN
Mostbirne, auch zum Dörren. Mittelgroße, ziemlich regelmäßig gebaute Frucht. Schale derb, ziemlich rauh, vom Baum grün, später gelbgrün, auf der Sonnenseite bisweilen schmutzig braunrot. Die Sorte ist besonders am Untersee, (Teil vom Bodensee) und um Radolfzell viel verbreitet. Heute **Knollbirne,** ist ein schlechter Pollenbildner. Literatur: (33) (55)

KNOOPS ANANASBIRNE
Tafelbirne. Reife: Ende August. Mittelgroß, bauchig, kreiselförmig, beulig. Schale gelblichgrün, Sonnenseite leicht gerötet. Berostungen. Kräftiger Geruch. (40)

KNOOPS FRANZÖSISCHE ZIMTBIRNE
Knoop`s französische Zimmtbirn oder **Knoops Zimmtbirn** schrieb man vor 200 Jahren. Wirtschaftsbirne. Reife: September. *„Für Ökonomie und Markt,"* schrieb W. Hinkert 1830. Frucht mittelgroß. Schale fettig, gelblichgrün, dann gelb. Berostungen. Sehr saftig, gewürzt, süß. Literatur: (40) (72) (117)

KNOOPS GOLDBIRNE
Reife: September. Mittelgroß, rund. Schale gelb. Wenig saftig, gewürzt. (Lexikon der Obstsorten)

KNOX BUTTERBIRNE
Tafel- und Wirtschaftsbirne. Großfrüchtig, Schale hellgelb, braun punktiert. Gewürzt, süß. (Lexikon der Obstsorten)

KOCHBIRNE
Alle Kochbirnen, die nicht zum Frischverzehr geeignet waren, wurden in Preisgruppe 5 eingestuft. Es war klar beschrieben: Preisgruppe 5 **Kochbirne**. Nicht zum Rohgenuß geeignet. Bekannt sind verschiedene Kochbirnen, z..B. die **Rote Kochbirne, Lübecker Kochbirne** und die **Rote Winterkochbirne**.

KOHLBIRNE
Diese Sorte ist bei Goetz erwähnt, ohne Angabe von Daten.

KOLLBACHER DÖRRBINE
Eine Lokalsorte in Niederbayern. Ohne Beschreibung. (Abb. im Verzeichnis der Apfel- und Birnensorten)

KOMPERETTE
Wurde schon 1893 auf der Pomologenversammlung nicht mehr empfohlen.

KOMPOTTBIRNE
Wirtschaftsbirne. Verarbeitung: Februar bis zum Sommer. Mittelgroß, Schale hellgelb, Berostungen. Geruch kräftig. Fest, süß. (Lexikon der Obstsorten)

KÖNIG EDUARD
Tafel- und Wirtschaftsbirne. Reife: Anfang Oktober. Etwa 4 Wochen haltbar. Sehr große, längliche Frucht. Schale grün, dann gelblichgrün. Auch: **King Edward's** und **Roi Edouard**. 1889 schrieb der Praktischen Ratgeber: **King Eduard**.

KÖNIG KARL VON WÜRTTEMBERG
Sämling von **Clairgeaus Butterbirne**. Synonyme: **König Karl, Roi Charles de Wurttemberg**. Schaufrucht. Wird in einigen Gegenden gelobt, in anderen Gebieten nicht empfohlen. Genussreife im Dezember. Tafelbirne, auch Wirtschaftsbirne. Große bis sehr große Frucht. Sorte ist diploid.
Literatur: (40) (68) (115) (116) (119)

KÖNIGLICHE WEISSBIRNE
Tafel- und Wirtschaftsbirne. Reife: September. Frucht groß. Schale hellgrün, später hellgelb. Leichte Berostungen. Fleisch fest, gewürzt, süß. (Lexikon der Obstsorten)

KÖNIGSBIRNE
Lokalsorte. Ohne Beschreibung. Abb. im Verzeichnis der Apfel- und Birnensorten.

KÖNIGSBIRNE VON NEAPEL
Présent Royal de Naples. Große rundlich-birnförmige Frucht. Schale grünlichgelb, aufgerauht. Fleisch schmelzend, grünlichweiß. (Verz. der Apfel- und Birnensorten)

KÖNIGSGESCHENK VON NEAPEL
Zählte 1888 bei einer Umfrage mit zu den besten Obstsorten in Deutschland. Wirtschaftsbirne. Verarbeitung im März. Frucht sehr groß, kreisel- bis birnförmig. Schale hellgelb, Sonnenseite etwas gerötet, leichte Berostungen. Fruchtfleisch fest, süß. Eine alte Kochbirnensorte, die aus Italien stammt. Der König von Neapel sandte sie 1797 an Herzog Carl von Württemberg als Gegengeschenk für weiße Hirsche. Ernte: Mitte Oktober, doch schon oft im November teigig. Synonyme: **Kronbirne, Pfundbirne, Kaiserbirne, Frauenbirne, Fasslibirne, Winterkronenbirne.** Es soll noch mehr Synonyme geben. (Lexikon der Obstsorten)

KÖNIGSMUSKATELLER
Wirtschaftsbirne. Reife: VII. Frucht klein, Schale grünlichgelb, Sonnenseite manchmal gerötet. Starke Berostungen. Fruchtfleisch fest, gewürzt, süß. (40)

KONITZER SCHMALZBIRNE
1936 bei Goetz erwähnt, ohne Beschreibung.

KOONCE
Tafelbirne. Reife Mitte August. Mittelgroße Frucht. Baum wächst stark. (39)

KOSSUTH'S BUTTERBIRN
1877 auf der Pomologenversammlung kurz beschrieben.

KORALLENROTHE POMERANZENBIRN
Eine Sommertafelbirne, Reife ist Ende August. Wurde 1830 von W. Hinkert beschrieben. Der Baum ist ein guter Träger. (117)

KÖSTLICH VON BIHOREL
Tafelbirne. Reife: August. Frucht klein, apfelförmig. Schale grünlichgelb, rostig punktiert, gerötet. (Lexikon der Obstsorten)

KÖSTLICHE VON CHARNEU
Auch: **Köstliche von Charneux.** Handelsname: **Charneux.** Soll aus dem Dorf Charneux, in der Nähe von Lüttich, Belgien stammen. Diel gab an, dass er den Samen von einem in der Nähe von Aachen stehendem Baum erhalten habe. In Deutschland ist diese Birne stark verbreitet. Im Alten Land und in Holstein ist es die

Bürgermeisterbirne, in Sachsen-Anhalt **Graßhoffs Leckerbissen.** Abgekürzt war es vor 100 Jahren schon die **Köstliche. Fondante de Charneu, Köstliche von Charneu, Legipont, Merveille de Charneu. Charneuskà** in Tschechien. Die LWK Hannover schreibt 1907: Mittelgroß bis groß, birnförmig, schwach gestreift, gerötet. Genussreife von Oktober bis November. Tafelfrucht ersten Ranges. Sehr reich tragend. Für alle Formen geeignet. Auch für rauhes Klima, leidet in mancher Gegend unter Fusikladium. Diese Angaben kann ich nur bestätigen. Empfohlen zur Anpflanzung an Straßen und Feldwegen. (14) (24) (38) (77) (111)

KÖSTLICHE VON LOUVENJOUL
Wurde im Praktischen Ratgeber von 1888 erwähnt. Empfohlen für Topfkultur.

KREISELFÖRMIGE DECHANTSBIRNE
Tafel- und Wirtschaftsbirne. Mittelgroß, saftig, schmelzend. Guter Geschmack. (40)

KREISELFÖRMIGE FLEGELBIRNE
Wirtschaftsbirne. Reife: Januar bis Februar. Frucht groß. Schale hellgrün, später gelb, Berostungen. Starker Geruch. Fleisch fest, gewürzt, süßsäuerlich. (40)

KREISELFÖRMIGE HONIGBIRNE
Tafel- und Wirtschaftsbirne. Reife im Oktober. Frucht ist groß, kreiselförmig. Schale hellgrün, dann gelb, Lentizellen auffällig.Berostungen. Sehr saftig, durchdringend gewürzt. (Lexikon der Obstsorten)

KREUZERBIRNE
Lokalsorte. Mittelgroße Frucht, länglich birnförmig. Schale gelblichgrün, später goldgelb. Fleisch mürbe, süß, schwach gewürzt. (Lexikon der Obstsorten)

KRIEKBIRNE
Poire Cerise brune. Lokale Frühsorte in Belgien. (Warenkunde/Fruchthandel)

KRISTALLI
Diese Sorte wird in einigen EU-Ländern angebaut. (Obstbau 10/96)

KRONPRINZ FERDINAND
Kronprinz Ferdinand von Österreich, ist ein Synonym für **Hardenponts Winterbutterbirne.** (Praktischer Ratgeber)

KRUMHOLZBIRNE
Guter Pollenbildner. Diploid.

KUHFUSS
In der Provinz Hannover und Westfalen war diese Wirtschaftsbirne sehr verbreitet. Sie führte dort u. a. folgende Synonyme: **Speckbirne, Pfundbirne, Westfälische Glockenbirne, Herrenbirne.** In Thüringen war sie als **Sommerkatzenkopf** bekannt. Reifezeit: IX bis Mitte X. Weitere Synonyme sind noch bekannt. In meiner Lehrzeit habe ich den „**Kuhfuss**" als Massenträger kennengelernt. Die Bäume waren riesengroß und damals schon sehr alt. In den Jahren nach dem II. Weltkrieg konnte diese Birne noch problemlos verkauft werden, heute hat diese Sorte keine Chance mehr. Zum Frischverzehr nicht zu empfehlen. Die LWK Hannover schreibt 1907: Eine vorzügliche Wirtschaftsfrucht. Großfrüchtig, kreiselförmig, etwas unregelmäßig, mattgrün, später grünlich gelb, schwach gerötet. In lehmigen Boden besonders gut wachsend. Literatur: (24) (111) (115)

KUMOI
Sorte der Asienbirne. Siehe unter **Nashi.**

KÜRBISBIRNE
Wirtschaftsbirne. Verarbeitung von Februar bis zum Herbst. Frucht flaschenförmig. Sehr fade im Geschmack. (Lexikon der Obstsorten)

KURZSTIELIGE ZUCKERBIRN
Suikerey (Kortstelige) 1795 von Schiller *als „mittelmäßig grosse Birn"* beschrieben. Siehe auch: **Muscat Robert.**

LA BÈARNAISE
1886 von Tourasse gezüchtet. Tafelbirne, Frucht ziemlich groß. Genussreife: XI. Fruchtbarkeit gut, Wuchs mittelstark. (Pomologen-Versammlung 1893)

LA CONFÉRENCE
Im "Der neue Obstbau" 1942 wurde der Name so geschrieben. S. u. **Conference.**

LA FRANCE
Tafelbirne. Reife im Dezember. Angegeben im Bundes-Obstarten-Sortenverzeichnis.

LA GÈRARDINE
Sorte war 1877 auf der Pomologenversammlung ausgestellt.

LALLINGER BUTTERBIRNE
Lokalsorte im Lallinger Winkel in Niederbayern. Frucht ist apfelförmig. Schale gelb, später ganzflächig berostet. (Abb. im Verzeichnis der Apfel- und Birnensorten)

LANGE GELBE BISCHOFSBIRN
Wurde 1830 von Hinkert beschrieben. Reife Ende August. *„Sehr schätzbar für den Landmann; Baum ausnehmend fruchtbar."* (117)

LANGE GRÜNE WINTERBIRNE
Tafel- und Wirtschaftsbirne. Reife: IX bis II. Großfrüchtig. Schale stark berostet, an der Sonne gelb. Frucht ist schmelzend, gewürzt und süß. (Lexikon der Obstsorten)

LANGE ROTE DECHANTSBIRNE
Vermutlich eine Lokalsorte. Sonnenseite stark gerötet. (Abb. im Verzeichnis der Apfel- und Birnensorten)

LANGE SCHWEIZER-BERGAMOTTE
Bergamot Suisse longue. Wurde 1795 von Schiller eingehend beschrieben. *„Mittelmäßig grosse Birn, von länglichter Form. Schale glatt, hellgrün, gelb und roth, schön gestreift."*

LANGE WINTERBIRNE
Bei Goetz 1936 angegeben. Hier handelt es sich um die **Lange Grüne Winterbirne.**

LANGSTIEL
Auch: **Langstieler-Birn** oder **Lang-Steert.** Von Schiller 1795 eingehend beschrieben. *„Mittelmäßig große Birn, von kugelrunder Form."* Lt. Schiller keine gute Birne. *„Verdient keinen Platz unter den guten Sorten."*

LANGSTIELIGE BIRNE
Wird bei Goetz 1936 als starkwüchsig erwähnt. Keine weiteren Daten. Vermutlich die von Schiller beschriebene **Langstiel.**

LANGSTIELIGE SOMMERRUSSELET
Tafel- und Wirtschaftsbirne. Reife im September. Kleinfrüchtig, birnförmig. Schale gelb, teilweise gerötet, schmelzend, süß. (Lexikon der Obstsorten)

LANGSTIELIGE ZUCKERBIRN
Auch: **Weisse Zuckerbirn (Suikerey)** oder **Nahrungs-Birn.** 1795 von Schiller beschrieben. *„Mittelmäßige Birn, von kurzer Form. Schale glatt, von weisser oder gelblichtweisser Farbe."*

LANGSTINGLBIRNE
War Ende des 19. Jahrhundert in Oberösterreich und im Salzburger Land als Mostbirne bekannt. Lokalsorte. Im Bundes-Obstarten-Sortenverzeichnis sind eine **Langstieler Birne** und eine **Langstingl** aufgeführt.   Literatur: (02) (70)

LANSAC DES QUINTINY
Tafelbirne. Genussreife im November. Mittelgroß, kreiselförmig. Schale hellgrün, später hellgelb, unterschiedliche Berostungen. Deutlicher Geruch. Schmelzend, gewürzt, süß. (Lexikon der Obstsorten)

LATSCHENBIRNE
Im Bundes-Obstarten-Sortenverzeichnis aufgeführt.

LAURA
Frühbirnensorte aus Tschechien. 1994/95 zugelassen. (Obstbau 12/96)

LAURA VON GLYMES
War 1877 auf der Pomologenversammlung ausgestellt und wurde beschrieben.

LAURENTIUSBIRNE
Wirtschaftsbirne, besser Dörrbirne. Reife: August. 14 Tage haltbar. 1830 bei Hinkert **Laurentiusbirn.** *„Zu allem Gebrauche; Baum auf Felder und Wiesen, in jedes Erdreich."* Großfrüchtig. Schale hellgelb, Sonnenseite manchmal etwas gerötet.

LAWSON
Tafelbirne. Reife: VIII bis X. Mittelgroße Frucht. Schale gelb später dann lebhaft gerötet, Fleisch gelblich, saftreich, schmelzend, von edlem Geschmack. Baum wächst mittelstark und trägt reich. (Lexikon der Obstsorten)

Im Bundes-Obstarten-Sortenverzeichnis aufgeführt sind:
LAXTON`S EARLY MARKET,
LAXTON`S SATISFACTION,
LAXTON`S SUPERB,   Züchtung von Laxton Bros. Baumschulen in Bedford, England. Synonym in Deutschland: **Laxtons Prachtbirne.** (nach R. Koloc)

LE LECTIER
Eine französische Sorte, wurde gegen Ende des 19. Jahrhunderts von Transon Fréres in Orléans in den Handel gebracht und auch nach Deutschland eingeführt. Ist nur unter diesem Namen verbreitet. Reife: Mitte XI bis II. Frucht ist groß bis sehr groß. Schale ist glatt, bei Genußreife weißgelb. Oft fleckig berostet. Im Weinbauklima

schmelzend, saftig, angenehm. Für Norddeutschland nicht zu empfehlen. Herb, fade und körnig im rauhen Klima. Im Streuobstanbau als Wirtschaftsfrucht geeignet. Diploid. Die LWK Hannover schreibt 1907: Tafelfrucht. Anspuchslos an Boden und Klima. Soll 1888 bei Orléans als Sämling aus **Williams X Bergamotte Fortunée** entstanden sein. Die Pomologen-Versammlung 1893 notierte: 1888 von Lesueur gezüchtet. Synonym: **Poire Le Lectier.** Literatur: (24) (40) (52) (111) (115)

LEBRUNS BUTTERBIRNE
Aus Frankreich. 1855 aus Samen gezogen. Auch: **Beurré Lebrun.** Tafel- und Wirtschaftsbirne. Reife im Oktober. Geringe Haltbarkeit. Große bis sehr große, längliche Birne. Schale fein, grün, dann grünlichgelb bis weißlichgelb. Sonnenseite manchmal schwach gerötet. Synonyme: **Le Brun, Lebrun, Le Brun's Butterbirne.** Gaucher schreibt 1894 folgendes: Gute, sehr schöne Tafel- und sehr gute Wirtschafts- und Marktfrucht. Fleisch ist gelblichweiß, halbfein, fest, halbschmelzend, saftreich, von gewürzigem Geschmack. Literatur: (25) (40) (45)

LECKERBISSEN VON ANGERS
Tafel- und Wirtschaftsbirne. Reife: X bis II. Mittelgroß, Schale gelb. Zur Reifezeit berostet. Auch: **Délices d'Angers, Fondante du Panisel.**

LECKERBISSEN VON HUY
Tafel- und Wirtschaftsbirne. Reifezeit: XI bis XII. Auch: **Délices de Huy.** In Belgien entstanden und 1875 nach Deutschland gekommen. Große bis sehr große Frucht. Schale fein aufgerauht, grüngelb, auf der Sonnenseite grün punktiert. Süß, angenehm gewürzt. (Lexikon der Obstsorten)

LECKERBISSEN VON JODOIGNE
Sehr alte Sorte. Tafelbirne. Reife: IX bis X. Mittelgroß, saftig, Fruchtfleisch wohlschmeckend gewürzt.

Im Bundes-Obstarten-Sortenverzeichnis aufgeführt sind:
LEDERBIRNE,
ROTE LEDERBIRNE und
LEDERHOSENBIRNE

LEDERHOSENBIRN
Gedeiht besonders gut in der Rheinebene, ist außerordentlich fruchtbar. Reife: IX bis X. Gut geeignet zum Mosten und Dörren. Wurde 1906 von Bach zum vermehrten Anbau empfohlen.

LEHOFERBIRNE
Synonyme: **Gassenbirne, Stieglbirne.** Die Sorte wurde nach dem Gut Lehof in Strengberg/Niederösterreich benannt. Mostbirne. Kleinfrüchtig, ungleichmäßig. Zur Reife punktförmig berostet. Fleisch ist gelblichweiß, sehr saftig, etwas hart, grobzellig. Süßsäuerlich, kaum gewürzt. Reife: Mitte Oktober. Baum wächst mittelstark. Im Frühjahr 2000 wurde diese Birne noch in Neuhaus, Kreis Passau an Straßen und Wegen angepflanzt. Das Pflanzmaterial ist sehr gesund und wurde von einer Baumschule in Oberösterreich geliefert. (Autor)

LEIDLBIRNE
Im Bundes-Obstarten-Sortenverzeichnis angegeben.

LEIPZIGER RETTICHBIRNE
Nach Angaben des Ill. Handbuch in Düben bei Dresden gefunden. Unter obigen Namen verbreitet, nur in Baden kam sie als **Gerstenbirne** vor. Reifezeit: Ende VIII bis Mitte IX. (Deutschlands Obstsorten)

LEISCHBIRNE
Im Bundes-Obstarten-Sortenverzeichnis angegeben.

LENZENER BURGBIRNE
Wurde 1889 von der Königlichen Gärtner-Lehranstalt in Wildpark b. Potsdam für Hochstamm empfohlen. (Praktischer Ratgeber 1889)

LENZENER BUTTERBIRN
Wurde kurz auf der Pomologenversammlung 1877 beschrieben.

LÈON GRÉGOIRE
Tafelbirne. Genussreife: November bis Januar. Große bis sehr große Frucht. 1889 im Praktischen Ratgeber beschrieben. Literatur: (17) (40) (115) (121)

LÈON PASTUR und LÈON PONCIN
Beide Sorten sind im Bundes-Obstarten-Sortenverzeichnis angegeben.

LEONARDETA
Sommerbirne aus Südeuropa. Namen in verschiedenen Ländern: **Mosqueruela, Margallon, Colorada de Alcanadre, Leonarda de Magallon.**

LEONTINE VON EXEM
Sorte wurde 1877 auf der Pomologenversammlung in Potsdam ausgestellt.

LEOPOLD I
War im 19. Jh. in einigen Gegenden von Schleswig-Holstein bekannt. (121)

LEFÈVRE
Sorte wurde 1877 auf der Pomologenversammlung in Potsdam ausgestellt.

LIEGELS BUTTERBIRNE
1936 bei Goetz erwähnt. Einwandfrei **Liegels Winterbutterbirne.**

LIEGELS WINTERBUTTERBIRNE
Nach Angaben des Ill. Handbuches konnte der Ursprung nicht genau festgestellt werden. Einerseits wurde behauptet, dass sie von einem Pfarrer Langecker in Buschnitz/Böhmen gezüchtet wurde, andere Quellen sagen, dass sie in Kopertsch/Böhmen zufällig aus Samen hervorgegangen ist. Weitere Quellen sagen, dass sie vom Grafen Coloma gezüchtet und als **Supréme Coloma** durch Van Mons an Diel geschickt wurde. Wahrscheinlich stammt sie aus Böhmen, wo sich der Name **Kopertsche Fürstliche Tafelbirne** erhalten hat. In Oberfranken war es die **Kugelbirne** und in Werder/Havel die **Amorette.** Weitere Synonyme: **Beurré d´Hiver de Liegel, Bischofs-Birne, Bischof Milde, Colomas Köstliche Winterbirne, Fürst Schwarzenberg, Graf Sternbergs Winterbutterbirne, Herzogin Caroline Amalia, Princiére, Schmeckende Winter-Butter-Birne, Supreme d´Hiver de Coloma, Unique Musquée, Weinhuberin, Winterhuberin** und **Wintermuskateller.** Bei Gaucher finden sich noch einige andere Synonyme. **Beurré Liegel, Bischoff Milde, Kopertscher** und **Supréme.** Über die Sorte schreibt er: Sehr gute Tafel- Wirtschafts- und Marktfrucht. XI bis II. Schale ist gelblichweiß, fein, schmelzend, sehr saftig, säuerlichsüß und von einem eigenen, ganz vorzüglichen, muskatartigen Geschmack. Die Frucht ist mittelgroß. Die LWK Hannover schreibt 1907 folgendes: Tafelfrucht, mittelgroß, fast eiförmig, hellgrün. In nicht passender Lage werden die Früchte fleckig und rissig, die Triebe bekommen Schorf und leiden unter Gipfeldürre. Weitere bekannte Synonyme: **Bischofsbirne, Fürstliche Tafelbirne, Muskatbutterbirne, Amorette.**
Literatur: (02) (24) (40) (45) (111) (114) (115)

LIMBURGER MOSTBIRNE
Im Bundes-Obstarten-Sortenverzeichnis aufgeführt.

LIMONERA
Ist in Spanien der Name für die **Dr. Jules Guyot.** Hauptbirnensorte in Spanien. Wird in erheblichen Mengen nach Deutschland geliefert.

LINCOLNER WINTERBIRNE
Ist um 1890 in den USA entstanden. Synonym: **Lincoln Coreless Winter Pear.**
Reife: I bis V. Wirtschaftsbirne. Sehr große Frucht. Schale gelb, Sonnenseite leicht gerötet. (Verzeichnis der Apfel- und Birnensorten)

LINDAUER BUTTERBIRNE
Wurde 1896 von N. Gaucher empfohlen. Damals in Frankreich viel angebaut.

LIVLÄNDISCHE BUTTERBIRNE
Im Prakt. Ratgeber 1888 angegeben als Birnensorte, die in Rußland bekannt war.

LOTHRINGER DECHANTSBIRNE
Tafelbirne. Reife im Oktober. Mittelgroß. Schale fettig, gelblichgrün, später gelb. Leichte Berostungen. Schmelzend, gewürzt, süß. (Lexikon der Obstsorten)

LOUIS GRÈGORIE
Sorte war 1877 auf der Pomologenversammlung in Potsdam ausgestellt.

LOUIS VAN HOUTTE
Sorte war 1877 auf der Pomologenversammlung in Potsdam ausgestellt.

LOUIS VILMORIN
Um 1860 in Frankreich entstanden. Tafel- und Wirtschaftsbirne. Mittelgroße bis große, meist eirunde Birne. Fleisch sehr fein, schmelzend, sehr saftig, um das Kernhaus etwas steinig.

LOUISE BONNE
1795 von Schiller beschrieben. Hier kann es sich nur um die **Gute Luise von Avranches** handeln. Schiller schreibt u.a. *„Ziemlich grosse Birn, von etwas länglichter, ungleicher Form, und kommt hierinnen viel mit der* **St. Germain** *überein".* **Prince Germain** ist auch ein Synonym der **Guten Luise.**

LOUISE BONNE SANNIER
1873 von Sannier gezüchtet. Frucht ist mittelgroß. Reife XII bis I. Wuchs ist mäßig, jedoch gesund und gut. (Pomologen-Versammlung 1893)

LOUWTJES BIRN
Von Schiller 1795 beschrieben. *„Ist eine nicht gar grosse, sehr länglichte Birn".*

LÖWENER ZUCKERBIRNE
Tafelbirne. Reife: XII bis III. Frucht klein, kreiselförmig. Schale hellgrün, später gelb, manchmal etwas gerötet. Süß. (Lexikon der Obstsorten)

LÖWENKOPF
Name bei Goetz erwähnt. Siehe: **Gelber Löwenkopf**.

LÜBECKER KOCHBIRNE
Bei Goetz 1936 erwähnt, ohne Angabe von Daten.

LÜBECKER PRINZESSINBIRNE
Auch **Wondernot**. Frühbirne, ist seit 1911 im Handel. Großfrüchtig, Schale gelb, Sonnenseite intensiv rot und gestreift. (Lexikon der Obstsorten)

LÜBECKER SOMMERPIETER
Alte Lokalsorte aus Schleswig-Holstein.. Keine Daten. (Abb. im Verzeichnis der Apfel- und Birnensorten)

LUCAS
Handelsname der **Alexander Lucas**.

Im Bundes-Obstarten-Sortenverzeichnis aufgeführt sind:
LUCIUS   Synonym: **Minister Dr. Lucius**.
LUDMITSKA MITSCHURINA und **LUIZET**

LUIZETS BUTTERBIRNE
War 1888 in der Steiermark bekannt. (Prakt. Ratgeber) Auf der Pomologen-Versammlung 1877 wurde die **Luizet's Butterbirn** als gut tragbar bezeichnet.

LUXEMBURGER MOSTBIRNE
In Luxemburg entstanden. Ist besonders in Württemberg stark verbreitet. Most- und Wirtschaftsbirne. Reife: X bis XI. Auch eine gute Schnapsbirne. Mittelgroße, rundliche Frucht. Zum Rohgenuß nicht geeignet. Ansprüche an Lage und Boden gering. Guter Feld- und Straßenbaum Auch: **Luxemburgbirne**. Stammt aus der Baumschule Moussel in Sandweiler/Luxemburg. Fleisch ist gelblichweiß bis weiß, saftig, grobzellig, hart. Säuerlich-süß, stark adstringierend, ohne Würze. Sorte ist triploid.   Literatur: (02) (39) (40) (68)

LUZEINER LÄNGLER
Siehe im Bundes-Obstarten-Sortenverzeichnis.

LYKURGUS
Tafelbirne. Klein bis mittelgroß, birnförmig. Schale bräunlichgelb, unansehnlich. Schmelzend, edel, gewürzt, süß. Entstanden in Cleveland/USA als Sämling von **Winter-Nelis.** (Lexikon der Obstsorten)

MACHLÄNDER MOSTBIRNE
Mostbirne. Klein bis mittelgroß, Schale gelbgrün mit Rost. Fleisch grünlichweiß, grob, herbsüß. In Oberösterreich weit verbreitet. (Birnensorten v. H. Petzold)

MACKERLI,
MADAMBIRNE und
MADAME BALLET
Alle 3 Sorten sind im Bundes-Obstarten-Sortenverzeichnis aufgeführt.

MADAME ANDRÈ LEROY
1877 war auf der Pomologenversammlung ausgestellt und dort beschrieben.

MADAME BLANCHETS BUTTERBIRNE
Synonyme: **Madame Blanchet, Beurré Madame Blanchet.** Tafel- und Wirtschaftsbirne. Reife: IX bis X. Große bis sehr große Birne. (W. Lauche 1877)

MADAME BONNEFOND
Wurde 1889 auch von Gaucher in Stuttgart vertrieben. Eine gute, grüne, große Frucht, „schöne Pyramyden" bildend, schrieb der Praktische Ratgeber 1889. Herbert Petzold schreibt: 1848 in Frankreich vom Notar Bonnefond in Villefranche (Dep. Rhòne) gezüchtet, 1867 von den Baumschulen Liabaud und von Rollet in Ville-franche in den Handel gebracht. Pflückreife im Oktober. Genussreife: XI bis I. Frühe Winterbirne zum Frischverzehr und für Kompott. Literatur: (17) (40) (45) (68)

MADAME CHAUDY
Frucht groß bis sehr groß. Ist identisch mit der **Beurrè Chaudy.** Von Mathieu 1893 empfohlen.

MADAME DE MADRE
1881 als Sämling von **Hardenponts Leckerbissen** entstanden. Mittelgroße, längliche birnförmige Frucht. Schale zitronengelb, fein rostig punktiert. Fleisch weißlich, sehr fein, schmelzend, sehr saftreich. Literatur: (39)

MADAME DELMOTTE
Sorte war 1877 auf der Pomologenversammlung in Potsdam ausgestellt.

MADAME DU PUIS
Tafel- und Wirtschaftsbirne. Seit 1881 bekannt. Reife: I bis II. Mittelgroße bis große längliche, unregelmäßige geformte Birne. (Verzeichnis der Apfel- und Birnensorten)

MADAME ELISA
Tafelbirne. Reife: X bis XI. Mittelgroß, fein, saftreich, süß. Auf der Pomologen-Versammlung 1877 in Potsdam hieß diese Birne: **Madame Elize.**

MADAME FAVRE
Aus Frankreich, gezogen von Favre, Präsident der Sektion für Obstbaumzucht der Ackerbaugesellschaft zu Chalon-sur-Saòne. Tafelbirne. Reife im September. Haltbarkeit nur kurz. Mittelgroße bis große, rundliche, etwas beulige Frucht. Schale mattglänzend, fast glatt. Gelblichgrün, dann grünlichgelb bis wachsgelb. Sorte ist diploid. Laut N. Gaucher ist diese Sorte 1863 dem Handel übergeben worden. Das Fleisch ist weiß, sehr fein, schmelzend, sehr saftig, sehr süß und von sehr gut gewürztem Geschmack. Synonyme sind nicht bekannt. In Ungarn ist diese Sorte als **Favrenè asszony** bekannt. Literatur: (40) (45) (68) (114) (121)

MADAME GREGOIRE
Eine sehr große langgestreckte, feine Tafelbirne, grüngelb mit schönen Rostflecken, schreibt Fritz Hertel 1914 in seinem Buch "Die wichtigsten Birnensorten."

MADAME GILLEKENS
Im Bundes-Obstarten-Sortenverzeichnis angegeben.

MADAME HUTIN
Sorte war 1877 auf der Pomologenausstellung in Potsdam ausgestellt.

MADAME LEVAVASSEUR
Kochbirne. Großfrüchtig. Früchte rundlich, Schale gelb. Leichte Berostungen. (40)

MADAME LORIOL DE BARNY
Um 1860 in Frankreich entstanden als Sämling der **Williams Christbirne.** Tafelbirne. Genussreife: XI bis I. Sehr große Frucht. Schale grünlichgelb. Schalenoberfläche rauh. (Lexikon der Obstsorten)

MADAME LYÈ BALTET
Züchtung von Baltet. Frucht mittelgroß, Tafelbirne. Genussreife: XI bis I. Fruchtbarkeit gut, Wuchs mittelstark bis stark. (Pomologen-Versammlung 1893)

MADAME PLANCHON
Stammt aus Belgien. Tafel- und Wirtschaftsbirne. Große bis sehr große Frucht. Schale grün, später gelb bis dunkelgelb.

MADAME SOLANGE
Im Bundes-Obstarten-Sortenverzeichnis angegeben.

MADAME TREYVE
Vom Baumschulenbesitzer Treyve 1858 in Trévoux gezüchtet. In den Handel gebracht als **Souvenir de Madame Treyve**. Reifezeit: September.
Quellen: (Deutschlands Obstsorten) (Böttner 1896)

MADAME VERTÉ
Stammt aus Belgien. Um 1810 von Kevers bei Brüssel gezüchtet. Kam in der ersten Hälfte des 19. Jahrhundert nach Deutschland. In Frankreich auch als **Beurré de Caen** oder **Besi de Caen** bekannt. Genussreife: XII bis I. Mittelgroße Frucht. Schale dick, rauh, mattglänzend. Schalenfarbe trüb grünlichgelb, an der Sonne oft matt gerötet. Zur Reifezeit rauh berostet. Fleisch ist gelblichweiß, angenehm süß. Diploid. Soll widerstandsfähig sein gegen Schorf. Literatur: (24) (40) (77) (86)

MADEMOISELLE BLANCHE SANNIER
Wurde als wertvolle, aber nicht überall bekannte Herbstbirne beschrieben. Die stark mittelgroße Frucht mit weißgrüner Schale ist am Stiel und Kelch berostet, reift im Oktober, währt bis Neujahr und wird durch Lagerreife im schmelzenden und feinsaftigen Geschmack nicht leicht von anderen Sorten übertroffen. Sie ist nicht empfindlich und gedeiht auf Hochstamm und Pyramide. (Praktischer Ratgeber von 1889. S. 804) Leider keine Hinweise über Heimat und Herkunft.

MADEMOISELLE ELÈONORE LIEFMANS
Diese Birne kommt aus Belgien. Soll von der **Baronin Mello** abstammen. Frucht ist mittelgroß, Fleisch ist schmelzend, sehr fein gewürzt. Genussreife: XI bis XII. Sorte wurde 1893 zum ersten Mal erwähnt, bei uns nicht bekannt geworden. (116)

MADERNASSA
Lokalsorte aus Italien. Stammt aus der Provinz Cuneo. Wurde im Februar 2000 in einigen bayerischen Supermärkten in Kl. II 55/+ angeboten. Schale fast dunkelgrün mit starken Berostungen. Fleisch fest, wenig Saft. Geschmack etwas aromatisch, wenig süß, aber angenehm. Die Birne müßte noch mindestens bis März haltbar sein. Die Früchte waren in 1.000 gr-Schalen aus biologischem Anbau. Fazit: Ich würde diese Birne wieder kaufen.

MAGDALENA-BIRNE
und **Magdalenen-Birne** sind in Österreich Synonyme der **Grünen Magdalene**.

MAGHERMAN
1840 in Ostflandern entstanden. Große bis sehr große Birne. Längliche Frucht. Schale glänzend, glatt, gelb, Sonnenseite gerötet und gestreift. Fruchtfleisch Ist fein, gelblichweiß, saftig, fast schmelzend. Reifezeit: Ende IX. Literatur: (39) (70)

MAGNESS
Im Bundes-Obstarten-Sortenverzeichnis angegeben.

MAIBIRNE
Auch: **Lederhosenbirne**. Bei Goetz 1936 erwähnt, ohne weitere Daten.

MALTESERBIRNE
Wirtschaftsbirne. Verarbeitung: XI bis XII. Frucht rund, gewürzt, süß.

MALVASIERBIRNE
War in Österreich ein Synonym für die **Sommer-Apotheker-Birne**. In Norddeutschland war eine **Landsberger Malvasier** bekannt. Quellen: (114) (121)

MANGEOTS BUTTERBIRNE
1896 auf der Pomologen-Versammlung in Kassel erwähnt, ohne Beschreibung.

MANNABIRNE
Tafelbirne. Reife: XII bis III. Frucht groß. Schale hellgrün, später gelblichgrün. Etwas berostet. Sehr saftig, schmelzend, süß. (Lexikon der Obstsorten)

MANON
Im Bundes-Obstarten-Sortenverzeichnis angegeben.

MANTECOSA
Birnensorte aus Spanien. Gehört zur Familie der Schmalzbirnen. Heute keine Bedeutung mehr. (Warenkunde für den Fruchthandel 1969)

MANZANITA
Birnensorte in Argentinien. (Warenkunde für den Fruchthandel 1969)

MARGARETE MARILLAT
In Lyon/Frankreich 1870 entstanden. Tafelbirne und Schaufrucht. Reifezeit im August, nur 10 - 12 Tage haltbar. Sehr große, oft unregelmäßig gebaute, beulige Birne. Schale hellgelb, Sonnenseite rot geflammt. Stellenweise verwaschen rötlich. Birne ist mir aus dem Alten Land noch gut bekannt. Heute wohl nicht mehr zu finden. In Rumänien: **Margareta Marillat,** im russischen **Margarita Maril'ja,** im Französischen **Marguerite Marillat,** im tschechischen **Marillatova.** Mathieu schrieb 1893: **Marguèrite Marillat.**   Literatur: (12) (40) (68) (115)

MARGARETENBIRNE
Synonym für die **Petersbirne** und die **Grüne Sommermagdalene** und einige andere Sorten. (Pomologisches Handbuch für Nieder-Österreich)

MARGUERITE MARRILLAT
Gezüchtet Anfang um 1870 vom Gärtner Marillat aus Craponne bei Lyon. Er benannte sie nach seiner Frau. Reifezeit: VIII bis IX. s.a. **Margarete Marillat.** Die Birne war in ganz Deutschland und Europa bekannt. Literatur: (12) (24) (68)

MARIA HIMMELFAHRTSBIRNE
Entstand 1860 bei Nantes/Frankreich. Auch: **Beurré Assomption, Himmelfahrtsbirne** und **Poire de l´Assomption.** Reife: VIII bis IX. Große bis sehr große Birne. Schale dick, etwas rauh, gelblichgrün, später gelb. Fruchtfleisch weiß bis gelblichweiß, schmelzend, saftig. Gaucher schreibt: Die ersten Früchte der **Maria Himmelfahrtsbirne** wurden von ihrem Züchter Ruillé de Beauchamp in Pont-Saint Martin bei Nantes im Jahre 1863 geerntet. Sehr gute Tafel- und Marktfrucht. (Verzeichnis der Apfel- und Birnensorten und Pomologie des praktischen Obstbaumzüchter)

MARIANNE
Siehe: **Prinzessin Marianne.**

MARIANNE VON NANCY
Sehr alte Sorte, stammt aus Frankreich, wurde von Diel beschrieben. (Pirarium)

MARIE ELSKAMP
Siehe im Bundes-Obstarten-Sortenverzeichnis.

MARIE LUISE
Wurde von Duquesne im Jahre 1809 in Mons aus Samen gezogen. Vereinzelt auch als **Humboldts Butterbirne** bekannt. Weiteres Synonym: **Prinzessin von Parma.** Reifezeit: Ende IX bis Mitte XI. Weitere Synonyme: **Marie Louise Nouvelle, Poire Marie Louise Delcourt.** Schale fein, glatt, blassgrün, später gelb. Fleisch ist weiß, fein, schmelzend, saftig. Geschmack angenehm süßweinig und gewürzt. Die LWK Hannover schrieb 1907 **Marie Louise.** In der Gegend um Wurzen hieß sie zeitweise **Prinz Ferdinand.** Eine Birne mit diesem Namen hat es nicht gegeben, nur **Ferdinant d´Autriche,** ein Synonym von **Hardenponts Butterbirne.** Das Pomol. Handbuch von Niederösterreich von 1893 beschreibt eine **Marie Louise.** Mittelgroße bis große Frucht, hell olivengrün punktiert. Sehr feine edle Tafelfrucht. Synonym: **Von Humboldt's Butter-Birne.** Literatur: (24) (40) (111) (114)

MARIE MARGUÈRITE
Stammt aus Frankreich. Tafel- und Wirtschaftsbirne. Reife im August. Nur kurz haltbar. Mittelgroß. Schale grüngelb, später gelb. Literatur: (39)

MARIENBIRNE
Tafelbirne. Reife im September. Mittelgroß, Schale gelb, braun punktiert. Fleisch halbschmelzend, gewürzt, süß. **Marienbirne** war der Handelsname der **Santa Marie.** Auch **Morettinis Marienbirne.** Aus Italien als **Santa Maria** im Handel.

MARIE-LOUISE DÙCCLE,
MARIE-LOUISE DELCOURT und
MARIUM'S FLASCHENBIRNE
Alle 3 Sorten sind im Bundes-Obstarten-Sortenverzeichnis aufgeführt.

MARKBIRNE
Tafelbirne. Genussreife: XII. Große Frucht, kreiselförmig. Schale hellgrün, Sonnenseite leicht gerötet. Leichte Berostungen. Kräftiger Geruch. (Lexikon der Obstsorten)

MARKGRÄFIN
Alte Birnensorte. Reife: Ende XI bis II. Synonyme: **Marchioness Pear, Marquise** und **Marquis´Pear.** Schalenfarbe grüngelb, später gelb. Geschmack angenehm süß mit wenig Würze. Geruch kräftig, Fruchtfleisch süß. Eine Sorte **Markgräfler** ist im Bundes-Obstarten-Sortenverzeichnis aufgeführt. (Lexikon der Obstsorten und Bundes-Obstarten-Sortenverzeichnis)

MARMORIERTE FRÜHBIRNE
Frühe Tafel- und Wirtschaftsbirne. Reife: Ende Juli. Frucht klein. Schale grünlichgelb, Sonnenseite gerötet. Teilweise berostet. Fleisch fest, gewürzt, süß. (40)

MARMORIRTE DECHANTSBIRNE
und **Marmorirte Schmalz-Birne** sind in Österreich Synonyme der **Dechants-Birne von Alencon**. (Pomolog. Handbuch für Nieder-Österreich)

MARQUISE
Synonym für die **Markgräfin**. 1795 bei Schiller wurde die **Marquise** sehr gut beschrieben. Sie hieß damals auch schon: **Marggrafen-Birn**. *„Eine ziemlich große Birn, von länglichter Form, mit einem etwas dicken Bauch. Ihre Schale ist glatt, und wenn sie reif geworden, von gelblichter Farbe, auch zartzimmetfarb getupft. Ihr Fleisch ist einigermassen derb und körnicht, doch aber mild und safftig genug, von zuckersüssen, lieblichen und angenehmen Geschmack, wenn sie in einem guten Boden wächst, aber in einem feuchten und zehen, wird dasselbe hart, trocken, etwas steinig und nicht gar wohlgeschmack".*

MARTIN SECCO
Name für die Sorte **Trockener Martin** in Italien.

MARXENBIRNE
Mostbirne. Triploid. Mittelgroß, dickbauchig. Schale gelbgrün. Fleisch gelblich, grob, saftig, süßwürzig, sehr herb. Baum wächst stark, hoher Ertrag. Verbreitet in der Schweiz, besonders im Kanton Zürich. (Birnensorten von H. Petzold)

MARY
Tafelbirne. Reife: X bis XI. Mittelgroß bis groß, eiförmig. Grünlichgelb, später gelb. Schmelzend, süßsäuerlich. Auch: **Poire Mary**. Fleisch weißlichgelb, sehr fein, saftig, ums Kernhaus etwas steinig. Sehr ertragreich. Literatur: (39)

MÄRZENBIRNE
Im Bundes-Obstarten-Sortenverzeichnis angegeben.

MASCONS COLMAR
Tafelbirne. Genussreife: Februar. Groß, Schale grünlichgelb, großflächig berostet. Sehr saftig, gewürzt, süß. (Lexikon der Obstsorten)

MASECH
War in der Preisgruppe 4 eingestuft. Wurde 1936 auch bei Goetz erwähnt.

MASSELBACHER
Eine lokale Mostbirnensorte. Wurde 1886 im Praktischen Ratgeber empfohlen.
Synonym: **Masselbacher Mostbirne.**

MATHILDE RECQ
Mittelgroße Frucht. Schale hellgelb, Sonnenseite etwas gerötet, Kelch berostet. (40)

MAUCKELBIRNE
Tafel- und Wirtschaftsbirne. Reife: September. Frucht klein, Schale hellgrün, dann grünlichgelb, Sonnenseite gerötet. Kräftiger Geruch. (Lexikon der Obstsorten)

MAUERBIRNE,
MAULBIRNE,
MAUSWEDEL
Diese 3 Sorten sind im Bundes-Obstarten-Sortenverzeichnis angegeben.

MAURICE DESPORTES
Sorte war 1877 auf der Pomologenversammlung in Potsdam ausgestellt.

MAX RED BARTLETT
Name für die **Rote Williamsbirne.** Int. WZ. 167 656   Quelle: (26-8/63)

MECHELN
Handelsname für die **Josephine von Mecheln.**

MEHLBIRNE
War im 19. Jahrh. eine Lokalsorte in Thüringen. (Prakt. Ratgeber 1888 S. 799)

MEININGER HAMMELBIRNE
Lokalsorte in Thüringen. (Prakt. Ratgeber 1889)

MEININGER WASSERBIRNE
Soll eine der besten Birnensorten in Deutschland gewesen sein. (Pr. Ratgeber 1888)

MEISSENER EIERBIRN
Sehr alte Sorte, wurde schon von Diel beschrieben.

MEISSNER FEIGENBIRNE
Wirtschaftsbirne. Reife: Oktober. Mittelgroß, birnförmig. Schale gelblichgrün, Sonnenseite gerötet. Berostungen. Gewürzt, süß. (Lexikon der Obstsorten)

MEISSNER HIRSCHBIRNE
Frühe Tafel- und Wirtschaftsbirne. Reife: August. Mittelgroß, kegelförmig. Schale hellgrün, später gelb, großflächig gerötet. (Lexikon der Obstsorten)

MELANCHTHON`S BIRNE
In Österreich ein Synonym der **Römischen Schmalz-Birne**. (Pomolog. Handbuch)

MELONEN-BERGAMOTTE
In Niederösterreich ein Synonym der **Schweizerhose**. (Pomolog. Handbuch)

MELONENBIRN
Von Schiller 1795 beschrieben als *„mittelmäßige Birn, von länglichter Form. Wenn sie reif ist, hat ihre Schale eine grünlichtgelbe Farbe, wobey sie mehr oder weniger dunckelbraun oder schwarz gefleckt ist, daher ein schlechtes Ansehen hat. Ihr Fleisch ist ein wenig derb und körnicht, auch saftig und wohlgeschmackt genug, aber nicht hochfein, wie ihr Name mit sich bringet. Der Baum wächst gut und trägt starck".* **Melonenbirne** ist auch ein Synonym für die **Hellmanns Melonenbirne**. **Melon de Knops** ist ein Synonym für **Diels Butterbirne**. **Melonen-Birne** ist in Österreich ein Synonym für die **Schweizerhose**. Die LWK Hannover beschreibt 1907 die Birne so: Groß, bergamottenartig geformt, dunkelgrün, lagerreif zitronengelb, sonnenwärts rötlich. Tafel- und Wirtschaftsfrucht, sehr ertragreiche und rentable Birne.   Literatur: (37) (111) (114)

MERTON PRIDE und MERVEILLE RIBET
Beide Sorten sind im Bundes-Obstarten-Sortenverzeichnis aufgeführt.

MESSIRE JEAN GRIS
Von Schiller 1795 als *„mittelmäßige grosse Birn, von rundlichter Form, beschrieben. Ihre Schale ist rau, von lichtbrauner Farbe ihr Fleisch derb, körnicht, saftig".* **Messire Jean Gris** ist ein Synonym der Sorte: **Grauer Junker Hans**.

MESSCHEIBLING
Eine sehr alte Lokalsorte aus Hessen und dem Odenwald. **Meßscheibling** ist die richtige schreibweise. Frucht klein bis mittelgroß. Schale goldgelb, Sonnenseite gerötet. Reife: Mitte September. 2 Wochen haltbar. Fruchtfleisch schmelzend, sehr aromatisch. (Verzeichnis der Apfel- und Birnensorten)

METZER BRATBIRNE
Mostbirne. Für Feld und Straße geeignet schrieb Otto Lämmerhirt 1885. Verarbeitung im Oktober. Klein bis mittelgroß. Schale gelbgrün. Sonnenseite

gerötet. Fruchtfleisch sehr herb, Baum wächst stark, hohe Erträge. Verbreitet in Österreich, Württemberg, im Elsaß und in der Normandie. Literatur: (23) (68)

MEUSCAT-FLEURI
Von Schiller 1795 genauestens beschrieben. *„Eine kleine Birn, von rundlichter Form,"* usw. Eine Sommerbirne, die im August reif ist. Nach Schiller muß es sich hier um die **Rothe Muskateller-Birn** handeln.

MICHAELISBIRNE und MICHELSBIRNE
Synonym: **Glockenbirne** schrieb Goetz 1936. Auch ein Synonym der **Paulsbirne**. Beide Sorten sind im Bundes-Obstarten-Sortenverzeichnis aufgeführt.

MIENCHEN VON GENT
Synonym der **Winter-Nellis**. (Pomol. Handbuch für Nieder-Österreich)

MIKADO
Wurde um 1877 aus Japan kommend, in Deutschland eingeführt. (Dt. Pomologen-Verein 1877)

MILLETS BUTTERBIRNE
Synonyme: **Millet's Butter-Birne, Beurrè Millèt**. Reife: Dezember bis Januar. Frucht klein bis mittelgroß. Schale Hell olivengrün punktiert. Sehr feine, edle Tafelfrucht. Baum wächst mäßig, bildet von Natur schöne Pyramiden, ist außergewöhnlich fruchtbar, schreibt das Pomologische Handbuch für Nieder-Österreich 1893.

MILLOT VON NANCY
Sehr alte Sorte, wurde schon von Diel beschrieben.

MINISTER DR. LUCIUS
Im Dorf Gruhna bei Leipzig aus Samen gezogen. Im Jahr 1884 nach dem damaligen preußischen Minister für Landwirtschaft, Dr. Lucius benannt. Die Baumschule Späth in Berlin, hat sie in den Handel gegeben. Auf der Pomologenversammlung 1893 wurde Späth auch als Züchter genannt. Großfrüchtig bis sehr groß. Schale grünlichgelb, goldgelbe Grundfarbe. Sonnenseite verwaschen rötlich. Genussreife: X. bis XI. **Minister Lucius** ist vereinzelt als Name angegeben, ist aber die **Minister Dr. Lucius**. Tafel- und Wirtschaftsbirne. Literatur: (24) (40) (115)

MINISTER VIGER
Großfrüchtige Birne. Genußreife: Januar. Dunkelgrün, dann hellgelb. Literatur: (40)

MITSCHURINS WINTERBUTTERBIRNE
Auch: **Mitschurin`s Winterbirne**. Eine Züchtung von Mitschurin aus Rußland. Angegeben im Bundes-Obstarten-Sortenverzeichnis.

MOLLEBUSCH
Über diese Birne hat Mathieu im Praktischen Ratgeber von 1888 einen langen Aufsatz geschrieben. Diese hochgeschätzte, sehr gewürzhafte Winterbirne, wurde im Volksmund **Mullebusch (Mouille-bouche)** genannt. Mittelgroß, schmutzig-dunkelgrün mit rauher Schale. Viele Sorten fanden sich damals mit der örtlichen Bezeichnung des Namens **Mouille-bouche** oder **Mullebusch** belegt.
Die Bezeichnung gilt für gewisse Birnen, bei deren Genuß man, la bouche mouillée den Mund voll Wasser, voll Saft hat. Daher im Deutschen die Bezeichnung: Mundnetzbirnen oder mundnetzende Birnen. **Mullebusch**, auch **Maulbusch**, **Molkenbusch**, im englischen Mouth-water ist eine Germanisierung von **Mouillebouche**. Die richtige (eigentliche) **Mouille-bouche** (Duhamel) ist unsere **Lange Grüne Herbstbirne**, in Frankreich auch **Verte-longue, Verte longue d´automne** oder **Verte-longue ordinaire**. Eine sehr alte Sorte, in Frankreich seit 1628 bekannt. Sickler hat die Sorte ebenfalls um 1795 beschrieben, ebenso Mayer in Würzburg. **Mollebusch** ist auch der Handelsname. In Frankfurt/Main, im Odenwald und in Franken ist es eine Lokalsorte. Verwendung als Wirtschaftsbirne, nur noch für den Streuobstanbau. **Mouille-bouche** als Doppelnamen führt die **Schweizerhose**, die **Runde Rundnetzbirne**, die **Grüne Magdalene** (Mark) und die **Grüne Lange Herbstbirne**, auch **Belgische Zapfenbirne** und die **Longue-verte** der Franzosen. (Nicht zu verwechseln mit der **Verte-longue**, der **Langen Grünen Herbstbirne**. In Württemberg gab es vier **Mouille-bouche**.
WEISSE MOUILLE-BOUCHE, ist die **Beurré-blanc**, also die **Weiße Herbstbutterbirne**, bzw. in Frankreich die **Doyenné Blanc**. Reife: Oktober.
BRAUNE MOUILLE-BOUCHE, ist die **Beurré gris**, also die **Graue Herbstbutterbirne**. Reife: Oktober.
GRÜNE MOUILLE-BOUCHE, ist die **Lange Grüne Sommer-Mundnetzbirne**. Reife: Ende August.
GRÜNE MOUILLE-BOUCHE, ist der **Wildling von Motte**. Reife: Ende X bis XI. Mittelgroß, plattrund oder kugelig, rauhschalig, grün mit starken grauen Punkten, sehr oft mit Rost bedeckt.
Weiterhin waren damals bekannt:
MOUILLE-BOUCHE D`AUTOMNE, ist die **Lange Grüne Herbstbirne**.
MOUILLE-BOUCHE DE BORDEAUX, in Frankreich **Jansemine**.
MOUILLE-BOUCHE DE GARONNE, eine Lokalsorte in Frankreich.

MOUILLE-BOUCHE D´ETÈ, ist die **Sommer Mouille-bouche**.
Nach Hogg auch die **Sparbirne**.
MOUILLE-BOUCHE D´ETÉ, ist die **Runde Mundnetzbirne**.
MOUILLE-BOUCHE D´HIVER, Winter Mouille-bouche ist die **Angelica von Bordeaux**.
MOUILLE-BOUCHE D´HIVER, Winter Mouille-bouche ist der **Winterdorn**.
MOUILLE-BOUCHE LONGUE D´ETÉ, Lange Sommer Mouille-bouche ist die **Lange Sommer-Mundnetzbirne**.
MOUILLE-BOUCHE NOUVELLE, ist die **Holzfarbige Butterbirne**.
MOUILLE-BOUCHE ORDINAIRE, ist die **Lange Grüne Herbstbirne**.
MOUILLE-BOUCHE PANACHÉE, ist die **Schweizerhose**.
Sickler beschrieb die **Schweitzer Hose** als **Bergamotte panachée** im Französischen und **The Swiss Bergamott** im Englischen. Das war 1797.
PETITE MOUILLE-BOUCHE
Ist die **Birne aus Boutoc**. Die **Birne aus Boutoc** wurde 1877 auf der Pomologenversammlung beschrieben. Synonyme: **Poire d`Auge** und **Poire Desse**.
PETITE MOUILLE-BOUCHE, ist die **Lange Grüne Herbstbirne**.
GROS MOUILLE-BOUCHE, ist die **Runde Mundnetzbirne**.
GROSSE MOUILLE-BOUCHE, ist die **Runde Mundnetzbirne**.
GROSSE MOUILLE-BOUCHE D´ETÉ, ist die **Runde Mundnetzbirne**.
Eine **Grüne Mollebusch** taucht noch in den Handelsnamen für Kernobstsorten auf. Vermutlich die **Lange Grüne Herbstbirne**. Bekannt ist auch eine **Frühe Mollebusch**. Literatur: (14) (16) (31) (39) (40) (52) (114) (121)

MONCHALLARD

Frühe Tafelbirne. Reife: August. Bis 2 Wochen haltbar. Synonyme: **Belle Epine Fondante, Epine d`Eté de Bordeaux, Epine Fondante, Epine Rose de Jean Lami** und **Mons Allard**. Große, längliche Frucht. Mattglänzend, grün, dann gelb. Weitere Synonyme: **Die Monchallard, Epine d´été, Epine-rose de Jean Lami, Epine-rose, Monsallard** und **Morsalard**. Literatur: (39) (40) (45) (115)

MOONGLOW

1960 in Maryland/USA entstanden. Großfrüchtige Tafel- und Wirtschaftsbirne. Reife: Anfang September. 10 Tage haltbar. Herkunft: Bellsville, Maryland USA. Schale ist glatt, trocken mit zahlreichen Rostpunkten. Fleisch ist fast weiß und fest. In guten Lagen schmelzend. Milder, feinsäuerlicher, sehr guter Geschmack. Haltbarkeit nur 10 Tage. Ertrag ist hoch und regelmäßig. Literatur: (39) (52)

Im Bundes-Obstarten-Sortenverzeichnis aufgeführt ist:
MORDOVA (Morettini 64)

MORELLS LIEBLING
1877 auf der Pomologenversammlung ausgestellt. Kurze Beschreibung. Große Frucht. Regelmäßiger Ertrag. Synonym: **Morel`s Liebling.**

MORETTINI
Sommerbirne. Reife im Juli. Geringe Haltbarkeit, im Geschmack fade. Stammt aus Italien, kleine Mengen kommen im Juli auf unsere Märkte.

MORTILLET
Tafelbirne. Großfrüchtig. Reife im September. Fruchtschale grünlichgelb, Sonnenseite gerötet und gestreift. Im 19. Jh. schrieb man **Beurré Mortilet** oder **Beurrè de Mortilet.** 1893 eine neuere fast noch gar nicht bekannte Sorte. Sehr groß und fein von Geschmack, saftig schmelzend und würzig. Reifezeit: August bis September. (Prakt. Ratgeber und Pomologenversammlung 1893)

MOSCATELLA
Sommerbirne. Siehe auch: **Muskatellerbirne.**

MOSTBIRN
Wurde 1830 von W. Hinkert beschrieben. *„Trefflich zu jedem Gebrauch, besonders zu Most, Baum ist sehr tragbar."* Reife: Anf. Oktober. Verarbeitung im November.

MÜHLBACHER WASSERBIRNE,
MÜNCHNER WASSERBIRNE und
MÜNZERBIRNE
Alle 3 Sorten sind im Bundes-Obstarten-Sortenverzeichnis angegeben.

MUNDT'S APOTHEKERBIRNE
Wurde nach dem Brauereibesitzer Mundt in Stuttgart benannt. Kleine bis mittelgroße Frucht. Trägt früh und sehr reichlich. (Pomologen-Verein 1896)

MUSCAT ROBERT
Von Schiller 1795 ausreichend beschrieben. *„Ist keine gar grosse Birn, von runder Form, und gegen den Stiel hin kurz gespitzt. Schale ist glatt, von gelber Farbe, und gleichet sehr viel der kleinen **Muscatbirn, Petit Muscat**".* Weitere Beschreibungen folgen und der Vergleich mit der **Kurzstieligen Zuckerbirn.** Schiller war überzeugt, dass beide Birnensorten identisch sind. Bei der **Zuckerbirn** schrieb er:

„*Diese Sorte ist vermutlich die nemliche, welche unter dem Nahmen* **Muscat Robert** *vorkommt*". Heute: **Muskat Robert**. Literatur: (37) (70)

MUSCATELLERBIRN
Laut Schiller: „*Eine sehr kleine Birn, von runder Form und nach dem Stiel zugespitzt. Ihre Schale ist glatt, und wenn sie reif ist, von Farbe schön gelb*". Er verglich sie noch mit der **Frühen Schnabelsbirn**.

MUSKATELLER-POMERANZENBIRNE
Wirtschaftsbirne. Verarbeitung: August. Großfrüchtig, bergamottförmig. Schale gelblichgrün, zur Sonne gerötet. Berostungen. Halbschmelzend, gewürzt, süßsäuerlich. (Lexikon der Obstsorten)

MUSKAT-BUTTER-BIRNE
In Österreich ein Synoym von **Liegel's Winter-Butter-Birne**. (Pomologisches Handbuch)

MUSKATELLERBIRNE
Diese Sorte war in Thüringen und in der Provinz Sachsen weit verbreitet. Schon Sickler beschrieb 1798 im "Teutschen Obstgärtner" eine **Große Muskateller** und eine **Kleine Muskateller**. Im Ill. Handbuch fand sie als **Kleine Lange Sommer-Muskateller** Aufnahme. In der Literatur findet man eine große Anzahl von Muskatellerbirnen. Am Bodensee war es die **Heubirne**, in Stuttgart die **Röslesbirne**. Die **Muskateller Birne** war in der Preisgruppe 4. Die Sorte soll aus Thüringen oder Sachsen stammen. Bekannt war noch der Name **Aurate**. Es gibt viele verschiedene Muskatellerbirnen oder Birnen die am Ende die Muskatellerbirne stehen haben. Synonym bei Hertel um 1914: **Muskatbirne**. **Gelbe Muskatellerbirne** war eine sehr gute Sommerbirne. Kleine bis mittelgroße, meist länglich-birnförmige Frucht. Zur Sonne leicht gerötet. Schale gelblichgrün bis weißgelb, später hellgelb. **Muskatellerbirne** wird 1936 bei Goetz erwähnt, ohne nähere Beschreibung. Auf den Seiten 632 und 633 im Verzeichnis der Apfel- und Birnensorten befinden sich Abbildungen folgender Muskatellerbirnen: **Gelbe Muskatellerbirne, Rote Muskatellerbirne, Große Muskatellerbirne** und **Rauhschalige Muskatellerbirne**. Literatur: (13) (24) (31) (39) (40) (87) (114)

MUSKATELLERBIRNE VON METZ
Reifezeit: XII. Mittelgroß. Schale gelb. Sonnenseite gerötet, berostet.

MUSKIERTE SOMMERRUSSELET
Tafelbirne. Reife im September. Kegelförmig, Schale fettig, hellgrün, später gelb. Zur Sonne streifig gerötet. Schmelzend, gewürzt, süß. (Lexikon der Obstsorten)

MUSKIERTE WINTERAMADOTTE
Tafel- und Wirtschaftsbirne. Reife im November. Mittelgroß, bauchig, kreiselförmig. Hellgrün, dann gelb. schwach gerötet. Halbschmelzend, gewürzt, süß. (Lexikon der Obstsorten)

MUSKIERTE WINTEREIERBIRNE
Tafel- und Wirtschaftsbirne. Reife: XII bis I. Kleinfrüchtig. Schale gelb, zur Sonne leicht gerötet, etwas berostet. Fest bis halbschmelzend, parfümiert, sehr süß. (Lexikon der Obstsorten)

MUSKIERTE ZWIEBELBIRNE
Frühe Tafel- und Wirtschaftsbirne. Reife im August. Mittelgroß, Schale hellgrün, später hellgelb, großflächig gerötet. Leichte Berostungen, gewürzt. (Lexikon der Obstsorten)

MUSTABAY
Ist im Bundes-Obstarten-Sortenverzeichnis aufgeführt.

NAGHINS BUTTERBIRNE
Bei H. Petzold erwähnt. Im Bundes-Obstarten-Sortenverzeichnis als **Naghin's Butterbirne** aufgeführt. Sorte ist ein guter Pollenspender.

NÄGELESBIRNE
Mit den Synonymen **Olivenbirne** und **Hamersbacher** im Bundes-Obstarten-Sortenverzeichnis.

NAGOWITZBIRNE
Alte Sorte, war vor 1700 bekannt. Zufallssämling. Stammt vermutlich aus Österreich. Reife im Juli. Nur 2 Wochen haltbar. Schale glatt, gelblichgrün, dann grünlichgelb. Süß, etwas gewürzt. Kleinfrüchtig, der Stiel ist lang, dünn, fleischig, schalenfärbig, über Fleischwulst in die Frucht übergehend. Das Fleisch ist grünlichweiß, saftig, schmelzend, bald teigig. Geschmack süß, etwas gewürzt. Tafelbirne. Der Baum wächst stark. In Niederösterreich waren eine **Nagewitz-Birne** und eine **Nagowitz-Birne** als Synonym der der Sorte **Kleine Blankette** bekannt.   Literatur: (02) (40) (114)

NAPOLEON III
Sorte war 1877 auf der Pomologenversammlung in Potsdam ausgestellt.

NAPOLEONS BUTTERBIRNE
Der Weinschenk Liard in Mons wird als Züchter dieser Birne genannt. In Deutschland hatte sie viele Namen. In Sachsen und Lippe-Detmold kommt sie als **Grüne Mailänderin** vor, in Kulmbach als **Glockenbirne**, in Belgien hieß sie **Bon Chrétien Napoléon**, in Frankreich **Poire Napoléon**, auch **Captif de St. Hélene** oder **Bonaparte**. In Niederösterreich waren im 19. Jh. verschiedene Synonyme bekannt: **Grosse grüne Mailänderin, Grüne Kaiser-Birne, Napoleons-Birne** Genussreife: Oktober bis Dezember. Auch noch **Beurré Napoleon, Napoleon I, Poire Liard**. Stammt aus Belgien, ein Zufallssämling, etwa um 1804 entstanden. Mittelgroß bis groß, glockenförmig, teils schwach beulig, oft ungleichhälftig. Schale ist glatt, grün, später dann gelbgrün. Keine Deckfarbe, fein punktförmig bis fleckig berostet. Fleisch ist weiß bis gelblichweiß, sehr saftig, feinschmelzend. Im Geschmack säuerlichsüß, etwas gewürzt. Stark anfällig für Schorf.
Die LWK Hannover schreibt 1907 u.a.: Tafelfrucht ersten Ranges.
Literatur: (02) (24) (40) (111) (114) (115) (119)

NAPOLEONS SCHMALZBIRN
Sehr alte Sorte, wurde schon von Diel beschrieben.

NARREN-BIRNE
War ein Synonym für die **Crasanne** in Österreich. (Pomolog. Handbuch)

NASHI
Eine Produktinnovation mit reicher Blüte und hohem Ertrag ist die **Nashi**. Der Geschmack ist Sortenabhängig, ähnlich wie bei der Melone. Nashis sind saftige, süße Früchte.
Hauptsorten sind:

Shinseiki   mit besserem Aroma.
Kosui   ist anfällig für Rost, besitzt dafür einen akzeptablen Geschmack.
Hosui   Eigenschaften wie bei **Kosui**.
Nijisseiki   ist grünschalig, geschmacklich monotoner.
    Mitte September. Früchte klein, saftig, etwas wässerig.
Chojuro   Mittelstarker Wuchs, Ernte Mitte September. Früchte rund, grün- bis hellbraun. Mittelgroß mit feiner Berostung. Etwas Aroma.
Hakko   Schwacher Wuchs, geringe Erträge. Reife: Ende August. Kleine bis Mittelgroße Früchte. Sehr saftig.

Hosui   Ernte: Anfang IX. Geringe Erträge. Mittelgroß, vollkommen berostet. Fruchtfleisch fest, dicke Schale, sehr saftig, schwaches Aroma.
Kosui   Reife: Anf: IX. Kleinfrüchtig. Schmelzend, saftig, fremdartiges Aroma.
Kumoi   Mittelgroße bis große Frucht. Bei Reife gelbgrün. Intensiv fremdartiger Geschmack. Sehr saftig.
Shinsui   Ernte Anfang September. Früchte klein, etwas aromatisch.
Tsu Li   Reife ab Mitte IX. Birnförmige Frucht, gelbgrün, Rostpunkte. Schale zäh.
Weitere Sorten sind im Bundes-Obstarten-Sortenverzeichnis angegeben:
An Ben Pear aus Nordkorea. **Chien Pai Li, Don shon suli, Dong Guo Li, Hang Si Li.** Aus Nordkorea noch: **He Tu Pear, Huda Pear, Kil Tsu Pear, Ra Nam Pear, Sik Chon Early, Sin Chon Pear, Sin Wy Tu Pear, Wan Phyon Pear** und **Yak Su Pear.** Aus China noch: **Mischiraz, Te Ma, Te Tou** und **Tie Tou.**
Weltweit sollen mehr Asienbirnen als europäische Birnen verzehrt werden. Die Früchte sind apfel- oder birnenförmig. Blatt und Baum ähneln der Birne. Zahlreiche Sorten. Endung **seiki** ist Glattschaligkeit. Endung **sui** ist eine rauhe Schale. Die **Nashi** gehört zur Familie der Rosengewächse. Sie wächst an Spalierstraücher, etwa 1,8 bis 2,0 Meter hoch, die im Plantagenanbau kultiviert werden. Anbau in Japan, Korea, Chile, Australien und Neuseeland. Die Schale ist in der Regel sehr dünn und eßbar. Reifezeit in Japan von September bis Januar. Unsere Importe kommen vorwiegend aus Japan und Neuseeland. Über einen längeren Zeitraum wird die Lagerung bei 2 bis 4 Grad + empfohlen. 80 % Luftfeuchtigkeit. Im Haushalt sollte der Verbraucher die Frucht waschen und roh mit der Schale verzehren. Wenn man die dünne Schale vorsichtig schält, schmeckt die Frucht noch saftiger und süßer. Man kann auch die Früchte in Stücke schneiden und für Fruchtsalate, Süßspeisen und zu Marmelade verarbeiten. (Bundesanstalt für Landwirtschaft und Ernährung)

NASHIKI
Siehe im Bundes-Obstarten-Sortenverzeichnis.

NATIONALBERGAMOTTE
Siehe: **Deutsche National Bergamotte.**

NAVARA
Um 1990 in Belgien im Versuchsanbau. Hat sich nicht bewährt, auf Quitte C sehr schwacher Wuchs. Nicht Leistungsfähig, daher vermutlich keine Verbreitung dieser Sorte. Bei der Suche nach Feuerbrandresistenten Sorten schrieb man **Sämling Moors (Navara).** Wurde in den Versuch aufgenommen. (Obstbau 8/96)

NEIL
Tafelbirne. Reife im Oktober. Große Frucht, eiförmig. Schale gelb, manchmal etwas gerötet, deutlich berostet. Gewürzt, süß. (Lexikon der Obstsorten)

NELA
Späte Birnensorte aus Tschechien. 1994/95 zugelassen.

NELKENBIRNE
Vor 60 Jahren in Sachsen bekannt. Ohne Beschreibung. Literatur: (95)

NELLSCHESBIRNE
Im Bundes-Obstarten-Sortenverzeichnis angegeben.

NEUE FULVIA
Späte Tafelbirne. Reife: Dezember bis Januar. Große Frucht. Auch: **Neue Fulvie, Belle de Jarnac, Fulvia Grégoire, Nouvelle Fulvie.** Schale grüngelb, dann gelb, zur Sonne gerötet. Fruchtfleisch ist gelblichweiß, fein, schmelzend, saftig. **Neue Fulvie** wurde 1886 im Pr. Ratgeber gerühmt und als verwerflich bezeichnet. Auf der Versammlung des Deutschen Pomologen-Vereins 1893 und 1896 wurde diese Birne sehr empfohlen. Literatur: (15) (40) (70) (115) (116) (121)

NEUE LEOPOLD I
Synonym: **Jubiläumsbirn.** Wurde schon von Diel beschrieben. (Pirarium)

NEUE MARIE LOUISE
Sehr alte Sorte, Wurde von Diel beschrieben. (Pirarium)

NEUE POITEAU
Französische Sorte, die von Simon Bouvier in Jodoigne gezogen und nach dem Schriftleiter der Berichte der Pariser Gartenbaugesellschaft benannt wurde. Im Bezirk Kulmbach/Bayern war sie auch als **Grüne Flaschenbirne** im Handel. Nach anderen Aussagen, um 1840 in Belgien gezogen. Tafel- und Wirtschaftsbirne. Synonyme: **Choix d´un Amateur, Grüne Flaschenbirne, Juteuse de Braunau, Nouveau Piteau, Retour de Roma, Tombeau de l´Amateur.** Reife: X bis XI. Frucht groß bis sehr groß, bauchig, Hellgrün, dann gelblichgrün und manchmal trüb gerötet. Bis 600 m Höhe anbaufähig. Zufallssämling aus Belgien, etwa 1827. Fleisch ist grünlichweiß, saftig bis trocken, schmelzend, wird aber schnell teigig. Säuerlichsüß, ohne Würze. Gute Dörrbirne. Besonders gut gefällt mir eine Anmerkung von Herrn Gaucher anno 1894: *„Die **Neue Poiteau** verdient die wärmste Empfehlung, sie wäre tadellos, wenn man ihr nicht den Vorwurf machen*

dürfte: ihre Edelreife durch ihr Grünbleiben zu wenig erkenntlich zu machen, wodurch sie öfter erst verspeist wird, nachdem sie bereits begonnen hat, innerlich teigig zu werden. Sobald das Fleisch oben in den Nähe des Stieles sich weich anfühlt, was durch einen schwachen Druck mit dem Daumen ermittelt wird, hat die Frucht ihre Reife erreicht und soll alsbald genossen werden". Die LWK Hannover schreibt 1907: Gute Tafelbirne. Ist auf dem Markt nicht sehr gesucht, da die Frucht grün bleibt. Früh und reich tragend. Regelmäßiger Massenträger. Das Pomologische Handbuch für Niederösterreich schreibt 1893: Sehr gute, edle Tafel- und Marktfrucht. Mir hat die **Neue Poiteau** aus dem Alten Land nie geschmeckt.
Literatur: (02) (24) (39) (45) (52) (111) (114)

NEUKIRCHENER BUTTERBIRNE
Im Bundes-Obstarten-Sortenverzeichnis aufgeführt.

NEUE WINTER-DECHANTSBIRNE
Tafelbirne. Genussreife: III bis IV. Mittelgroß. Schale erst hellgrün, später gelb, zur Sonne gerötet. Wurde schon von Diel beschrieben.

NEW YORK
Ist im Bundes-Obstarten-Sortenverzeichnis angegeben.

NIKITAER APOTHEKERBIRN
Sehr alte Sorte. Wurde schon von Diel beschrieben.   Literatur. (72) (121)

NINA
Sommerbirne. Reife: VII bis VIII. Kleinfrüchtig. Sehr alte Sorte. (Pirarium)

NITRA
NOJABRSKAJA
Beide Sorten sind im Bundes-Obstarten-Sortenverzeichnis angegeben.

NORDHÄUSER FORELLENBIRNE
Siehe: **Nordhäuser Winter-Forellenbirne.**

NORDHÄUSER WINTER-FORELLENBIRNE
Eine norddeutsche Sorte, deren Ursprung nicht mit Sicherheit festzustellen ist. Der Sortenratgeber aus der DDR schreibt: Seit 1864 von der Baumschule C. von der Foehr in den Handel gebracht. C. von der Foehr war Pomologe und Stadtrat in Nordhausen. Besonders in der Umgebung des Harzes, in Nordhausen und vereinzelt in Thüringen war sie anzutreffen. Eine Tafelbirne, war in der Preisgruppe 1.

Genussreife: Januar bis März. Synonyme: **Nordhäuser Forelle, Nordhäuser Winterforelle** und **Winterforelle.**
Literatur: (04) (24) (40) (77) (87)

NORMÄNNISCHE CIDERBIRNE
Verarbeitung: IX bis X. Wirtschaftsbirne. Starkwachsend, nicht anspruchsvoll an den Boden. Für hohe Lagen an Straßen geeignet. Synonym: **Besi d´Antenaire.**
Literatur: (12) (23)

NORMÄNNISCHE ROTHE HERBST-BUTTER-BIRNE
In Österreich Synonym der **Grauen Herbst-Butter-Birne.** (Pomolog. Handbuch)

NOTAIRE LEPIN
Mittelgroße Tafelfrucht. Reife: IV bis V. Schale blassgelb. Rostflecken. Geschmack ist sehr fein, etwas würzig und süß. Baum wächst kräftig. (Die wichtigsten Birnensorten von F. Hertel 1914)

NUIMER
Eine Lokalsorte. Keine Beschreibung gefunden. (Abb. im Verzeichnis der Apfel- und Birnensorten S. 637)

NÜRNBERGER MOSTBIRNE
Im Bundes-Obstarten-Sortenverzeichnis angegeben.

NUSSBIRNE
Nußbirne. Alte Sorte, wurde 1800 von Sickler beschrieben. Abnorme Fruchtform, ähnlich einer grünen Walnuß. Geschmack unbefriedigend. Klein bis sehr klein.

NYGARI KALMAN
Im Bundes-Obstarten-Sortenverzeichnis angegeben.

OBERDIECK`S BUTTER-BIRNE
In Niederösterreich Synonym für **Esperen's Herrenbirne.** (Pomolog. Handbuch)

OBERDIECKS LECKERBISSEN
Im Praktischen Ratgeber von 1889 erwähnt.

OBERDIECKS FLASCHENBIRNE
Guter Pollenbildner. Sorte ist diploid. (Prof. Schanderl, Geisenheim 1948)

OBERÖSTERREICHISCHE WEINBIRNE
Alte Sorte. Synonyme: **Kärntner Speckbirne, Oberösterreichischer Wein, Oberösterreicher.** Mostbirne, auch zum Dörren geeignet. Verarbeitung ab Oktober. Klein bis mittelgroß. Gelblichgrün. Fleisch gelblichweiß, sehr saftig. Die Bäume werden sehr alt, gut geeignet für Feld- und Straßenbäume. Anbau bis 500 m Höhe gut möglich. Ertrag ist hoch, der Baum benötigt kaum Pflege. Widerstandsfähig gegen Schädlinge und Krankheiten. Wird heute noch in Ober- und Niederbayern angebaut, bzw. ist noch reichlich vorhanden. Literatur: (52) (70)

OBERREGIERUNGSRAT PFEFFER VON SALOMON
Alte Sorte. Schale gelb. Stiel und Kelch berostet. Auffällige Lentizellen. (Lexikon der Obstsorten)

OCHSENBIRN
Im Bundes-Obstarten-Sortenverzeichnis angegeben.

OCHSENHERZBIRNE
Als **Ochsenherzbirn** schon von Diel beschrieben. W. Hinkert nannte diese Birne nur **Ochsenherz** und schrieb 1830: *„Für Ökonomie und Rohgenuß; Baum äußerst fruchtbar".*

OESTERREICHISCHER MUSCATELLER
Wurde schon von Diel beschrieben.

OFENLÖCHLEBIRNE
Im Bundes-Obstarten-Sortenverzeichnis angegeben.

OFFENBACHER SCHELLERBIRNE
Wirtschaftsbirne zum Keltern. Mittelgroß, birnförmig. Schale hellgrün, später rot gestreift. Kräftiger Geruch. Sorte ist triploid. (Birnensorten von H. Petzold)

OKEN
Sehr alte Sorte. Schon 1830 von Diel beschrieben. Tafelbirne. Genussreife im November. Klein, Schale gelblichgrün, manchmal leicht gerötet. Berostungen. Diel vermutete, dass die Birne von van Mons erzogen wurde. Der Name war dem Naturforscher Oken gewidmet. (40) (72) (118)

OLD HOME
Aus einer Kreuzung aus **Williams X (Old Home x Early Sweet)** ist die Sorte **Harrow Sweet** entstanden. (Obstbau 9/94)

OLIVENBIRNE
Wirtschaftsbirne. Reife: XI bis XII. Mittelgroß, Schale olivgrün, großflächig gerötet. Berostungen. Starker Geruch. Gewürzt, süß. (Lexikon der Obstsorten)

OLIVIER DE SERRES
Wurde 1860 von dem Franzosen Boisbunnel aus Samen gezogen. Sie war nur unter diesem Namen bekannt und verbreitet. Tafelbirne, in Frankreich entstanden. Reife: I bis III. Mittelgroße, platte bis rundliche, stets beulige Frucht. Schale mattgrün, dann gelblichgrün bis gelb. Geschmack ist angenehm süß und gewürzt. Aus Rouen in Frankreich, 1847. Sämling aus der **Fortunée Supérieure**. Stellt hohe Ansprüche an den Standort. Gute Tafelbirne. Pflückreife: Ende Oktober. Synonym: **Olivier von Serres**. *"Fleisch ist weiß, fein, schmelzend, sehr saftreich, süß und von sehr angenehmen, erquickendem weinsäuerlichem Geschmacke"*.
Literatur: (02) (45) (114) (121)

OMEGA
Winterbirne aus Tschechien. 1994/95 zugelassen. In Holovousy/CSR gezüchtet. (Obstbau: 12/96)

OMSEWITZER SCHMALZBIRNE
Tafelbirne. Reife im September. Mittelgroß, kegelförmig. Schale hellgelb, leichte Berostungen. Sehr saftig, gewürzt, süß. (Lexikon der Obstsorten)

ONONDAGO
Schlechter Pollenbildner. Auch im Bundes-Obstarten-Sortenverzeichnis.

OOMSKINDEREN
In der Liste der Sommerbirnen aufgezählt.

ORANGE MUSQUE
Von Schiller 1795 einwandfrei beschrieben. Hier handelt es sich um die **Muskateller-Pomeranzenbirne**. Bei Schiller **Muskat Pomeranzen-Birn**. Auch **Reustraleben-Birn** ist erwähnt. Dieser Name ist mir noch nie aufgefallen. **Orange-Musquet, Orange d´Eté** und **Orange d´Eté Musquée** sind auch Synonyme der **Muskateller-Pomeranzenbirne**.

ORDENSBIRNE
Wurde von W. Hinkert 1830 beschrieben. *"Tafelfrucht und wahre Zierde für den Markt; Baum ist sehr fruchtbar."* Sommerbirne. Reife im August. Literatur: (117)

ORPHA
Sorte wurde am Ende des 19. Jh. von Dr. Gansaud gezüchtet. Großfrüchtig, Fleisch ist grünlich, Haut fast ganz mit Rost bedeckt. Tafelbirne. Genussreife: Dezember. (Pomologen-Verein 1893)

ORPHELINE DÈNGHIEN
ORLEANS WEIHNACHTSBIRNE
Beide Sorten werden im Bundes-Obstarten-Sortenverzeichnis aufgeführt.

OSMER PASCHA
Sorte war 1877 auf der Pomologenversammlung in Potsdam ausgestellt.

OSTERBERGAMOTTE
Alte Sorte aus Frankreich. Von Duhamel 1778 beschrieben. War in ganz Mitteleuropa verbreitet. Kochbirne, die lange haltbar ist. Ernte X, Genußreife: I bis III. Diese Sorte stellt höhere Ansprüche an die klimatischen Verhältnisse. Große, kreiselförmige Frucht. Die Schale ist glatt, blassgrün, später zitronengelb mit grün, selten leicht gerötet, bei Reife mehr goldartig, zahlreiche braune Punkte und feine Berostung. Fleisch weiß, grobkörnig, sehr saftig, halbschmelzend, von erfrischendem Geschmack, süß und weinig. Synonyme: **Winterbergamotte, Bergamotte d'hiver.** Oster-Bergamotte ist auch ein Synonym der **Winter-Dechants-Birne.** Literatur: (40) (67) (114)

ÖSTERREICHISCHE EIERBIRNE
Bei Goetz 1936 erwähnt, ohne Angabe von Daten.

OSTPREUSSISCHE HONIGBIRNE
Lokalsorte in Ostpreußen. Im Prakt. Ratgeber von 1889 aufgeführt. (S.130)

OTESCHESTWENNAJA,
OTRADNINSKAJA,
OTTENBACHER SCHELLERBIRNE,
OVID und OWENER BIRNE
Werden im Bundes-Obstarten-Sortenverzeichnis aufgeführt.

PACKHAMS TRIUMPH
1896 in Molong/Australien entstanden. Kreuzung aus **Uvedale St. Germain X Williams Christbirne.** Tafelbirne. Wird in großen Mengen aus der südlichen Erdhalbkugel nach Deutschland exportiert. Mittelgroße bis große, birn- bis flaschenförmige Frucht mit beuliger Oberfläche. Schale glatt, grünlich bis

zitronengelb. Fleisch gelblich, weich, schmelzend, saftig. Geschmack mild mit dem Aroma der **Williams**. **Williams d'Automne**. Züchter heißt Packham. Baumreife: Ende IX bis Mitte X. Genußreife ist bis Mitte November. Nur für ausgesprochen warme Lagen. Für den Anbau in Norddeutschland nicht geeignet, in Süddeutschland nur bedingt, am Oberrhein und Bodensee.   Quellen: (36) (39) (52)

PAGGELEITSCHBIRNE
Wird im Bundes-Obstarten-Sortenverzeichnis aufgeführt.

PALLA-BIRNE
In Niederösterreich Synonym der **Sommer-Apotheker-Birne**. (Pomol. Handbuch)

PALMISCHBIRNE
Vorwiegend Mostbirne. Verarbeitung im September. Soll bei der Verarbeitung mit anderen Sorten vermischt werden. Baum wächst stark und ist auch für rauhe Lagen geeignet. Auch **Haberbirn** oder **Bäumlingbirn**. Schale grüngelb, später hellgelb und mit feinem goldartigem Rost und vielen großen gräulichen Rostpunkten übersät. Vorzüglich zum Mosten geeignet. Kann auch zum Rohgenuss genommen werden. Im Badischen schrieb man vor 100 Jahren: **Palmischbirn**. Eine Lokalsorte, die sich bewährt hat, schreibt der Prakt. Ratgeber 1888. Literatur: (17) (23) (40) (55) (115)

PAMJAT JAKOVLEVA und
PAMJAT SHIGALOW
Beide Sorten werden im Bundes-Obstarten-Sortenverzeichnis aufgeführt.

PANKRATIUS-BIRNE
Ein Synonym der **Winter-Apotheker-Birne**. (Pomolog. Handbuch)

PAPA LEFÈBVRE
Im Bundes-Obstarten-Sortenverzeichnis aufgeführt.

PAPSTBIRNE
Wirtschaftsbirne. Reife im September. Groß, birnförmig. Schale dünn, gelb, zur Sonne erötet. Leichte Berostungen. Fleisch fest, gewürzt, süß. (40)

PARADEBIRNE
Tafel- und Wirtschaftsbirne. Reife im September. Großfrüchtig. Schale grünlichgelb, später gelb, großflächig gerötet. Leichte Berostungen. In Österreich war eine **Paraden-Birne** als Synonym der **Römischen-Schmalzbirne** bekannt. (114)

PARADIES-BIRNE
Ein Synonym der Sorte **Virgouleuse**. (Pomolog. Handbuch für Nieder-Österreich)

PARFUM D´ETE
auch **Poire der Berry**. Von Schiller 1795 sehr gut beschrieben. Unter gegenwärtigen Namen hat Schiller den Baum oder die Reiser aus Holland bekommen.

PARFÜMIERTE AUGUSTBIRNE
Alter Name: **Parfümirte Augustbirn**. Tafel- und Wirtschaftsbirne. Reife: Ende August. Frucht ist klein, grünlichgelb, zur Sonne gerötet. Baum trägt sehr früh.

PARIS
Handelsname ist **Gräfin,** s. u. **Gräfin von Paris**. **Pariser Birne** ist ein Synonym der **Weissen Herbst-Butterbirne**. (Pomologisches Handbuch)

PASGRA-WINTERBIRNE
Wird im Bundes-Obstarten-Sortenverzeichnis aufgeführt.

PASKULMER
Ein Synonym der **Regentin**. (Pomologisches Handbuch für Niederösterreich)

PASSACRASSANA
Ist die **Edelcrassane** kommt unter dem Namen **Passacrassana** seit Jahren aus Italien. Siehe unter **Edelcrassane**. Liebster hat 1986 die **Passa Crassana** folgendermaßen beschrieben: Graugrün bis grünlichgelb, strahlenförmig leicht gerötet, hartschalig, zahlreiche Rostflecken, schmelzend weinsäuerlich. Die Königin der Winterbirnen. Lieferland ist Italien von Anfang November bis Anfang Mai. Bei der Birnenproduktion in Italien stand diese Sorte damals noch an erster Stelle. Hauptanbau in der Emilia Romagna. Literatur: (60) (61)

PASSE CRASSANE LAUX und
PASSE CRASSANE WOLBECK, s. Bundes-Obstarten-Sortenverzeichnis.

PASSA-TUTTI
In Österreich ein Synonym der **Salzburger Birne**. (Pomologisches Handbuch)

PASTORENBIRNE
Italienischer Name: **Curato**. Nach Angaben von Oberdieck im Ill. Handbuch von dem Pfarrer Clion aufgefunden und als **Poire de Clion** und **Cure** verbreitet.

Synonyme in Deutschland: **Flaschenbirne** in Bayern, **Caßlerbirne** in Frankfurt und Wiesbaden, **Glockenbirne** in Nordhessen. In Baden **Frauenschenkel** und im Elsaß **Zapfenbirne**. Wurde 1760 in Mittelfrankreich von Pfarrer Clion gefunden. Wird auch als gute Tafelfrucht beschrieben und als sehr gute Wirtschaftsfrucht. Bei der Wirtschaftsfrucht kann ich voll zustimmen, da mir die Birne aus meiner Lehrzeit genügend bekannt war, Tafelfrucht muß ich widersprechen, im Höchstfall eine gerade noch zum Verzehr geeignete Essbirne. Die Sorte war in der Preisgruppe 4, auch das sagt schon einiges über die Verzehrmöglichkeit der **Pastorenbirne** aus. Die LWK Hannover schreibt 1907: Eine Wirtschaftsfrucht ersten Ranges, Dörr- und vorzügliche Kochbirne. Weitere Synonyme: **Andréine, Belle Andrianne, Belle du Berry, Belle-Hélloise, Beurré comice de Toulon, Bon-Papa, Bratel-Birne** (1893 in Niederösterreich), **Canillet d'hiver, Comice de Toulon, Cueilette d'hiver, Curette, Dumas, Grosse-Allongée, Grosse verlängerte Birne, Jouffroy, Messire d'hiver, Messive d'hiver, Monsieur, Monsieur le Curé, Pater notte, Poire de Curé, Poire du Pradel, Pradello de Catalogne, Schöne Andreine, Tarquin, Vicar of Wackfield**. Handelsname ist **Pastoren**. Bekannte ausländische Namen sind: **Popska Krùsa** in Bulgarien. **Pastornice** in Tschechien, **Vicar of Winkfield** in Frankreich, **Belle de Berry** und **Poire du Curè** in England. **Plebanka** in Polen, **Kiure** in Russland und **Papkörte** oder **Pàsztor körte** in Ungarn. Prof. Fischer schreibt im Farbatlas - Obstsorten folgendes: Wurde um 1760 von dem Pfarrer Leroy als Zufallssämling im Wald bei Clion, Dep. Indre, Frankreich gefunden. Sorte ist triploid.
Literatur: (11) (24) (38) (40) (45) (111) (114)

PATERNOSTER-BIRNE
Ein Synonym der **Clairgeau**. (Pomol. Handbuch für Niederösterreich)

PAULSBIRNE
Eine Lokalsorte aus Württemberg, vor allem bekannt in den Bereichen Brackenheim, Besigheim und Weinsberg. Auch bekannt als **Pfarrbirne, Michelsbirne** und **Glockenbirne**. Wirtschaftsbirne. Reife: XII bis V. Große, stumpfkegelförmige Frucht. Mattgelb, zur Sonne intensiv gerötet. Sehr süß mit etwas Säure. Erträge, auch in schlechten Birnenjahren, hoch und regelmäßig. (39)

PAXERBIRNE
Keine Daten gefunden.

PERADEL
Siehe im Bundes-Obstarten-Sortenverzeichnis.

PERA DE GAMBOA
Diese Sorte war 1889 eine der wenigen Birnensorten in Mexiko. Soll eine große saftige Butterbirne gewesen sein. (Prakt. Ratgeber 1889 S. 461)

PERA DE SAN JUAN
Johannisbirne. Diese Sorte war eine der wenigen Birnensorten 1889 in Mexiko. Eine frühe, aber kleine, sehr reich tragende Sorte. Geringe Haltbarkeit, rasches Verfaulen und wenig Aroma. (Prakt. Ratgeber 1889 S. 461)

PERITA DE SAN JUAN
In der Liste der Sommerbirnen aufgezählt.

PERLBIRNE
Frühsommerbirne. Reife: Juli. **Perle, Perlen-Birne, Perlenförmige Birne** und **Perlenförmige französische Weiss-Birne** sind in Österreich als Synonym der Sorte **Kleine Blankette** bekannt.

PERLMUTTER-BIRNE
Synonym der **Weissen Herbst-Butter-Birne.** (Pomolog. Handbuch)

PÉROLA
In der Liste der Sommerbirnen aufgezählt.

PERWOMAISKAJA,
PETERSBIRNE, GROSSE
Synonym: Weizenbirne.
Beide Sorten sind im Bundes-Obstarten-Sortenverzeichnis aufgeführt.

PETERSBIRN
Von Schiller 1795 zusammen mit der **Schönen Cornelia** beschrieben. Vermutlich ist auch die Weyler-Birn mit diesen beiden Sorten identisch. Es muß sich hier um die **Petersbirne** handeln. s.a. **Petersbirne.**

PETERSBIRNE
Wurde 1799 schon von Sickler beschrieben. Nach dem Ill. Handbuch Nr. 83 fast identisch mit der **Hannoverschen Jakobsbirne.** In Sachsen: **Großvaterbirne, Weizenbirne, Lorenzbirne, Rote Margaretenbirne.** In Schlesien **Honigbirne.** Reifezeit: Mitte Juli bis Anfang August. Eine Lokalsorte, die vor allem in Sachsen schon um 1750 bekannt war. Tafel- und Wirtschaftsbirne. Kleine bis mittelgroße Frucht. Schale glatt, derb, oft berostet. War auch in Thüringen bekannt. Da Sickler

von den "Fahner Höhen" in Thüringen stammte, wird er diese Sorte gut gekannt haben. Weitere Synonyme: **Große Petersbirne, Margaretenbirne**.
Literatur: (24) (31) (39) (40) (68) (87)

PFAFFENBIRNE
Herbstbirne. Reife im September. Mittelgroß, birnförmig bis kegelförmig. Schale grünlichgelb, berostet. Sehr saftig, gewürzt, süß. (Lexikon der Obstsorten)

PFALZGRÄFIN
War im vorigen Jahrhundert bekannt. Sickler hat hier 1797 zwischen einer **Rothe Pfalzgräfin** und einer **Große Pfalzgräfin** unterschieden. Zwischen beiden ist kein großer Unterschied. Nach Sickler ist es eine in Deutschland entstandene Sorte. *„Eine Frühbirne die in den Rheinischen, Fränkischen und Heßischen Ländern angetroffen wurde"*. Wörtlich: *„Nach diesem soll die Pfalzgräfin eine blos teutsche Frucht seyn"*. Auch: **Pfalzgrafenbirne** oder **Pfalzgrafen-Birne**. Es soll auch eine **Kleine Pfalzgräfin** geben. Literatur: (16) (31) (40) (70) (114)

PFEFFERBIRNE
Mostbirne. Lokalsorte, in Württemberg angebaut. (Prakt. Ratgeber 1886 S. 480)

PFERDSVIOLE
War im 19. Jh. eine Lokalsorte in Thüringen. (Prakt. Ratgeber 1887 S. 799)

PFIRSICHBIRNE
Sommerbirne. Reife im August. Klein bis mittelgroß. Grünlichgelb, etwas gerötet. Schmelzend, gewürzt, süß. Im 19. Jahrhundert **Pfirsichbirn.**

PFUNDBIRNE
Wirtschaftsbirne. Reife im Oktober. Großfrüchtig. Gelblichgrün. **Pfundbirne** ist auch ein Synonym für die Sorten: **Diel's Butter-Birne, Grosser Katzenkopf, Sommer-Apotheker-Birne** und **Winter-Apotheker-Birne**. (Pomolog. Handbuch für Nieder-Österreich)

PHILADELPHIA
Sorte war 1877 auf der Pomologenversammlung in Potsdam ausgestellt.

PHILIPP COUVREUR
Im Bundes-Obstarten-Sortenverzeichnis aufgeführt.

PHILIPP GOES
Im Praktischen Ratgeber 1889 erwähnt. Ist auch ein Synonym für die Sorte **Baronin von Mello**, bzw. **Baronin Mello**. Literatur: (17) (114) (115)

PHILIPPSBIRNE
Siehe unter **Doppelte Philippsbirne**.

PIERRE CORNEILLE
Diels Butterbirne X Vereinsdechantsbirne. Ist als Neuheit 1994 100 Jahre alt geworden. Stammt aus Rouen/F. ist diploid und hat ein festes, feinkörniges Fruchtfleisch. Lagerfähigkeit ist gut. Kühllager bis Januar. CA-Lager bis Februar. Ist sehr schorfanfällig. (Obstbau 9/94)

PIERRE TOURASSE
Große bis sehr große Birne. Hellgelb, an der Sonne manchmal schwach gerötet. Fleisch ist schmelzend, sehr saftig, aromatisch und süß. Reife: Mitte IX bis X. Von dem Pomologen Tourasse im Pau gezüchtet. (Pomologen-Verein 1896)

PISTRANG
Im Bundes-Obstarten-Sortenverzeichnis aufgeführt.

PITMASTON
Diese Sorte wurde von dem Schloßgärtner Williams zu Pitmaston bei Worcester aus einer Kreuzung **Herzogin von Angoulémé X Hardenponts Butterbirne** gezüchtet. Unter dem Namen **Pitmaston Duchesse d´Angouléme** wurde sie in den Handel gebracht. Hogg hat in seinem "Fruit Manual" die Sorte in **Pitmaston Duchess** abgekürzt. Die LWK Hannover schrieb 1907: **Pitmaston's Duchesse**. Lauche übersetzte sie in **Pitmaston Herzogin**. Heute wird sie überall nur noch **Pitmaston** genannt. Reifezeit: Oktober. Auch: **Pitmaston Duchesse d´Angouléme** und **Williams Duchesse**. Tafel- und Wirtschaftsbirne. 3 - 4 Wochen haltbar. Die Frucht ist sehr groß, länglich birnförmig, beulig und uneben. Schale glatt, grünlich, in der Reife gelb mit einzelnen Rostflecken, später zitronengelb. Sehr zart, schmelzend, saftreich. Geschmack edel weinsäuerlich. Etwas schorfanfällig. Synonym: **Williams Duchess**. Seit 1841 in England bekannt. Frucht ist groß bis sehr groß. Fleisch ist gelblichweiß, sehr saftig, schmelzend; Geschmack säuerlichsüß, etwas gewürzt. Ernte im September. Genußreife im Oktober. Literatur: (02) (24) (40) (111)

PITMASTON HERZOGIN
Siehe: **Pitmaston**.

PIUS IX
Diese Sorte wurde 1889 von der Kgl.. Gärtnerlehranstalt in Wildpark bei Potsdam zum Anbau für Pyramiden und Zwergformen empfohlen. (Prakt. Ratgeber 1889)

PLANTAGENET
In Frankreich entstanden, 1862 in den Handel gekommen. Tafel- und Wirtschaftsbirne. Reife: X bis XI. Mittelgroße bis große, unregelmäßig gebaute, eiförmige und beulige Frucht. Schale glatt, hellgrün. Fruchtfleisch weiß, fein, saftig, schmelzend. Angenehm herbsüß, leicht parfümiert. (Lexikon der Obstsorten)

PLANTONOVSKAYA
Im Bundes-Obstarten-Sortenverzeichnis angegeben.

PLATTE BUTTER-BIRNE und
PLATTE CRASANNE sind Synonyme der **Crasanne**. (Pomolog. Handbuch)

PLATTE HONIGBIRN
Wurde 1830 von Hinkert beschrieben. Reife Anfang September, 3 Wochen haltbar. Wirtschaftsbirne. Baum ist sehr ertragreich. Besonders für rauhe Gegenden geeignet. (Gründlicher Unterricht in der practischen Obstbaumzucht von 1830)

PLUTZER-BIRNE
In Niederösterreich als Synonym der **Sommer-Apotheker-Birne** bekannt.

PODIEBRADER BUTTER-BIRNE
Synonym der **Diel`s Butter-Birne**. (Pomolog. Handbuch für Nieder-Österreich)

POIRE DU COLOMBIER
Nach Duhamel ein Synonym der **Bergamotte Rouge** das ist die **Rote Bergamotte** auch **Mayers Rote Bergamotte**. Wirtschaftsbirne. Mathieu schrieb schon 1889, daß diese Birne wohl kaum noch in Deutschland anzutreffen ist. (Prakt. Ratgeber)

POKALEITSCHE
IM Bundes-Obstarten-Sortenverzeichnis aufgeführt.

POLNISCHE GRÜNE KRAUTBIRN
Wurde 1830 von Hinkert beschrieben. Tafelbirne: Reife im September. Frucht ist groß, Schale grün, später gelblichgrün, zur Sonne gerötet. Leichte Berostungen. Hinkert schrieb: *„Zu allem Gebrauch, Baum sehr fruchtbar."* (117)

POMERANZENBIRNE
Es gibt verschiedene Pomeranzenbirnen, bzw. verschiedene Birnensorten haben das Synonym **Pomeranzenbirne**.

POMERANZENBIRNE VON ZABERGÄU
Mostbirne. Verarbeitung im Oktober. Synonyme: **Hausenerbirne, Pomeranzenbirne**. Baum wird sehr groß und stark. Blüht von allen Birnen am spätesten. Für alle Obstlagen geeignet.

POMMERSCHE SCHMALZBIRNE
Lokalsorte in Westpreußen. (Prakt. Ratgeber 1889 S. 130).

POMOTTE
Wird im Bundes-Obstarten-Sortenverzeichnis aufgeführt.

POSTELBERGER BIRNE
In Österreich Synonym für **Liegel`s Butter-Birne**. (Pomolog. Handbuch)

PR. DEVIOLAINE
Wird im Bundes-Obstarten-Sortenverzeichnis aufgeführt.

PRÄSIDENT DROUARD
Stammt aus Frankreich. Eine von Louis Leroy aus Angers in den Handel gebrachte Züchtung. Nur unter diesem Namen bekannt. Genaue Beschreibung in der „Deutschen Obstbau-Zeitung" von 1910. Reifezeit: Dezember bis Januar. 1876 von Olivier gezüchtet, als **Président Drouard.** Tafelbirne. Mittelgroße bis große Frucht. Fleisch ist von warmen Lagen schmelzend, sehr süß und saftig. Schwach aromatisch. Tafel- und Wirtschaftssorte. Der Ertrag ist früh, hoch bis sehr hoch, dadurch entsteht oft eine vorzeitige Vergreisung. Besonders für Spalier und Topfkultur geeignet. Gedeiht auf Quitte und Wildling. Literatur: (24) (40) (52) (115)

PRÄSIDENT HERON
1894 in Frankreich entstanden. Mittelgroße bis große Tafelbirne. Hellgelb, zur Reifezeit fast völlig berostet. Fleisch weich, saftig mit sortentypischem Aroma.

Reifezeit: Ende IX bis XI. Züchter Sannier aus Rouen, Frankreich. Ertrag ist sehr hoch und fast immer regelmäßig. Literatur: (39) (52)

PRÄSIDENT MAS
Große bis sehr große Tafelbirne. Reife: XI bis XII. Hellgelb, auffallende Lentizellen. Früher **Président Mas**, in Österreich **President Mas**. Schale ist glatt, dünn, reichlich grau punktiert, zuerst hellgrün, später dann hellgelb. Am Stiel und in der Nähe des Kelches längliche graubräunliche Flecken. Literatur: (40) (45) (114)

PRÄSIDENT OSMANVILLE
Alte Sorte, stammt aus Frankreich. (W. Lauche 1877)

PRÄSIDENT ROOSEVELT
Aus den USA. Ende des 19. Jh. entstanden. Im Handel seit 1905. Große bis sehr große Tafelbirne. Schale ist glatt, trocken. Bei Reife zitronengelb, zur Sonne gerötet. Sehr saftig, nach Standorten: fein, süß und schmelzend. Ertrag ist hoch und regelmäßig. (Alte und neue Birnensorten von F. Mühl)

PRÈCOCE DE CASSANO und
PRÈCOCE DE WILHELMINADORP
Werden im Bundes-Obstarten-Sortenverzeichnis aufgeführt.

PRÉCOCE DE TRÉVOUX
Unter diesen Namen in der Liste der Sommerbirnen. **Frühe von Trévoux** ist der deutsche Name.

PRÉCOCE DI ALTEDO
Aufgeführt in der Liste der Sommerbirnen.

PRÈMICES DE MARIE LÉSUEUR
Herbstbirne. Ist in Deutschland nur wenig bekannt geworden. Frucht ist groß bis sehr groß. Reift im Oktober, haltbar bis Mitte November. Wurde 1888 von Lesueur gezüchtet. Durch die Gebr, Franson in Orléans in den Handel gebracht. (83) (115)

PREVOST
Sorte wurde 1877 auf der Pomologenversammlung in Potsdam ausgestellt.

PRICKLESBIRNE, PRINCESSE DAGMAR, PRINCESSE DE LÜBECK
und **PRINGALLE** (auch Synonym der **Hofratsbirne**),
werden im Bundes-Obstarten-Sortenverzeichnis aufgeführt.

PRINZ WALDEMAR
Dänische Sorte. 1886 bekannt. (Praktischer Ratgeber von 1889)

PRINZESSIN MARIANNE
Seit Anfang des 19. Jahrhundert in Deutschland bekannt. Vor 1800 von Prof. van Mons in Belgien gezüchtet. Diel hat sie 1826 als **Princesse Marianne** beschrieben. In Norddeutschland wurde sie häufig als **Frühe Bosc** oder als **Callebasse Bosc** verbreitet. Eine gewisse Ähnlichkeit mit der echten **Bosc** gab vielfach zu Verwechselungen Veranlassung. Nach Angaben des Ill. Handbuch Nr. 31 ist sie von Van Mons gezüchtet worden und nach einer niederländischen Prinzessin benannt worden. Auf dem Berliner und Werderschen Markt wurde sie oft als **Kaiserkrone** verkauft. Auch unter dem Namen **Salisbury** kam sie aus Böhmen auf den Berliner Markt. Die Sorte wurde nach einer holländischen Königstochter benannt. Tafel- und Wirtschaftsbirne. Reife: Ende September. Etwa 2 Wochen haltbar. Mittelgroße Frucht. Schale rauh, grünlich bis bräunlichgelb. Saftig, schmelzend. Geschmack säuerlich bei geringerem Zuckergehalt, mit zartem Aroma. Ausländische Namen: **Salisburyho** in Tschechien, **Princesse Marianne** in Ungarn.
Literatur: (24) (40) (77) (118)

PROFESSOR BAZIN
Die Sorte entstand um 1890 in Frankreich. Große bis sehr große Tafelbirne. Reife: XII bis I. Schale grün, dann zitronengelb und bräunlich gerötet. Fein, schmelzend, saftig. Geschmack sehr angenehm und süß. (Verzeichnis der Apfel- und Birnensort.)

PROFESSOR HENNEAU
War im 19. Jh. in Dänemark bekannt. (W. Lauche 1877)

PUNKTIERTE HERBSTRUSSELET
Wirtschaftsbirne. Reife: Oktober. Kleinfrüchtig, eiförmig. Hellgrün, dann hellgelb, zur Sonne gerötet. Starke Berostungen. Auffällige Lentizellen. (40)

PUNKTIERTE LIEBESBIRNE
Lt. Praktischer Ratgeber 1888 in Bayern bekannt. (S. 52)

PUNKTIERTER SOMMERDORN
Der **Punctirte Sommerdorn** wurde schon 1830 von Sickler beschrieben. Später **Punktirter Sommerdorn**. Mittelgroße Tafel- und Wirtschaftsbirne. Reife: IX bis X. Schale dunkelgrün, später hellgrün bis gelb. Berostungen. Guter Pollenbildner. Synonym: **Epine d´Eté Pointée**. Ansprüche an Boden und Klima sind gering.
Literatur: (33) (40) (117) (121)

PULTENAY
Bei H. Petzold erwähnt. Sorte ist diploid.

QUEENBIRNE
Erwähnt 1936 bei Goetz. Keine weitere Daten angegeben. Eine der Birnensorten, die sich 1888 bewährt haben. (Praktischer Ratgeber 1889 S.130.) Auf der Pomologen-Versammlung 1893 nicht mehr empfohlen, 1877 dagegen noch würdig angebaut zu werden.

QUIZ MADAME
Siehe im Bundes-Obstarten-Sortenverzeichnis.

RABENAUER BUTTERBIRNE
Lokalsorte aus Sachsen. 1889 im Praktischen Ratgeber erwähnt.

RADANA
Frühbirnensorte aus Tschechien. Zugelassen 1994/95. (Obstbau 12/96)

RAHMBIRNE
Wirtschaftsbirne. Verarbeitung: VIII. Synonyme: **Poire Crémoisin** und **Poire Dur.** Mittelgroße perlförmige Birne. Schale rahmgelb. Fest, halbschmelzend, muskatartig gewürzt und süß. (Verzeichnis der Apfel- und Birnensorten)

RAINBIRNE
Bei Hinkert 1830 als **Rainbirn** beschrieben. *„Zu allem Gebrauche; Baum äußerst tragbar."* Großfrüchtig. Wirtschaftsbirne. Reife: Oktober, bis 3 Wochen haltbar. Hellgrün, leichte Berostungen, auffällige Lentizellen.

RANNA BOULYARKA
Birnensorte aus Bulgarien. **Giffards Butterbirne X Tserovka.** (Obstbau)

RANZIGE BUTTER-BIRNE
Synonym für die **Späte Hardenpont.** (Pomolog. Handbuch für Nieder-Österreich)

RATTENSCHWANZ
War in Niederösterreich als Synonym der **Crassane** bekannt. (114)

RAUHSCHALIGE MUSKATELLERBIRNE
Nicht näher Beschrieben. Abb. im Verzeichnis der Apfel- und Birnensorten.

RED BARTLETT
Max Red Bartlett, ist die **Rote Williams.**

RED SPRING PEAR
Tafelbirne, IX. Mittelgroß, Schale intensiv gerötet. Schmelzend, aromatisch, süß. Bis zwei Wochen haltbar. Schale kräftig rot. Zart, sehr saftig, süß mit ausgeprägtem Aroma. (Lexikon der Obstsorten)

RED SENSATION
Neue Birnensorte, stammt aus Chile. (25)

REGENTIN
Sämling von **Hardenponts Butterbirne.** Mir liegen über 60 Synonyme und Doppelnamen dieser Sorte vor. Tafel- und Wirtschaftsbirne. Reife: XII bis II. Mittelgroß, Schale gelblichgrün, zur Sonne goldgelb und gerötet. Schmelzend, gewürzt, süß.
Synonyme: **Ananas-Birne, Ananas d'hiver, Argenson, Bergentin, Beurré d'Argenson, Beurré Chapman, Beurré-Colmar gris, Beurré Passe-Colmar dore, Cellite, Cellite Chapmanns, Colmar Bonnet, Colmar doré, Colmar épineux, Colmar gris, Colmar d'Hardenpont, Colmar Preul, Colmar de Silly, Colmar souverain, Die Regentin, Dietrich's Butterbirne, Dittrich's Butter-Birne, Dornige Colmar, Double Passe-Colmar, Fondante de Mons, Fondante de Paris, Hochfeine Colmar, Impératrice, König von Baiern, König von Bayern, Paskulmer, Marotte sucrée jaune, Passe-Colmar, Passe Colmar doré, Passe Colmar épineux, Passe-Colmar gris, Passe-Colmar d'Hardenpont, Passe Colmar d'hiver, Passe-Colmar nouveau, Passe-Colmar Précel, Passe-Colmar roux, Passe-Colmar souverain, Passe-Colmar superfin, Passe-Colmar supréme, Passe-Colmer tardif, Passe-Colmar de Vienne, Passe-Colmer-vineux, Précel, Précel-Ragentin, Présent de Malines, Pressel, Preul, Preul's Colmar, Pucelle Condésienne, Roi de Baviére, Rostfarbige Butterbirne, Rothfarbige Butter-Birne, Souveraine d'hiver, Supréme-gris.** Es soll noch weitere Synonyme geben. Literatur: (40) (45) (114) (115) (121)

REIFFENACKER-BIRN
Name bei Schiller 1795 für die **Amadote.**

REINHOLZBIRNE
Wirtschaftsbirnensorte aus der Schweiz. Wurde in den 50er Jahren noch nach Westdeutschland ausgeführt. (Warenkunde für den Fruchthandel)

REINE DES POIRES
Im Bundes-Obstarten-Sortenverzeichnis angegeben.

RENÉ DUNAN
Frucht ist sehr groß. Reife: XI bis XII. Schale gelb, zur Sonne schwach gerötet. Baum wächst sehr kräftig. (Pomologen-Verein 1893)

REPUBLICA
Siehe im Bundes-Obstarten-Sortenverzeichnis.

RETTIGBIRNE
Im Praktischen Ratgeber 1889 erwähnt. Ist die **Leipziger Rettichbirne**. Auf der Pomol.-Versammlung 1877 wurde die **Rettigbirn** als Synonym der **Volkmarser** erwähnt. (17) (121)

REUTERBIRNE
Kleine, eiförmige Tafel- und Wirtschaftsbirne. Verarbeitung: X. Gelblichgrün, zur Sonne manchmal leicht gerötet. Leichte Berostungen. Süßsäuerlich. (40)

RHEINISCHE BIRNE
Wirtschaftsbirne. Groß, eiförmig, Schale hellgrün, später gelb. Fest, gewürzt, süßsäuerlich. Auch ein Synonym für die **Apfelbirne**.

RHEINISCHE HERBST-APOTHEKERBIRNE
Sehr große Tafelbirne. Reife: November. Gelblichgrün, zur Sonne gerötet. Berostungen. Schmelzend, gewürzt, süß. (Lexikon der Obstsorten)

RHEINISCHE SPECKBIRNE
Laut Goetz mittelstarkwachsend. **Speckbirne** ist ein Synonym der Sorte **Kuhfuß**. Auch in Österreich gibt es eine **Speckbirne**. Schiller hat 1795 eine **Speckbirn** beschrieben.

RIEGEL-BIRNE und
RIEGEL'S BIRNE
Waren in Österreich als Synonyme der **Winter-Apotheker-Birne** bekannt. (Pomologisches Handbuch für Nieder-Österreich)

RIESENBIRNE
Im Bundes-Obstarten-Sortenverzeichnis aufgeführt. In Niederösterreich war eine **Riesen-Butter-Birne** als Synonym der **Diel's Butter-Birne** bekannt. (70) (114)

RIHAS KERNLOSE BUTTERBIRNE
Soll von Ungarn nach Böhmen gekommen sein. Der Name wurde nach einem Fabrikbesitzer, der Riha hieß, von Herrn Späth (Baumschule Späth) gegeben. Wurde 1869 bekannt. Tafelbirne. Reife: XI bis XII. Schale gelb, etwas Berostungen, sehr saftreich. Anbau soll auf guten Boden vorgenommen werden. Ertrag ist dann sehr hoch. Auch: **Riha`s Kernlose.** (70) (116)

RISING SUMMER
Frühbirne. Reife im Juli. Mittelgroß, birnförmig. Schale goldgelb, zur Sonne kräftig gerötet. Schmelzend, sehr süß. Durchpflücken ist hier empfehlenswert. Synonym: **Lübecker Prinzessinbirne, Lübecker Prinzeß.** Soll auch der ursprüngliche Name gewesen sein. Schale ist bei Reife goldgelb, an der Sonne auffallend rot. In wärmeren Lagen ist das Fleisch schmelzend, sehr süß und saftig. Sommertafelbirne und Schaufrucht. Kaum anfällig für Schorf. Literatur: (39) (52) (87)

ROBERT DE NEUFVILLE
1896 in Geisenheim entstanden. Kreuzung aus **August Jurie X Clapps Liebling.** Tafel- und Wirtschaftsbirne. Reife: September. 10 - 12 Tage haltbar. Mittelgroß, Schale glatt, dünn, gelblichgrün. Zur Reife schwach orange gefärbt. Schalenpunkte, fleckige Berostungen. Fruchtfleisch ist weißgelblich, sehr saftig, schmelzend. Süß, und muskatartig gewürzt. Diese Sorte war in Deutschland schon vergessen, 1915 wurde sie zum erstenmal beschrieben, war auch seit dem im Handel. 1980 wurde die Sorte durch H. Petzold neu beschrieben. Der Ertrag beginnt sehr früh, ist hoch und regelmäßig. Sorte ist triploid. Literatur: (38) (39) (68)

ROBERTS MUSKATELLERBIRNE
Frühe Tafelbirne. Reife im Juli. Kleinfrüchtig. (Lexikon der Obstsorten)

ROBINE
Von Schiller 1795 beschrieben. „*Mittelmäßig grosse Birn, von plattrunder Form, gleich einer Bergamotten*". Auch: **Averat-Birn.** s.a. **Sommerrobine** und **Winterrobine.**

ROCHA und
ROCKENGRUBER
Beide Sorten werden im Bundes-Obstarten-Sortenverzeichnis aufgeführt.

ROH-BIRNE
Synonym für die **Winter-Apotheker-Birne.** (Pomologisches Handbuch für Niederösterreich)

ROI SOBIESKI und
RÖKERBIRNE
Beide Sorten werden im Bundes-Obstarten-Sortenverzeichnis aufgeführt.

RÖMISCHE SCHMALZBIRNE
Sommertafel- und Wirtschaftsbirne. Reife: August bis Anfang September. Birnförmig. Gelblichgrün, trüb gerötet. Zur Sonne machmal gestreift. Rostpunkte auf der Frucht. Fleisch ist körnig, gelblichweiß, saftig. Herkunft ist unbekannt, Zufallssämling, ist aber seit etwa 1800 bekannt. In neuerer Zeit wird sie als Tafelbirne bezeichnet, um 1890 wurde sie als Koch- und Mostbirne in Oberösterreich und in Mähren angebaut. 1830 von Hinkert beschrieben, 1795 aber schon von Sickler beschrieben. Die mittelgroße Birne ist eine Schaufrucht und vielseitig verwendbar. Eignet sich besonders für den Anbau in kühlen Lagen. Früchte reifen aber ungleichmäßig. Vollreif gepflückt werden sie schnell mehlig. Bekannte Synonyme: **Ackerlesbirne, Äckerlesbirne, Beurré de Rome, Büchseln-Birn** (Niederösterreich), **Feine Tafelbirne, Franzmadam, Frauenbirne, Frauenschenkel, Fürstliche Tafelbirne, Große Sommerprinzenbirne, Jungfernbirne, Kindleinsbirne, Lipps Birne, Melachthonsbirne, Paradiesbirne, Poire Madame, Schmalzbirne, Sucré Romain, Tafelbirne, Weinbirne, Weinzapfenbirne, Zapfenbirne.** Das Pomologische Handbuch für Nieder-Oesterreich gibt 1893 noch folgende Synonyme an: **Büchseln-Birne, Frauen-Birne, Frauenschenkel-Birne, Fürstliche Tafel-Birne, Grosse Salzburger Birne, Grosse Sommer-Prinzen-Birne, Melanchthon's Birne, Paraden-Birne, Schmalz-Birne, Tafel-Birne, Weinzapfen-Birne, Zapfen-Birne.**
Literatur: (02) (40) (67) (114) (115) (117)

ROMMELTERBIRNE
Wurde bei Goetz als starkwachsend beschrieben. Siehe a. **Große Rommelter.**

ROOSEVELT
Tafel- und Wirtschaftsbirne. Reife: Oktober. Groß, eiförmig. Schale gelb, zur Sonne gerötet Die Sorte kam 1905 in den Handel. Fleisch weiß, fein, schmelzend, sehr saftig und süß. Literatur: (Verzeichnis der Apfel- und Birnensorten)

ROSALIE WOLTERS
Diese Birnensorte wurde 1889 von der Kgl. Gärtner-Lehranstalt in Wildpark bei Potsdam zum Anbau für Pyramiden und sonstigen Zwergformen empfohlen. Dieser Name erscheint in der Literatur nicht mehr, dafür die Sorte **Ingenieur Wolters.** Soll um 1900 aus Frankreich gekommen sein. (Prakt. Ratgeber 1889 S. 287)

ROSANNE
Tafelbirne. Reife: Oktober. Mittelgroß, Schale hellgrün, später gelblichgrün, zur Sonne gerötet. Zur Reifezeit berostet. Starker Geruch. (Lexikon der Obstsorten)

ROSATA MORETTINI
Im Bundes-Obstarten-Sortenverzeichnis aufgeführt.

ROSE-ANNE PONEIN
Tafelbirne. Genussreife im Dezember. Mittelgroß. Schale gelb. Stammt aus Belgien und kam 1886 nach Deutschland. (Lexikon der Obstsorten)

ROSEMARIE
Wird seit einigen Jahren aus Südafrika eingeführt. Soll sich um eine Kreuzung aus **Bon Rouge X Forelle** handeln. (BLE 10/1998)

ROSEN-BIRNE
Synonym für **Hardenpontt`s Winter-Butter-Birne.** (Pomolog. Handbuch)

ROSINENBIRN
Wurde 1830 von W. Hinkert beschrieben. *„Gute Wirtschaftsfrucht; Baum ausnehmend fruchtbar, an Straßen und Feldern."* Literatur: (117)

ROSTIETZER BIRNE
Frühe Tafelbirne. Reife im August. Klein bis mittelgroß, kegelförmig. grünlichgelb, zur Sonne gerötet. Schmelzend, gewürzt, süß. Synonym: **Rosteizer.** (39)

ROTBIRNE VON WEIPERSDORF
Lokalsorte im Landkreis Erding/Obb. Schale gelb, zur Sonne punktiert gerötet. (40)

ROTBÄRTLER
Wirtschaftsbirnensorte aus der Schweiz. Wurde in den 50er Jahren noch nach Westdeutschland ausgeführt. (Warenkunde für den Fruchthandel)

ROTE BERGAMOTTE
Tafel- und Wirtschaftsbirne. Alte französische Sorte. Synonyme: **Bergamotte Nonpareille, Diels Rote Bergamotte, Große Ambrette, Herbstbergamotte, Käsbergamotte, Kleine Unveredelte Bergamotte, Trutzer Birne, Trutzerle, Zwiebelbergamotte.** Reifezeit: IX bis X. Mittelgroße, runde Birne. Schale rauh, derb, graugrün, später gelblich. Fleisch weißlich, oft rötlich schimmernd, saftig, schmelzend. Gewürzt, säuerlich. Bis 500m Höhe anbaufähig. Sehr

nährstoffbedürftig. Ertrag ist hoch und regelmäßig. Früher: **Rothe Bergamotte**. Synonyme: **Diel's rothe Bergamotte, Die Herbst-Bergamotte, Käsbergamotte, Kleine unveredelte Bergamotte, Trutz-Birne, Winter-Bergamotte, Zwiebel-Bergamotte**. Literatur: (24) (40) (114) (115)

ROTE BUTTERBIRNE
Tafelbirne. Reife im Oktober. In Österreich war auch eine **Rothe Butter-Birne von Anjou** bekannt. (Pomolog. Handbuch für Niederösterreich)

ROTE CONFESSELSBIRNE
Tafel- und Wirtschaftsbirne. Reife im Oktober. Grünlich, großflächig berostet. Halbschmelzend, gewürzt, süß. (Lexikon der Obstsorten)

ROTE DECHANTSBIRNE
Synonym: **Rote Herbstbutterbirne**. 1898 und 1907 in einem Sortenverzeichnis der Landwirtschaftskammer Hannover zum Anbau empfohlen. Mittelgroß bis groß. Ist eine Tafelbirne, aber auch als Wirtschaftsbirne geeignet. Schale ist dick, rauh, berostet, mit zahlreichen feinen Schalenpunkten. Fast ganzflächig rot, an der Sonnenseite braunrot. Fleisch ist fast weiß, fest, von guten Standorten halbschmelzend und gewürzt. Sehr süß. Besonders gut als Hochstamm. Ist vorwiegend im Streuobstanbau verbreitet. Problemlose Sorte, auch geeignet für Spalier und Topfanbau. Die Frucht hält sich 2-3 Wochen. In Österreich war die **Rothe Dechants-Birne** bekannt, mit den Synonymen: **Diamant-Birne, Rothe Herbst-Butter-Birne, Rothgraue Dechants-Birne**.
Literatur: (52) (111) (113) (114) (115)

ROTE EINSIEDLERIN
Tafelbirne. Groß, länglichrund. Schale gelblichgrün, zur Sonne gerötet. Auffällige Lentizellen. Wenig saftig. Gewürzt. (Lexikon der Obstsorten)

ROTE HERBST-BERGAMOTTE
Rote Herbstbergamotte, Ende des 19. Jahrhundert in Thüringen als Lokalsorte bekannt. (Prakt. Ratgeber 1888)

ROTE HERBSTBUTTERBIRNE
Tafelbirne. Reife im Oktober. Sehr groß, Schale hellgrün, später gelblichgrün, zur Sonne gerötet. Berostet. Schmelzend, gewürzt, süß. (Lexikon der Obstsorten)

ROTE HONIGBIRNE
Mittelgroße Tafel- und Wirtschaftsbirne. Reife im September. Schale hellgelb, später gelb, großflächig gerötet. Berostungen. Halbschmelzend, gewürzt, süß. **Honigbirne** ist ein Synonym für zahlreiche Sorten. (Lexikon der Obstsorten)

ROTE JAKOBSBIRNE
Sommerbirne. Reife im August. Kleinfrüchtig. Schale hellgrün, zur Sonne gerötet. Leicht berostet. Schmelzend, süß. (Lexikon der Obstsorten)

ROTE LANDLBIRNE
Mostbirne. Kleine Frucht. Schale glatt, grünlichgelb. Fleisch gelblichweiß, sehr saftig, grobzellig, hart. Synonyme: **Rotbirne, Tollbirne, Wachtberger, Wartberger.** (Lexikon der Obstsorten)

ROTE MUSKATELLERBIRNE
Eine Form der **Muskatellerbirne**. Keine Beschreibung gefunden.

ROTE PFALZGRÄFIN
Große Pfalzgräfin. Sehr alte Sorte, wurde 1797 sehr gut von J. V. Sickler beschrieben. **Rothe Pfalzgräfin.** Soll gute Tafel- und Wirtschaftsbirne sein. Mittelgroß. Reife im September. 4 bis 5 Wochen haltbar. Baum wächst mittelstark und kann sehr alt werden. Ertrag ist hoch und regelmäßig.

ROTE POMERANZENBIRNE
Siehe: **Muskateller Pomeranzenbirne.**

ROTE PULLERBIRNE
Im Bundes-Obstarten-Sortenverzeichnis aufgeführt.

ROTE SCHEIBLBIRNE
Mostbirne und Kochbirne. In Niederösterreich Ende des 19. Jh. bekannt. Fallreife: Ende Oktober. (Neue Alte Obstsorten)

ROTE WILLIAMS
Mutante der **Williams Christbirne**. **Max Red Bartlett**, auch **Red Spring Pear**. Rötliches Holz und rötliche Blätter. Keine Verbesserung. Literatur: (52)

ROTE WINTERKOCHBIRNE
Wirtschaftsbirne. Reife: XI bis I. Mittelgroß, kegelförmig. Schale hellgrün, später gelb, großflächig gerötet. Berostungen. Fleisch fest, wenig saftig, gewürzt, süß.

ROTER SOMMERDORN
Hinkert hat diese Sorte 1830 als **Rother Sommerdorn** beschrieben, als Birne für Tafel und Markt. Mittelgroße Frucht. Reife: September. (117)

ROTFLEISCHIGE MOSTBIRNE
Bei H. Petzold erwähnt. Mostbirne.

ROTGRAUE DECHANTSBIRNE
Tafel- und Wirtschaftsbirne. Reife: X bis XI. Mittelgroße Frucht. Schale etwas rauh, graugrün, dann trübgelb. Sonnenseite bräunlichrot. Fleisch weiß. Synonyme: **Bergamotte d'Angleterre, Bergamotte Gansel, Beurré Rouge d'Automne, Doyenné Rouge, Rote Dechantsbirne.** Das Pomologische Handbuch von Niederösterreich schreibt 1893: **Rothgraue Dechants-Birne.**

ROTHBACKIGE SOMMERPRINZENBIRN
Eine Sommerbirne. Reife Anfang September. 1830 von W. Hinkert beschrieben. *„Zu jedem Gebrauch; Baum auf Felder und Wiesen."* Literatur: (117)

ROTHE BUTTERBIRN
Von Schiller 1795 kurz beschrieben **Beurré Rouge**. Von der **Grünen Butterbirn** nur in der Farbe zu unterscheiden.

ROTHE ORANGE
Orange rouge. Wurde von Schiller 1795 kurz beschrieben. Kein großer Unterschied zur **Grünen Orange, Orange verde.**

RÖTHENBACHER BUTTERBIRNE
Lokalsorte. Keine Daten. Abb. im Verzeichnis der Apfel- und Birnensorten.

ROTPUNKTIERTE LIEBESBIRNE
Von Hinkert 1830 als **Rothpunctirte Liebesbirn** beschrieben. Mittelgroße Tafelbirne. Reife: Mitte IX. Haltbar bis Anfang X. Schale gelblichgrün, später gelb, zur Sonne trüb gerötet.

ROUSSELET
Schiller schreibt 1795; *„Ist eine kleine Birn, von etwas länglichter Form, nich gar bauchicht, und gegen den Stiel, welcher nicht gar lange ist laufft sie spitzig zu. Diese Birn stehet in Franckreich in grosser Achtung, die besten, grösten und schmackhafftsten wachsen um Reims in Champagne, wo sie viel gedürret und auch in Zucker eingemachet, und sodann weit und breit versendet werden. Die bey uns*

sogenannte **Rousselet von Reims** *ist also nichts anders als eine wohlausgewachsene, grosse und schmackhaffte, mit einem Wort eine vollkommene* **Rousselet***, wozu das Pfropfen viel beygetragen hat".*

ROUSSELET VON REIMS
Tafel- und Wirtschaftsbirne. Reife: August. Kleine, birnförmige Frucht. Schale dünn, grünlich, dann grünlichgelb bis zitronengelb. Stimmt mit Schillers Beschreibung überein. Synyme: **Franzosenbirne, Girofle, Perdreau Musque, Petit Rousselet Musque, Rousselet de Reims, Rousselet de Rheims** und **Stolz der Franzosen**. Gaucher schrieb 1894 **Rousselet von Rheims.** Er bezeichnete die Sorte als sehr gute Tafel,- Wirtschafts- und Marktfrucht.

ROUSSELINE
Von Schiller 1795 beschrieben. *Wird also genennet, weil sie viel Ähnlichkeit mit der* **Rousselet** *hat. Die Frucht ist mittelmäßig groß.*

ROYALE-VENDÉE
Wurde 1893 auf der Pomologenversammlung in Breslau empfohlen.

RÜCKERTS BUTTERBIRNE
Lokalsorte. Ohne Daten. (Abb. im Verzeichnis der Apfel- und Birnensorten)

RUDOLF GOETHE
Stammt aus Geisenheim. 1910 entstanden. Benannt nach dem königlichen Landesökonomierat an der Königlichen Lehranstalt in Geisenheim. Goethe war auch Direktor dieser Anstalt. Tafelbirne der unteren Qualitätsstufe. Baumreife Oktober, haltbar bis Dezember. (Alte und neue Birnensorten)

RUHM VON SERRES
Mittelgroße Tafel- und Wirtschaftsbirne. Reife: XII bis I. Gelblichgrün, dann gelb. Starke Berostung. Schmelzend, gewürzt, süß. Stammt aus Frankreich, ist 1875 nach Deutschland gekommen. Synonym: **Glorie de Serres.** (39) (40)

RUNDE FORELLENBIRNE
War in der Preisgruppe 4. Keine weiteren Daten gefunden.

RUNDE MUNDNETZ
War in der Preisgruppe 4. Eine sehr alte Sorte, die vor allem in Nord- und Mitteldeutschland vertreten war. Tafelbirne. Reife im August. Mittelgroß, birnförmig, Schale gelblichgrün, zur Sonne gerötet. Berostungen. Schmelzend,

angenehm säuerlich. Synonyme: **Bergamotte Blanc d'Eté, Grosse Mouille Bouche d'Eté, Milan Blanc, Sommer-Bergamotte** und **Sommer-Dechantsbirne.** (Preisgruppen von 1939)(Verzeichnis der Apfel- und Birnensorten)

RUNDE SCHWEIZER BERGAMOTTE
Von Schiller 1795 beschrieben, eine der vielen **Bergamotten,** die damals schon bekannt waren. Synonym: **Bergamot Suisse ronde.**

RUNDE SOMMERBERGAMOTTE
Frühe Tafel- und Wirtschaftsbirne. Reife: August. Bergamottförmlich, gelblichgrün, zur Sonne gerötet, kräftig berostet. Fest, süßsäuerlich. (Lexikon der Obstsorten)

RUNDE WINTERBIRNE
Wurde 1936 bei Goetz erwähnt. Keine Daten vorhanden. Vermutlich eine der vielen Winterkochbirnen, die in der ersten Hälfte des letzten Jahrhunderts noch angepflanzt wurden und im Jahr 2000 in Niederbayern wieder an Straßen und Wegen angepflanzt werden. Im März 2000 konnte ich hier bereits 5 verschiedene alte Sorten Koch- und Wirtschaftsbirnen ermitteln.

RUSSELET ÄLENS
War 1877 auf der Pomologenversammlung ausgestellt.

RUSSELET VON REIMS
Siehe: **Rousselet von Reims.**

RUSSELINE
Tafelbirne. Reife im November. Klein, kreiselförmig. Hellgrün, später gelb. Zur Sonne gerötet. Schmelzend, gewürzt, süß. Siehe auch **Rousseline.**

RUSSETTE VON DER BRETAGNE
Tafelbirne. Reife im November. Klein, bergamott- bis eiförmig, etwas beulig. Schale gelblichgrün, berostet. Gewürzt, süß. (Lexikon der Obstsorten)

SABINE
Wurde 1826 von Diel als **Die Sabine** beschrieben. Soll von Prof. van Mons erzogen sein. Tafelbirne. Der Name war Herrn Joseph Sabine zugeeignet, dem damaligen Sekretär der Horticultural Society in London. Reife im Oktober. Mittelgroße Frucht, gelblichgrün, Zur Reife gelb. Oft fein berostet. Fleisch ist von einem angenehmen, erfrischenden Muskatellergeschmack.

SACHARNAJA
Im Bundes-Obstarten-Sortenverzeichnis aufgeführt.

SÄCHSISCHE GLOCKENBIRNE
Reife im Oktober. Großfrüchtig, kreiselförmig, beulig. Zur Sonne gerötet, fest, wenig saftig, gewürzt, süß. Auch ein Synonym der **Wittenberger Glockenbirne**.

SÄCHSISCHE WINTERBIRNE
Tafelbirne. Reife: XII bis III. Groß, abgestumpft, kegelförmig. Grün, später hellgrün, zur Sonne gerötet. Berostungen. Gewürzt, süß. (40)

SAFTREICHE VON NORDLEDA
Lokalsorte aus Norddeutschland. Im Bundes-Obstarten-Sortenverzeichnis aufgeführt.

SAINTE DOROTHÈE
Im Bundes-Obstarten-Sortenverzeichnis aufgeführt.

SAINT AUBERTS BUTTERBIRNE
Mittelgroße Tafelbirne. Reife: X bis XI. Gelb, zur Sonne berostet. Schmelzend, stark gewürzt, süß. Aus Frankreich, von einem Waldhüter als Wildling in einem Gehölz gefunden. 1861 vorgestellt. Synonym: **Beurré du Mont-Saint-Aubert**.

SAINT GERMAIN
Sehr alte Sorte, als Sämling in der Abtei Saint Germain bei Paris gefunden. Es haben sich später einige Spielarten gebildet. Tafel- und Wirtschaftsbirne. Reife von Januar bis März. Mittelgroß bis groß, länglich, birnförmig, manchmal beulige Früchte. Schale fein rauh, grün, später gelblich. Kräftige Rostpunkte auf der ganzen Frucht. Fein, schmelzend, sehr saftig. Geschmack ist angenehm erfrischend. Synonyme: **Artelloire, Franzosenbirne, Franklin, Grüne Winterbergamotte, Hermanns Birne, Inconnue de la Fare, Poire d'Union, Schweighäuser Birne, Saint Germain Blanc, Saint germain d'hiver, Saint Germain Dore, Saint Germain Gris, Saint Germain Jaune, Saint germain de Muraille, Winterbergamotte, Winter-Franzosenbirne**. Gaucher schrieb folgende Anmerkung: *„Wer das Glück hat, Plätze zu besitzen, wo die St. Germain im Freien gut gedeiht, dem ist zu raten, auf die anderen Sorten zu verzichten und nur diese als Spezialität zu züchten; er wird seine Rechnung dabei finden und viele Beneider sichern."* **Winterbergamotte** ist auch ein Synonym der **Osterbergamotte**. Im Pomol. Handbuch für Niederösterreich von 1893 werden noch folgende Synonyme angegeben: **Hermanneln** und **Steinbirne**. Literatur: (39) (45) (114)

Im Bundes-Obstarten-Sortenverzeichnis angegeben sind:
SAINT-GERMAIN D'HIVER und
SAINT-GERMAIN PANACHÈ

SAINT GERMAIN VAUQUELIN
Tafelbirne. Großfrüchtig. Grün, zur Sonne gerötet. Gewürzt, süßsäuerlich. (40)

SAINT LEZAINBIRNE
Wirtschaftsbirne. Reife: X bis XI. Sehr groß, kegelförmig, hellgrün, zur Sonne berostet. Fleisch ist fest und süß. (Lexikon der Obstsorten)

SAINT REMY
Herbsttafelbirne. Mittelgroß. Schale glatt, hellgelb. Nur in guten Lagen schmelzend und süß. Reife: IX bis XII. Mittelgroß bis groß, stumpf birnenförmig, eine Tafelbirne mittlerer Qualität schreibt F. Mühl in seinem Birnenbuch. Warme Lagen werden bevorzugt, sonst wird die Frucht leicht fest und körnig.   Literatur: (39) (52) (70)

SÁLIBIRNE
Mostbirne, wurde im 19. Jahrhundert vor allem im Kanton Thurgau in der Schweiz in Massen angebaut. (Prakt. Ratgeber 1886 S. 480)

SALESBIRNE
Im Bundes-Obstarten-Verzeichnis angegeben.

SALZBURGER
Salzburger Birne. Auch **Kleine Salzburger.** Als diploide Sorte erwähnt. Eine **Salzburgerin** war 1877 auf der Pomologenversammlung in Potsdam ausgestellt.

SALZBURGER BIRNE
Siehe auch **Salzburger.** Eine sehr alte Sorte, die vor allem im Donaugebiet Bayerns und in Oberösterreich verbreitet ist. Lokalsorte. Synonyme: **Braunrote Sommerrusselet, Braunrothe Sommer-Russelet** (19. Jahrh.), **Lange Salzburger Birne, Rote Bergamotte, Salzburger Birne von Adlitz** und **Zuckerbirne.** Tafel- und Wirtschaftssorte. Reife: Ende August. Haltbarkeit gering. Baum ist widerstandsfähig gegen Krankheiten und Schädlinge. Fruchtfleisch ist weiß bis gelblichweiß, saftig. **Salzburger Birne** 1889 als Lokalsorte in Oberschlesien bekannt. Das Pomolog. Handbuch für Niederösterreich von 1893 gibt folgende Synonyme an: **Braunrothe Sommer-Russelet, Lange Salzburger Birne, Passa-Tutti, Rothkopf, Zuckerate** und **Zucker-Birne.**   Literatur: (17) (39) (114)

SAMARGEAUX'S BUTTERBIRN
Sorte war 1877 auf der Pomologenversammlung in Potsdam ausgestellt.

SAMSON-BIRNE
Synonym der **Spar-Birne.** (Pomologisches Handbuch für Nieder-Österreich)

SANTA MARIA
Santa Maria Morettini. Sommerbirne. Die Sorte kam 1954 in den Handel. Reifezeit: September. Haltbar nur 2 bis 3 Wochen. Mittelgroße Frucht. Schale grünlichgelb, Sonnenseite leicht gerötet. Fleisch ist körnig, mehlig, aber weiß. Süßsäuerlich, gewürzt. Die Birne stammt aus Florenz, vom bekannten Birnenzüchter Prof. Morettini. Italien liefert diese Sorte von August bis Mitte November nach Deutschland. Ebenfalls kommen seit einigen Jahren erhebliche Mengen aus der Türkei. (Literatur: (11) (36)

SARAFIN
1877 auf der Pomologenversammlung als französische Sorte beschrieben.

SARASINBIRNE
Sehr alte Sorte, war wegen ihres guten Geschmacks und ihrer langen Lagerfähigkeit bekannt. Auch: **La Sarasine des Chartreux.** Tafel- und Wirtschaftsfrucht. Genußreife ab Juni, haltbar bis Dezember des nächsten Jahres. Mittelgroße, birnförmige, etwas bauchige Frucht. Schale grün, Sonnenseite bräunlichrot. Geschmack süß, etwas parfümiert. (Verzeichnis der Apfel- und Birnensorten)

SÄUERLICHE MARGARETHENBIRNE
Frühbirne. Reife: Juli. Kleinfrüchtig, eiförmig. Schale gelblichgrün, dann hellgelb. Sonnenseite leicht gerötet. Fleisch fest, säuerlichsüß. (40)

Im Bundes-Obstarten-Sortenverzeichnis aufgeführt sind:
SAUBIRNE und
SAUERBIRNE

SAURÜSSEL
Ist ein Synonym für die **Sommer-Eier-Birne.** (Pomolog. Handbuch)

SAVOURITE
Ist im Bundes-Obstarten-Sortenverzeichnis angegeben.

SCHATZBIRNE
In Österreich **Schatz-Birne**. Reife: XII bis III. Großfrüchtig. Hellgrün, später gelb. Ist auch ein Synonym für die **Spar-Birne**. (Pomolog. Handbuch)

SCHEIBENBIRNE
Eine Lokalsorte. Kleinfrüchtig. Schale grün mit braunen Lentizellen, Fruchtfleisch gewürzt. Auch ein Synonym der **Runden Sommerbergamotte**. Fruchtfleisch ist weiß, fein, saftig, angenehm gewürzt. Kurze Haltbarkeit. Baum ist ein guter Träger, außerdem frosthart. (Lexikon der Obstsorten)

SCHEUERLBIRNE
Verwertungsbirne, zum brennen von Branntwein. Heute noch in Tirol bekannt. Nur im Streuobstanbau und zur Selbstversorgung brauchbar. (Heimischer Obstbau)

SCHILCHERBIRNE
Im Bundes-Obstarten-Sortenverzeichnis angegeben. Dem Namen nach aus dem Schilchergebiet in der Südsteiermark.

SCHINKEN-BIRNE
Ein Synonym der **Hardenpont`s Winter-Butter-Birne**. (Pomolog. Handbuch)

SCHLEGEL-BIRNE und
SCHLÖGEL-BIRNE
sind Synonyme der Sorte **Grosser Katzenkopf**. (Pomolog. Handbuch)

SCHMEERBIRNE
Tafelbirne. Reife: XI. Mittelgroß, kegelförmig, auch rund. Schale geschmeidig bis fettig, hellgrün, dann gelb. Sonnenseite leicht gerötet. Kelch berostet. Schmelzend, gewürzt, süß. Die **Smerbirne**. In der Preisgruppe 4. Schiller hat 1795 eine **Schmerbirn (Smeer-Peer)** beschrieben; *„Ist nicht gar groß, von länglichter Form und gegen den Stiel wird sie pyamidenförmig spizig; ihr aug ist klein und tief. Wenn sie reif geworden, hat sie eine grünliche Farbe, und dabey ist sie insgemin schwarzbraun gefleckt. Ihr Fleisch ist einigermassen körnicht, ziemlich safftig und von etwas gewürzhafften, doch nicht hochfeinem Geschmack, daher ihr denn auch nur unter den gemeinen Birnen ein Platz anzuweisen ist. der Baum hat ein gutes Gewächs und ist sehr tragbar".* Literatur: (13) (37) (40)

SCHMELZENDE BRITANIEN
Synonym: **Britannienbirne**. Sommerbirne, nur geringe Haltbarkeit. Wird nach spätestens 2 Wochen teigig.

SCHMELZENDE VON THIRRIOT
Tafel- und Wirtschaftsbirne. Reife: X bis XI. Synonyme: **Fondante de Thirriot, Triomphe des Ardennes.** Große Birne. Fein, glatt, gelblichgrün. (39)

SCHMIDTBERGERS BUTTERBIRNE
Auch **Esperine.** 1936 bei Goetz ohne Beschreibung erwähnt. In Österreich war die Sorte **Schmidtberger's Butterbirne** ebenso als Synonym der **Esperine** bekannt.

SCHMOTZ-JOKELES
Ein Synonym der **Weißen Herbst-Butter-Birne** in Niederösterreich. (Pomologisches Handbuch)

Im Bundes-Obstarten-Sortenverzeichnis aufgeführt sind:
SCHNABELBIRNE, (auch ein Synonym der **Kleinen Blankette**)
SCHNAGELESBIRNE

SCHNEEBIRNE
Lokalsorte. keine Beschreibung. Abb. im Verzeichnis der Apfel- und Birnensorten.

SCHNEIDERBIRNE
Wirtschaftsbirne. Reife im Oktober. Mittelgroß. Baum wächst stark und kräftig, auch für rauhe Lagen geeignet. Der Most von dieser Birne sollte mit anderen Sorten gemischt werden. Quelle: (Die Obstverwertung von 1885)

Im Bundes-Obstarten-Sortenverzeichnis aufgeführt sind:
SCHNITZLERBIRNE und **SCHOKOLADENBIRNE**

SCHÖNE ANDREINE
Ein bekanntes Synonym der **Pastorenbirne.** (Pomolog. Handbuch)

SCHÖNE ANGEVINE
Wurde u.a im Praktischen Ratgeber von 1889 als empfehlenswerte Sorte aufgelistet. Sehr gute Wirtschaftsbirne. Synonym: **Belle Angevine.** Genussreife: XII bis VII. Sehr großfrüchtig. Johannes Böttner schrieb 1896 **Schöne Angewine,** ist ungenießbar, nur Schaufrucht.

SCHÖNE AUS ABRÉS
Sorte wird 1936 bei Goetz erwähnt, siehe auch: **Schöne von Abrés.** Synonym: **Belle des Abrés.**

SCHÖNE GABRIELE
In Österreich ein Synonym der Sorte **Gute Graue**. (Pomolog. Handbuch)

SCHÖNE JULIA
Wurde 1889 von der Kgl. Gärtner-Lehranstalt in Wildpark zum Anbau für Pyramiden und Zwergformen empfohlen. (Prakt. Ratgeber 1889 S. 287)

SCHÖNE JULIE
Tafelbirne. Reife: Oktober. Mittelgroß. Grünlichgelb, großflächig berostet. Gewürzt, süß, schmelzend. Synonyme: **Alexandre Hélie** und **Belle Julie**. (39)

SCHÖNE MÜLLERIN
Wurde 1830 von W. Hinkert beschrieben. Wirtschaftsbirne. Reife: Oktober. Klein, hellgrün, zur Sonne etwas rötlich. Berostungen. (117)

SCHÖNE VON ABRÉS
Belle des Abrés. Tafel- und Wirtschaftsbirne. Reife: III bis VII. Groß bis sehr groß. Schale dick, glatt, hellgrün, dann hellgelb. Zur Sonne schwach gerötet. In Deutschland kaum bekannt gewesen, wurde 1894 von Gaucher sehr empfohlen.

SCHÖNSTE HERBSTBIRNE
Schönste Herbstbirn, schrieb W. Hinkert 1830. Gelb, zur Sonne gerötet. Auffällige Lentizellen. Reife: November, dann 14 Tage haltbar. *„Für die Ökonomie geeignet, herrlich für den Markt."*

SCHÖNSTE JULIBIRNE
Siehe: **Bunte Julibirne.**

SCHÖNSTE SOMMERBIRNE
Tafel- und Wirtschaftsbirne. Reife im August. Mittelgroß. Hellgrün, zur Sonne gerötet. Schattenseite gestreift Schmelzend, süß. (Lexikon der Obstsorten)

SCHÖNSTE WINTERBIRNE
Wirtschaftsbirne. Reife: XII bis III. Sehr groß. Hellgrün, zur Sonne trüb gerötet. Auffällige Lentizellen. Kräftiger Geruch. Fest, gewürzt, süß. (40)

SCHULBIRNE
Lokalsorte im Bergischen Land. Dörrbirne. Mittelgroß. Stark berostet. (40)

SCHWEIZER BERGAMOTTE
Tafelbirne. Reife: XI bis XII. Mittelgroß. Schale hellgrün, später gelblichgrün. Gelb und rötlich gestreift. Schmelzend und süß. (Lexikon der Obstsorten)

SCHWEIZER BIRNE
Ist im Bundes-Obstarten-Sortenverzeichnis aufgeführt.

SCHWEIZER HOSE
1797 von Sickler sehr gut beschrieben. Er schrieb: **Schweitzer Hose** und manchmal **Schweizer Hose**. Hinkert hat die Sorte 1830 beschrieben als: **Schweizerhose**. Er schrieb u.a. *„Tafelobst, zum rohen Genuß sehr gut, nicht für Ökonomie."* Eine sehr alte und durch ihre bunten Streifen auffällige und weitbekannte Birne. Synonyme: **Bergamotte Panachée** und **Swiss bergamotte**. Tafelbirne. Reife: Mitte IX bis Mitte X. Mittelgroße Frucht. Fleisch ist gelblichweiß, zart, schmelzend, ausreichen saftig. Süß und angenehm. Baum wächst mittelstark. Ertrag normal. Lt. Sickler eine Schwester, der schon beschriebenen **Schweitzer Bergamotte** oder auch **Schweizer Bergamotte**. Bei Sickler: Französisch **Bergamotte panachée** und Englisch **The Swiss Bergamott**. Das Pomolog. Handbuch für Niederösterreich gibt 1893 folgende Synonyme an: **Frühe Melonen-Birne, Gestreifte lange grüne Herbst-Birne, Gurken-Birne, Kukumer Birne, Lange Schweizer-Bergamotte, Melonen-Bergamotte** und **Melonen-Birne**. Literatur: (31) (39) (114) (117)

SCHWEIZER WASSERBIRNE
Mostbirne. Verabeitung: IX bis X. Starkwachsend, auch für rauhe Lagen geeignet. Die Frucht darf zum Mosten nicht völlig reif sein, sonst wird der Most zähe. Hier sollte man eine Partie Äpfel beimischen. 1906 schrieb Bach noch **Schweizer Wasserbirn**, auch **Kugelbirn, Klotzbirn, Thurgauer Mostbirn, Späte Wasserbirn**. Die mittelgroße Frucht ist fast kugelig, die rauhe Schale grüngelb, auf der Sonnenseite trübrot, verwaschen und mit zahlreichen Rostpunkten und Rostflecken besprengt. Dieser rasch wachsende Baum, in Form und Größe der Eiche ähnlich, wird 150 bis 200 Jahre alt. Wurde 1906 noch sehr zum Anbau empfohlen. Neuerdings (Frühjahr 2000) wird auch diese Sorte an Straßen und Wegen im Landkreis Passau wieder angebaut. Lieferant des sehr gesunden Pflanzmaterials ist eine Baumschule in Oberösterreich. Literatur: (23) (55)

SCHWEIZERHOSE
Schreibweise im Prakt. Ratgeber von 1889 und im Bundes-Obstarten-Sorten-Verzeichnis. Synonym: **Verte longue panachée**. Siehe a. **Schweizer Hose**.

SCHWESTERNBIRNE
1886 im Pr. Ratgeber **Schwesternbirn** geschrieben. Ziemlich klein, oft fleckig, von vielen anderen an Güte übertroffen. Wurde im 19. Jh. besonders als Straßenbaum empfohlen. Wirtschaftsbirne. Eine **Schwesterbirne** war in der Preisgruppe 2. Beide Sorten sind identisch. Literatur: (13) (17) (115) (121)

SECKEL
Auf der Pomologen-Versammlung 1893 und im Bundes-Obstarten-Sortenverzeichnis hieß es: **Seckelsbirne**. Sorte ist diploid. Literatur: (07) (68) (70) (115)

SEIDELS GOLDBIRNE
Tafel- und Wirtschaftsbirne. Reife: September. Kleinfrüchtig. Schale gelb.

SEIFFENBIRNE
Im Bundes-Obstarten-Sortenverzeichnis angegeben.

SEIGNEUR DARAS
Mittelgroße Frucht, etwas beulig. Schale gelb. (Lexikon der Obstsorten)

SEIGNEUR ESPEREN und SELEKTA
sind im Bundes-Obstarten-Sortenverzeichnis angegeben.

SENATOR VAISSE
Entstand 1861 by Lyon in Frankreich. Synonym: **Senateur Vaisse**. Tafelbirne. Pflückreife: Ende September. Haltbar bis Mitte Oktober. Mittelgroße bis große Frucht. (W. Lauche 1877)

SENFBIRNE und
SENSATION
sind im Bundes-Obstarten-Sortenverzeichnis angegeben.

SEPTEMBER-GOLDBIRNE
Tafelbirne. Reife: September. Groß, Schale hellgrün, dann gelblich. Zur Sonne trüb gerötet. Stark berostet. Süßsäuerlich. (Lexikon der Obstsorten)

SERGEANT ESPEREN,
SEUTSCHE BEER, SEVERJANKA,
KRASHOSCHEKAJA und
SHAMPANSKA
Sind im Bundes-Obstarten-Sortenverzeichnis angegeben.

SHELDON
Wurde in den 40er Jahren des 20. Jahrhundert in Kanada als frostharte Birne sehr gelobt. Keine weiteren Daten über diese Sorte. (Der neue Obstbau)

SICKLERS SCHMALZBIRNE
Tafelbirne. Reife im September. Frucht klein. Hellgelb, stark berostet. Gewürzt, süß.

SICKLER'S SOMMERBERGAMOTTE
Um 1888 in Thüringen bekannt gewesen. Wurde auch **Graf Günther's Birne** genannt. Dieser Name hatte nur eine lokale Bedeutung. (Prakt. Ratgeber)

SIEBENBÜRGER
Wurde einmal im Praktischen Ratgeber von 1889 erwähnt. Ohne Daten.

SIEBEN-INS-MAUL
In Niederösterreich ein Synonym der **Kleinen Muskateller**. (Pomolog. Handbuch)

SIELEHEFTER, SIERRA und SIEVENICHER
sind im Bundes-Obstarten-Sortenverzeichnis aufgeführt.

SIEVENICHER MOSTBIRNE
Stammt aus der Gegend von Trier. Sehr gute Mostbirne. Baum wächst mässig stark, wird aber groß und alt und trägt reich. Liefert ausgezeichneten pikanten Most von langer Haltbarkeit. Die **Sievenicher Mostbirne** ist an einem aus Samen hervorgegangenem Baum auf dem Sievenicher Hofe in den Nähe von Trier entdeckt und von den Baumschulenbesitzern Lambert & Reiter 1860 in Vermehrung genommen worden. Sie wurde im Reg.-Bezirk Trier, in den Rheinprovinzen, in Bayern und in Baden und Württemberg überall stark verbreitet, praktisch überall wo Obstwein gekeltert wird. In ihrer Heimat heißt sie auch **Klötzenbirne.** Verarbeitung: IX bis Anfang X. Synonym: **Poire Sievenich.** Die Sorte entstand auf dem Sievenicher Hof bei Trier und wird seit 1860 vermehrt. Auch noch: **Sivenicher Mostbirne.** Im Rheinland bevorzugte Mostbirne.
Literatur: (17) (23) (24) (40)

SINCLAIR
Tafelbirne, wurde 1826 von Diel beschrieben, die Reiser hat er 1816 erhalten. Auch **Sinclair d'Etè.** Der Name ist dem schottischen Baronet John Sinclair gewidmet. Reife im September. Kleinfrüchtig, kreiselförmig, Schale gelb, fast ganzflächig berostet. Fleisch ist *„weiß, feinkörnicht saftvoll, butterhaft schmelzend und von einem recht angenehmen, zimmtartigen Zuckergeschmack.*

SIRRINE
Ist in Geisenheim in der Sortenprüfung. Literatur: (70) (85)

SIX' BUTTERBIRNE
Lt. Ill. Handbuch Nr. 425 vom Gärtner Six in Courtray, Belgien gezogen und nach ihm benannt. Nur dieser Name ist bekannt. Synonyme: **Beurré Six, Poire Six, Six Butter-Birne** und **Six's Butterbirne**. 1840 in Belgien entstanden. Große bis sehr große Birne. Literatur: (40) (68) (70) (72) (114)

SMERBIRNE
War in der Preisgruppe 4. Siehe: **Schmeerbirne**.

SMUGLYANKA
Im Bundes-Obstarten-Sortenverzeichnis aufgeführt.

SOEUR GREGORIÉ
Synonym: **Schwester Gregorié**. Späte Winterbirne. Alte Sorte. Empfehlenswert. (Prakt. Ratgeber von 1889 S. 804)

SOKROWITSCHE
Im Bundes-Obstarten-Sortenverzeichnis aufgeführt.

SOLANER
Stammt aus Tschechien. Auch: **Salanderbirne**. Synonym: **Franzensbirne**. Sehr frühe Tafelbirne. Reife im August. Mehrere Wochen haltbar. Mittelgroße, lange birnförmige Frucht. Schale etwas fettig, glatt, hellgrün, dann grünlichgelb. Zur Sonne leicht gerötet. Saftig. Geschmack angenehm. Feld- und Straßenbaum. Auch: **Solaner Birne**. Lt. Dir. Seitzer aus Solan bei Trebnitz. CSR. Hier auch: **Salanderbirne**. Ende des 19. Jh. in Böhmen als Tafel- und Mostbirne in Böhmen groß im Anbau. Hoch- und Zwergstamm, möglichst geschützte Lagen. **Solaner**, auch **Schmalzbirne** genannt, war in der Preisgruppe 3.
Literatur: (02) (08) (12) (40) (51) (87)

SOMMER BLANK
War in der Preisgruppe 3. Synonym: **Sommerblanche**.

SOMMER-ALANTBIRNE
Frühe Tafelbirne. Reife: August. Frucht ist mittelgroß. (Lexikon der Obstsorten)

SOMMER-APOTHEKERBIRNE
Alte deutsche Sorte. Vielseitig verwendbar. Reife: September. Mittelgroß. Gelb, zur Sonne leicht gerötet. Synonyme: **Bon Chrétien d'Eté, Bunkerte Birn, Große Zuckerbirne, Gute Christenbirne, Herrenbirne, Katelenbirne, Malvasierbirne, Palla-Birne, Pfund-Birne, Plutzerbirne, Sommer-Christenbirne, Sommer-Gute Christen-Birne, Sommer-Plutzer-Birne, Straßburgerin, Türkenbirne, Woschitzke, Zuckerate, Zuckeratenbirne** und **Zuckerbirne.** Wurde um 1900 auch in Böhmen angebaut. Literatur: (02) (40) (72) (114)

SOMMER-BERGAMOTTE
Bei Goetz ohne Daten aufgelistet ist die **Sommerbergamotte.** Auch ein Synonym für die **Bardowieker Sommerbergamotte** und für die **Runde Mundnetzbirne.** Literatur: (12) (39) (70)

SOMMERBIRN
Sehr alte Sorte, wurde von Diel beschrieben.

SOMMER-BLUT-BIRNE
Synonyme: **Blut-Birne, Granat-Birne.** (Pomolog. Handbuch)

SOMMER-BRONCHRETIEN
Von Schiller 1795 sehr gut beschrieben. **Bon Chretien d'Eté.** *„Eine sehr grosse Birn, von etwas länglichter und höckerichter Form."* Er nannte sie auch: **Sommer-Zuckerbirn, Safran-Birn, Sommergratiole, Apotheker Birn, Zuckerkand-Birn** etc. Es muß sich um die **Sommer-Apothekerbirne** handeln.

SOMMER-BÜRGERMEISTERBIRNE
Fast unbekannte Lokalsorte. In der Preisgruppe 3. 1936 bei Goetz erwähnt.

SOMMER-DECHANTSBIRNE
Tafelbirne. Reife: Ende August. Mittelgroß, kreiselförmig, hellgrün, später gelblichgrün. Berostungen. Starker Geruch, schmelzend, gewürzt, süßsäuerlich. (Lexikon der Obstsorten)

SOMMER-EIERBIRNE
Auch: **Sommereierbirne.** Eine alte deutsche Züchtung. Siehe auch unter **Bestebirne.** Synonyme: Im Rheinland **Beste Birne,** in Baden **Pomeranzenbirne. Saurüssel** in Württemberg, **Sommerzitronenbirne** in Unterfranken und im Elsaß hieß sie **Straßburger Bestebirne.** Kleine bis mittelgroße Frucht.

Weitere Synonyme: **Sülibirne, Pomeranzenbirne** und **Zitronenbirne.** Auch **Sommereierbirne** geschrieben. **Lerchenbirn** war in einigen Gegenden als Synonym bekannt. In Niederösterreich: **Strassburger beste Birne, Würzburger Sommer-Citronen-Birne.** Hier sind 200 Jahre alte Bäume bekannt.
Literatur: (12) (39) (87) (70) (114) (121)

SOMMER-LAHNBIRNE
Tafel- und Wirtschaftsbirne. Genussreife: September. Großfrüchtig, gelblichgrün.

SOMMER LANGE
War in der Preisgruppe 3. Keine weiteren Daten gefunden.

SOMMER-PRINZENBIRNE
Tafel- und Wirtschaftsbirne. Reife: September. Großfrüchtig. (40)

SOMMER-PRINZESSINBIRNE
Frühe Tafelbirne. Reife im August. Großfrüchtig. Gelblichgrün, später gelb. Zur Sonne gerötet. Als **Sommer-Prinzeß** in Preisgruppe 3.

SOMMER-VERLAIN
Wurde 1826 von Diel beschrieben. Synonym: **Verlaine d`Etè.** Züchtung von Prof. van Mons. *"Eine ansehnlich, oft wirklich große späte Sommer- oder frühe Octoberbirne, von einem recht angenehmen Geschmack."* Grundfarbe ist gelblichgrün. Zur Zeit der Genussreife zitronengelb, an der Sonnenseite oft schön blutartig rot. *"Das Fleisch ist weiß, körnicht, voll Saft, butterhaft schmelzend, und von einem angenehmen, süßen, fein gewürzhaften, etwas muskirten Geschmack."* (Diel. Systematische Beschreibung der Kernobstsorten von 1826)

SOMMER-WACHSBIRNE
Wirtschaftsbirne. Verarbeitung im September. Mittelgroß, birnförmig. Hellgelb, zur Sonne leicht gerötet. Körnig, wäßrig süß. (Lexikon der Obstsorten)

SOMMERBERGAMOTTE
Synonym für zahlreiche Sorten. **Sommerbergamotte** ist auch eine eigene Sorte. Sehr große Frucht. Reife im September. (Lexikon der Obstsorten)

SOMMERBLANCHE
Bei Goetz als Sorte geschrieben. Vermutlich ein Synonym der **Weißen Herbst-Butterbirne. Blanche** ist ein Synonym dieser Sorte.

SOMMERCRASSANE
Frühe Tafel- und Wirtschaftsbirne. Reife: Ende August. Frucht klein. Hellgelb, ganzflächig berostet. Gewürzt, süß. (Lexikon der Obstsorten)

SOMMERDORN
Bei Goetz 1936 als eigene Sorte aufgelistet. Es gibt einige Sorten mit dem Zweitnamen **Sommerdorn; Grüner Sommerdorn, Punktierter Sommerdorn** und **Roter Sommerdorn.**

SOMMERFORELLENBIRNE
Bei Goetz als Sorte aufgelistet. Siehe u. **Forellenbirne.**

SOMMERGRELLEN
War in der Preisgruppe 4. Keine weiteren Daten gefunden.

SOMMERHONIGBIRNE
Eine alte Sorte, war bereits 1748 bekannt. Sommerbirne für den Frischverzehr. Besonders zum Dörren geeignet. Reife: Mitte August. 2 Wochen haltbar. Mittelgroße, birnförmige Frucht. Schale gelb, zur Sonne kräftig gerötet. Mäßig saftig, süßer muskatellerhafter Geschmack. Synonyme: **Große Sommerhonigbirne, Große Schöne Jungfernbirne.** Wurde von Diel beschrieben.

SOMMERKÖNIGIN
Großfrüchtige Birne. Reife im September. Kegelförmig, leicht gerippt. Schale grünlichgelb, später hellgelb. Zur Sonne gerötet. Auffällige Lentizellen. Leichte Berostungen. Grobkörnig, süß. (Lexikon der Obstsorten)

SOMMERMAGDALENE
Sorte ist diploid. Siehe auch **Grüne Sommermagdalene.** In der Preisgruppe 4.

SOMMERMUSKATELLER
Synonyme: **Aurate, Kleine Sommermuskatellerbirne.** Eine der vielen Muskatellerbirnen. War Ende des 19. Jahrhunderts in Böhmen sehr bekannt. Tafelbirne. Genußreife: Anfang August. Empfohlen auf Hochstamm, besonders für geschützte Lagen.

SOMMERPRINZESS
Sommerprinzeß war in der Preisgruppe 3.

SOMMERROBINE
Tafel- und Wirtschaftsbirne. Reife im August. Kleine Frucht. Berostungen. Starker Geruch. Wenig saftig.

SOMMERROSTBIRNE
Bei Goetz 1936 erwähnt. Keine Daten angegeben.

SOMMERZUCKERBIRNE
Mittelgroße Birne. Reife: September. Hellgelb. Berostungen.

SONDER KERN
Sonder Sieltjes. Von Schiller 1795 beschrieben. *„Ist eine ziemlich grosse Birn, von sehr länglichter Form. Ihr Fleisch ist etwas körnicht, doch mild genug, voll Saftes, und von sehr lieblichen, angenehmen Geschmack; sie ist aber von kurzer Dauer."*

SONNENBIRNE
Mittelgroße Tafelbirne, rundlich birnförmig. Schale gelb, zur Reifezeit fast vollständig berostet. (Lexikon der Obstsorten)

SOUTMAN
Tafel- und Wirtschaftsbirne. Genussreife: XI bis XII. Mittelgroß. (40)

SOUVENIR DE LEROUX
Als guter Pollenbildner 1948 bei Prof. Schanderl, Geisenheim aufgezählt.

SPADME
Im Prakt. Ratgeber von 1888 wurde diese Sorte aus Italien stammend erwähnt. Nach meinen Recherchen ist hier die **Spadona** gemeint.

SPADONA
Sommerbirne, stammt aus der Toscana. Erntezeit bis Mitte VIII. In der Liste für Sommerbirnen heißt sie: **Spadoncina**. Auch **Agua de Verano** und **Agua de Agosto**, vermutlich die Namen von der Iberischen Halbinsel.

SPADONCINA
Siehe **Spadona**.

SPÄTE APRIL
Bei H. Petzold erwähnt. Sorte ist diploid.

SPANISCHE CHRISTBIRNE
Wirtschaftsbirne. Verarbeitung: XII bis III. Großfrüchtig, hellgrün, zur Sonne gerötet.

SPARBIRNE
Sehr alte französische Sorte, war bereits um 1500 bekannt. Synonyme: **Cuisse Madame, Epargne, Franzmadam, Frauenschenkel, Grosse Cuisse Madame, Große Madeleine** und **Magdalene**. Frühe Tafelbirne, Reife ab Ende Juli. Zwei Wochen haltbar. Mittelgroße, lange birnförmige Frucht. Schale glatt, etwas fettig, hellgrün, später zitronengelb. Zur Sonne gestreift oder verwaschen. Fein, saftig, schmelzend. Geschmack angenehm erfrischend und gewürzt. Wurde um 1900 in Oberösterreich und Salzburg als Tafelbirne angebaut. Empfohlen wurden geschützte Lagen. Der Baum wächst stark, gute Widerstandsfähigkeit gegen Blüten- und Winterfrost. Hinkert hat die **Sparbirn** 1830 beschrieben. Originaltext u.a. *„für Herren- und Bauerntafeln gut."* Johannes Böttner schreibt 1896, dass diese Birne in Deutschland unter den Namen **Franzmadam, Frauenschenkel, Solaner** und **Salanderbirne** schon lange bekannt ist. In England heißt sie **Jargonelle**. Auf der Pomologenversammlung 1877 wurde sie auch **Speckbirn** genannt.
Literatur: (02) (39) (87) (117) (119) (121)

SPÄTE GRUNBIRNE
Wirtschaftsbirne. Reife im Oktober. Starkwachsend und hochgehend, auch für rauhe Lagen. *„Ist nicht eigen auf den Boden",* schrieb Lämmerhirt 1885.

SPÄTE GURKEN-BIRNE
In Niederösterreich ein Synonym der **Gestreiften St. Germain**. (114)

SPÄTE GUTE LUISE
1857 bei Rouen in Frankreich entstanden. Synonym: **Louise-Bonne de Printemps**. Tafel- und Wirtschaftsbirne. Genussreife: II bis IV. Mittelgroße bis große, bauchige Birne. Gelb, zur Sonne leicht gerötet. Halbschmelzend, saftig, angenehmer Geschmack, schwach gewürzt. (Verzeichnis der Apfel- und Birnensorten)

SPÄTE HARDENPONT
Im Ill. Handbuch 77 wird diese Sorte als Winterbirne beschrieben. Reife: I bis II. Verlangt Wildlingunterlage und guten Boden. Synonyme: **Beurré Rance, Beurré de Noirchain, Beurré de Rance, Bon Chrétien de Rance, Hardenpont de Printemps** und **Hardenponts Späte Winterbutterbirne**, in Österreich noch: **Hardenpont's späte Winter-Butter-Birne** und **Ranzige Butter-Birne**. Tafel- und

Wirtschaftsbirne. Große bis sehr große Frucht. Schale ist rauh, grün, dann gelblichgrün. Zur Sonne bräunlich gerötet. Literatur: (17 S. 804) (114)

SPÄTE KLETZENBIRNE
Ohne Daten. Abb. im Verzeichnis der Apfel- und Birnensorten.

SPÄTE MUSKATELLERBIRNE
Lokalsorte am Hochrhein. Kleine Frucht. Gelb, zur Sonne rötlich. Synonym: **Späte Muskateller**. Genussreife: Oktober. Literatur: (67) (70)

SPÄTE WEINBIRNE
Mostbirne. Verarbeitung: Oktober. Baum wächst mäßig, blüht spät und ist sehr fruchtbar. Gedeiht in allen Lagen mit gutem Boden. Literatur: (23) (70)

SPECKBIRN
1795 von Schiller beschrieben. **Welsche Reichen Äkern-Birn** war ein Synonym dieser Sorte, auch: **Speck-Peer**. „*Mittelmäßig grosse Birn, von runder Form*. Am Ende dann: *Ihr Fleisch ist etwas körnicht, mild und saftig genug, aber ihr Geschmack ist nicht gar fein, sondern fast allzeit schlech, daher sie denn auch nur zu den schlechtesten Birnensorten gehöret. Der Baum hat ein gutes Gewächs und ist sehr tragbar*".

SPECKBIRNE
Ist die **Speckbirn**. Synonym: **Speck-Peer**. In Kärnten wurde 1888 eine **Speckbirne** zum ersten Mal vorgestellt. Fast 100 Jahre später, also kann es nur eine andere Sorte sein. Diese Sorte heißt auch: **Lavanttaler Mostbirne, Steirische** und **Steirische Weinmostbirne**. Mittelgroß bis groß. Schale glatt, grünlichgelb, später gelb. Keine Deckfarbe. Nur Mostbirne. Der Baum wächst stark und bildet eine hochpyramidale Krone aus. Ist ein guter Träger. **Speckbirne** ist auch ein Synonym für die Sorten: **Kuhfuß, Oberösterreichische Weinbirne** und **Westfälische Glockenbirne**. Literatur: (02) (40) (70)

SPECK UND ERBSENBIRNE und
SPEIDELBIRNE
Beide Sorten sind im Bundes-Obstarten-Sortenverzeichnis aufgeführt.

ST. ANGELIKABIRNE
Tafelbirne. Reife im November. Großfrüchtig, kegelförmig. Schale geschmeidig, hellgrün, später gelblichgrün. Leichte Berostungen. Schmelzend, gewürzt, süß. (Lexikon der Obstsorten)

ST. MAGDALENA
St. Magdalene. 1795 von Schiller sehr gut beschrieben. *„Ist eine mittelmäßig grosse Birn, von kurzer rundlicher Form; am Auge ein wenig glatt, und nach dem Stiel wird sie etwas spizig. Ihre Schale ist sehr platt, von blasser gelblichtgrüner Farbe. Ihr Fleisch ist mild, schmelzend, safftig und von sehr lieblichem Geschmack, wenn sie nicht zur Unzeit gepflückt wird".* Schiller verglich hier auch mit der **Frühen Gold-Bergamotte** und der **Brüsselbirn (Brüßler-Birn).**

STAFFINGER DÖRRBIRNE
Lokalsorte im Landkreis Erding, Oberbayern. Kleine Frucht. Schale gelb, berostet. (Abb. im Verzeichnis der Apfel- und Birnensorten)

STARKING DELICIOUS
1930 in Ohio/USA entstanden. Tafelbirne. Groß bis sehr groß, birnförmig. Schale glatt, zitronengelb. Fleisch ist weiß, süß, mit angenehmen Aroma. Pflückreife ist im September. Haltbar bis November. Baum wächst stark. Widerstandsfähig gegen Feuerbrand. Ertrag normal bis hoch und fast regelmäßig.
(Alte und neue Birnensorten von F. Mühl)

STARRINGER DÖRRBIRNE
Lokalsorte. Keine Daten. (Abb. im Verzeichnis der Apfel- und Birnensorten)

STERKMANNS BUTTERBIRNE
Entstand bei Löwen in Belgien. Synonyme: **Beurré Sterkmann, Doyenne Sterkmann,** und **Poire Belle Alliance.** Diel hat die Birne 1826 als **Sterkmans Wildling** beschrieben, er nannte sie auch **Bezy Sterkmans.** Die Reiser hatte er aber von Herrn van Mons als **Bergamotte Sterkmans** bekommen. Dieses wurde aber von Diel bezweifelt. Gute Tafel- und Wirtschaftsbirne. Reife: XII bis I. Schale hellgrün, später hellgelb. Sonnenseite gepunktet und verwaschen gerötet. Manchmal berostet und gefleckt. Fleisch gelblichweiß. Goetz schrieb 1936 **Sterckmanns Butterbirne.** Im Bundes-Obstarten-Sortenverzeichnis ist **Sterckmann's Butterbirne** angegeben. Ich vermute, dass zwischen den Sorten **Butterbirne** und **Wildling** eine Identität besteht. Literatur: (12) (39) (118)

STERNEBERGS SOMMERBUTTERBIRNE
Als guter Pollenbildner bei Prof. Schanderl erwähnt. Tafelbirne. Reife im August. Deutliche Berostungen. In Geisenheim 1882 entstanden. Auf der Pomologen-Versammlung 1896 vorgestellt als **Sterneberg's Butterbirne.** Baum wächst kräftig und aufrecht.

STEYREGGER BIRNE und **STORCHSCHNABELBIRNE**,
sind im Bundes-Obstarten-Sortenverzeichnis angegeben.

STRASSBURGER SOMMERBERGAMOTTE
Straßburger Sommerbergamotte. Tafel- und Wirtschaftsbirne. Reife im August.
Grünlichgelb, später hellgelb. (Lexikon der Obstsorten)

STRAUSS-MUSKATELLERBIRNE
Strauß-Muskatellerbirne. Eine frühe Tafelbirne. Reife: August. Kleinfrüchtig.
Gelblichgrün, dann hellgelb. leichte Berostungen. (Lexikon der Obstsorten)

STRAUSSDORFER FRAUENBIRNE
Straußdorfer Frauenbirne. Lokalsorte in Oberbayern. Keine Daten gefunden.

STRIESKA und STUTTGARTER BIRNE
Beide Sorten sind im Bundes-Obstarten-Sortenverzeichnis angegeben.

STUTTGARTER GAISHIRTLE
Nach Angaben des Ill. Handbuches soll die **Stuttgarter Gaishirtenbirne** als Sämmlingsstamm in der Umgebung von Stuttgart von einem Ziegenhirten gefunden worden sein. War in Süddeutschland sehr bekannt, auch als **Stuttgarter Russelet**. Im Erzgebirge und in Sachsen nennt man sie **Honigbirne** oder **Zuckerbirne**. Im Badischen hieß sie auch **Hutzelbirne**. Hier gab es verschiedene Schreibweisen des Namens. Zum Beispiel: **Stuttgarter Geißhirtle**, 1896 bei Johannes Böttner. **Stuttgarter Gaishirtel**, im Praktischen Ratgeber 1888. **Stuttgarter Geißhirtel**, im Praktischen Ratgeber 1888. **Stuttgarter Geishirtel** bei W. Hinkert 1830.
Geißhirtle ist der offizielle Handelsname nach der Bearbeitung durch die Bundessorten-kommission 1962. Synonyme: **Chevries de Stoutgart, Poire de Stoutgart, Rousselet de Stoutgart, Stuttgarter Russelet** und einige andere. Tafelbirne, auch Wirtschaftsbirne. Reife im August. 1 Woche haltbar. Kleine bis mittelgroße Frucht. Zart, glatt, gelblichgrün, später dann gelblich. Etwas körnig, sehr saftig. Geschmack sehr süß und zimtartig gewürzt. Synonyme bei Gaucher: **Bellissime de Provence, Gaishirtle, Geisshirten, Poire des Chevriers de Stuttgardt, Poire de Stuttgart, Rousselet de Stoutgart, Stuttgarter Geishirtel, Wahre Stuttgarter Geishirtel.** Literatur: (14) (16) (45) (114) (115) (117) (118)

STUTTGARTER WINTERBUTTERBIRNE
Späte Tafelbirne. Reife: II bis IV. Schale hellgrün, zur Sonne gerötet. Leichte Berostungen. Sehr saftig. Süßsäuerlich. (Lexikon der Obstsorten)

SUCRÉ DE MONTLUCON
Wurde im Praktischen Ratgeber von 1889 kurz besprochen. **Sucree de Montlucon** heißt es im Bundes-Obstarten-Sortenverzeichnis. **Sucrèe de Montlucon** war bei der Pomologen-Versammlung 1893 eine Empfehlung wert.

SUDBIRNE und SUISSE WILLIAMS
Sind im Bundes-Obstarten-Sortenverzeichnis angegeben.

SÜLIBIRNE
Lokalsorte im Bodenseegebiet, auch am Südlichen Schwarzwald. Herkunft ist die Schweiz, dort ebenso eine bekannte Lokalsorte. Mostbirne. Verarbeitung: X bis III. Frucht ist klein, grünlichgelb, leicht berostet. Früchte sind zucker-, säure- und gerbstoffreich. Name ist auch ein Synonym für die Sorte **Sommereierbirne**. Im Bundes-Obstarten-Sortenverzeichnis: **Sylibirne**. Literatur: (40) (70) (86) (87)

SUPERIOR
Ist im Bundes-Obstarten-Sortenverzeichnis angegeben.

SUPERTREVOUX
Gleiche Eigenschaften wie die Stammsorte **Trevoux**. Früchte jedoch größer und etwas früherer Erntetermin. (Erfolgstipps für den Obstgarten)

SUZETTE VON BAVAY
Wurde im Pr. Ratgeber von 1888 als Birnensorte erwähnt. Empfohlen für Topfkultur. Frucht klein bis mittelgroß. Genussreife: Januar bis April. Von der Kgl. Lehranstalt in Wildpark, für Hochstamm empfohlen. Synonyme sind nicht bekannt. Literatur: (17) (114)

SVETLYANKA
Ist im Bundes-Obstarten-Sortenverzeichnis angegeben.

SWANS ORANGE
Sorte war 1877 auf der Pomologenversammlung in Potsdam ausgestellt.

TALISMANS
Ist im Bundes-Obstarten-Sortenverzeichnis angegeben.

TAMM'SCHE WINTERBIRNE
Lokalsorte der Niederelbe. Kochbirne. 1958 rechnete man bei der Erntevorausschätzung noch mit 265 to, das wären 4 % der gesamten Birnenernte

gewesen. Allerdings war 1958 ein schlechtes Birnenjahr, nicht einmal die Hälfte einer normalen Birnenernte, wurde erwartet. (Mitteilungen des OVR 7/58)

TAWRITSCHESKAJA
Ist im Bundes-Obstarten-Sortenverzeichnis angegeben.

TAYLORS GOLD
Diese Sorte kam im Jahr 2000 vereinzelt in kleinen Mengen aus Neuseeland. (BLE)

TAYUSHCHAYA
Ist im Bundes-Obstarten-Sortenverzeichnis angegeben.

TEILERSBIRN
Synonyme: **Bründler, Regler, Steinacherbirn, Streuler** oder **Theiligbirne**. Mostbirne, war besonders im Oberrhein- und im Bodenseegebiet bekannt. **Theilersbirne** ist im Bundes-Obstarten-Sortenverzeichnis angegeben. (55) (70)

TEPKA
Mostbirne. Klein, bergamottenförmig. Schale gelbgrün. Fleisch gelblichweiß, grob, saftreich, herbsüß. Nur Tage haltbar, dann teigig. Gibt vorzüglichen Most. (68)

TERTOLENS HERBSTZUCKERBIRNE
Tafelbirne. Genussreife: XI. Klein. Hellgrün, später gelb. (Lexikon der Obstsorten)

THEODOR KÖRNER
Eine Sommerbutterbirne. Genussreife: September. Nicht besonders wertvoll, wird schnell teigig.

THEODOR VAN MONS
Im Bundes-Obstarten-Sortenverzeichnis aufgeführt.

THERESE
Großfrüchtig, gelblich, schmelzend, sehr guter Geschmack. Reife im Oktober. Tafelbirne. Ist identisch mit der Sorte: **Gute Therese**. Quelle: (115)

THOUIN
Tafelbirne. Genussreife: Oktober. Klein. Hellgrün, später hellgelb. (40)

TEUTSCHLÄNDER-BIRN und TEUTSCHLÄNDER-BUTTER-BIRNE
sind Synonyme der **Weißen Herbst-Butter-Birne**.

THIMO, THIRRIOT, TIMPURII DE BISTRIZA, TIMPURI DE VOINESTI und TRAMMELBIRNE.
Sind im Bundes-Obstarten-Sortenverzeichnis aufgeführt.

TRÄUBLESBIRNE
Mostbirne. Verarbeitung: Oktober. Kleine Frucht. Grünlichgelb, rostig punktiert. (Lexikon der Obstsorten)

TRÄUBLIBIRNE
1936 bei Goetz erwähnt. Mit Sicherheit handelt es sich hier um die **Träublesbirne**.

TRAPEZITSA
Neue Birnensorte aus Bulgarien. **Giffards Butterbirne X Tserovka**. (Obstbau)

TRÈVOUX
Siehe: **Frühe von Trèvoux** oder **Frühe aus Trèvoux**.

TRIESDORFER FRÜHBIRNE, TRISSLBIRNE und TRISTAN.
Sind im Bundes-Obstarten-Sortenverzeichnis aufgeführt.

TRIOMPHE DE VIENNE
Schreibweise des Namens in den Niederlanden, bei der LWK Hannover 1907 und der Pomologen-Versammlung 1893. Goetz schrieb 1936 **Triomphe de Vienne** und **Triumph aus Vienne**.   Literatur: (12) (28) (111) (115)

TRIUMPH VON JODOIGNE
1830 in Belgien entstanden.   Synonyme: **Besi van Orlé** und **Triomphe de Jodoigne**. Tafel- und Wirtschaftsbirne. Genussreife: XI bis XII. Große bis sehr große Frucht. Schale glatt, grün, dann gelbgrün und auch trübrot gesprenkelt. Fein, zart, schmelzend und saftig. Gaucher nennt sie eine prachtvolle und gute Tafel- und sehr gute Wirtschafts- und Marktfrucht.   Literatur: (45) (114)

TRIUMPH VON VIENNE
Tafel- und Wirtschaftsbirne, großfrüchtig. Schale trocken, etwas rauh, bei Reife grüngelb mit netzartiger oder fleckiger Berostung. Genussreife: September. Anbau ist verzichtbar, zugunsten anderer, gleichzeitig reifender Sorten. Birne wird vollreif schnell teigig. 1874 in Frankreich entstanden. War in der Preisgruppe 2.
Literatur: (12) (13) (24) (52)

TRIVALE und
TROCKENE WEINBIRN.
Sind im Bundes-Obstarten-Sortenverzeichnis aufgeführt.

TROCKENER MARTIN
Späte Tafel- und Wirtschaftsbirne. Genussreife: XII bis III. Frucht kegelförmig, gelb, großflächig berostet. Fruchtfleisch ist fest. Eine sehr alte, aus Frankreich stammende Birnensorte. 1768 von Duhamel erwähnt. War in der Schweiz, Österreich und Süddeutschland verbreitet. Stellt keine besonderen Ansprüche an Boden und Klima. 1854 von Lucas als gute Kochbirne für rauhe Lagen empfohlen. Synonyme: **Martin sec, Martinsbirne, Kochbirne, Rote Hutzelbirne, Kandelzuckerbirne, Rote Winterbergamotte. Trockner Martin** schrieb Goetz 1936. Literatur: (12) (67) (72)

TROMPETENBIRNE
Tafel- und Wirtschaftsbirne. Reife: September. Mittelgroß. Schale hellgrün, später grünlichgelb. Zur Sonne gerötet und gestreift. Berostungen. (40)

TRUCHSESS
Wurde 1826 von Diel beschrieben. Wurde in Dietz an der Lahn erzogen. Der Name war dem Pomologen Freiherr von Truchseß gewidmet. War auch als **Die Truchseß** bekannt. Genussreife: November. Mittelgroße Tafelbirne. Schale hellgrün, später etwas gelblich, zur Sonne gerötet. Berostungen. Sehr saftig.

TRUMBIRNE
Ist im Bundes-Obstarten-Sortenverzeichnis aufgeführt.

TRUTZERBIRNE
Im Bundes-Obstarten-Sortenverzeichnis aufgeführt, in Österreich war die **Trutz-Birne** ein Synonym der **Rothen Bergamotte.** Quellen: (70) (114)

TSCHIJOWSKAJA
Ist im Bundes-Obstarten-Sortenverzeichnis aufgeführt.

TSEROVKA
Birnensorte aus Bulgarien. Keine Daten vorhanden. (Obstbau)

TÜRKHEIMER TAFEL-BIRNE
In Niederösterreich ein Synonym der **Erzherzogbirne.** (Pomolog. Handbuch)

TÜRKISCHE LEDER-BIRNE
In Niederösterreich ein Synonym der Sorte **Wildling von Motte**. (114)

TUMBACHER LEDERBIRNE und
TYSON
Beide Sorten werden im Bundes-Obstarten-Sortenverzeichnis aufgeführt.

UCCLER MARIE LUISE
In Belgien entstanden. Tafelbirne. Reife: X bis Mitte XI. Bauchig-birnförmige Frucht. Schale glatt, gelblichgrün bis grüngelb. Häufig Anflüge und Überzüge von Rost. Fruchtfleisch ist gelblichweiß, fein, wenig körnig, etwas schmelzend, saftig. Geschmack etwas gewürzt und süß. (Lexikon der Obstsorten)

ULMER BUTTERBIRNE
Lokalsorte, stammt aus der Gegend von Ulm. Synonyme: **Albeckerin, Alpecker Steigbirne, Ulmer Butterbirn**. Mittelgroße, meist rundliche Frucht, gelblichgrün, zur Reife gelb, Sonnenseite gerötet. Wurde auf der Pomologenverammlung 1877 von Palandt als eigene Sorte beschrieben.

UNTOASA DE GEOGNIN
Sorte wird im Bundes-Obstarten-Sortenverzeichnis aufgeführt.

USTRONER PFUND-BIRNE
In Niederösterreich ein Synonym von **Diel's Butterbirne**. (Pomolog. Handbuch)

UVEDALE ST. GERMAIN
Eine australische Sorte, aus dieser und der **Williams**, ist die **Packhams Triumph** entstanden.

VAN HOEKS POMERANZENBIRNE
Tafel- und Wirtschaftsbirne. Reife im September. Mittelgroß, kreiselförmig. Gelblichgrün, zur Sonne gerötet. Berostet, auffällige Lentizellen. Halbschmelzend, gewürzt, süß. (Lexikon der Obstsorten)

VAN MARUMS FLASCHENBIRNE
Wurde 1889 im Prakt. Ratgeber für den Anbau empfohlen. Tafel- und Wirtschaftsbirne. Reife im Oktober. Sehr groß, flaschenförmig. grünlichgelb. Zur Reifezeit völlig berostet. Etwas saftig, leicht gewürzt, süßlich.
Synonyme: **Calebasse Monstre, Carafon, Poire von Marum**.

VAN MARUM'S SCHMALZBIRNE
Tafel- und Wirtschaftsbirne. Ist in Niederösterreich ein Synonym der **Brüsseler Zucker-Birne**. Reife: IX bis X. Mittelgroß. Schale gelb. (Pomolog. Handbuch)

VAN MONS BUTTERBIRNE
Poire van Mons. Tafel- und Wirtschaftsbirne. Große, längliche, kegelförmige Frucht. Mattgrün, später gelb. Zur Reifezeit bräunlich punktiert, stellenweise bräunlich berostet. Fleisch ist weiß, fein, saftig. Geschmack angenehm gewürzt, süßsäuerlich. (Verzeichnis der Apfel- und Birnensorten)

VAN MONS LEON LECLERC und VANJANJE
Beide Sorten werden im Bundes-Obstarten-Sortenverzeichnis aufgeführt.

VATER BALTET
Bei H. Petzold erwähnt. Sorte ist diploid.

VAUQUELINS SAINT GERMAIN
Auch: **Poire Vauquelin**. Tafel- und Wirtschaftsbirne. Genussreife: I bis III. Große bis sehr große Frucht. Schale graugrün, später gelbgrün, manchmal kräftig gerötet. (Lexikon der Obstsorten)

VELDENZER
Lokalsorte, hat sich 1888 bewährt. Auch **Veldenzerbirne**. Muß eine Lokalsorte gewesen sein. (Prakt. Ratgeber)

VENUSBRUST
Wirtschaftsbirne. Genussreife: Januar bis April.

VERDI
Kreuzung aus der Sorte **Gute Luise X Vereinsdechantsbirne**. Stammt aus den Niederlanden. Wurde 1994 nach jahrelangen Prüfungen in das Birnensortiment aufgenommen. Wachstum ist mäßig. Frucht ist mittelgroß bis groß. Grüne Grundfarbe mit braun gestreifter Röte. Die Birne ist fest, saftig, eher sauer, der Geschmack ist mäßig bei Ernte, nach Lagerung sehr gut. Produktivität wird als mäßig bezeichnet, nicht verträglich mit Quitte, Zwischenstamm ist notwendig. Kaum empfindlich für Feuerbrand. (Obstbau 8/96)

VEREINSDECHANTSBIRNE
Stammt aus Frankreich, wurde als **Doyenne du Comice** in den Handel gebracht. Auch: **Doyennè du Comice**. Heimat ist der Vereinsgarten der

Gartenbaugesellschaft in Angers, dort brachte sie 1849 die ersten Früchte. In Osnabrück führte sie den Namen **Roberts Butterbirne**. Synonyme: **Comice, Doyénne du Comice d'Angers**, (ist der Originalname) **Poire du Comice** und **Roberts Butterbirne**. Reife: X bis XI. Frucht groß, etwas beulig. Gelb, zur Sonne gerötet. Auffällige Lentizellen. Schmelzend, gewürzt. Bei Gaucher gab es noch die **Beurré Robert**. Schale meist glatt und dick, bei Reife gelb, sonnenseits verwaschen bräunlichrot. Tafelbirne. Saftreich, kräftig süß. Um 1865 nach Deutschland. Mutanten: **Supercomice Delbard** aus Frankreich und **Regal red Comice** seit 1960, stammt aus den USA. Zusatz für den Erwerbsanbau: Eingeführte Sorte mit sicherem Absatz, einige der wenigen Sorten, die heute noch von den Großabnehmern verlangt werden. Die **Vereins-Dechants-Birne** war in der Preisgruppe 1. Handelsname: **Vereinsdechant**. **Decana Comisiei** in Rumänien, **Dekanka du Komis** in Russland, **Dekanka Robertova** in Tschechien und **Komisowka** in Polen. Literatur: (13) (14) (24) (40) (45) (52) (77) (115)

VERMILLON
Ist eine sehr alte Sorte, wurde 1795 bereits von Schiller beschrieben. Er bezeichnete sie auch als **Paradisbirn** bzw. **Paradis-Birn**. *„Grosse Birne von länglichter Form, dickbauchicht, und nach dem Stiel zu wird sie dünner. Ihr Fleisch ist etwas derb und körnicht, doch aber auch mild genug und voll Saftes, von süssem, lieblichen, angenehmen Geschmack".* **Vermillon** ist auch ein Synonym für die **Schönste Herbstbirne**.

VERTÉ
Handelsname für **Madame Verté**. Tafelbirne, war in der Preisgruppe 1.

VEVIRBIRN
Von Schiller 1795 beschrieben. Auch **Hoppen-Peer**, erwähnt wurde noch der Name **Schillings-Birn**. Eine große Birne, gelb, an der einen Seite, Hier wird er die Sonnenseite gemeint haben, *„vielmals hellroth, von lieblichen Ansehen".* Eine **Rothe Vevirbirn** war ebenfalls bekannt.

VICEKÖNIGIN
Alte Sorte, heute schreibt man **Vizekönigin**. Großfrüchtige Birne. Genussreife: XI bis XII. Synonyme sind keine bekannt. Tafel- und Wirtschaftsbirne. Zur Reifezeit zitronengelb. (Lexikon der Obstsorten)

VICE-PRESIDENT DELEHAYE
Ist im Bundes-Obstarten-Sortenverzeichnis aufgeführt.

VICTORIA BLUSH
Ist eine Mutante von **Williams Bon Chretien**. Steht hinsichtlich der Abstammung mit der **Bon Rouge** auf einer Stufe. Es ist eine mittelgroße bis große, dunkelrot, bzw. stumpfrot gefärbte Birne, nicht ganz ausgefärbt wie die **Bon Rouge**. Form ist länglich-eiförmig bis birnenförmig. Süßes, creme-weißes Fruchtfleisch mit gutem ausgeprägtem Eigenaroma. Lieferland: Südafrika. Quelle: (BLE)

VIENNE
Handelsname der **Triumph von Vienne**.

VIGNERON
Stammt aus Frankreich. Großfrüchtige Tafelbirne. Reife: X bis XI. Baum wächst kräftig und ist sehr fruchtbar. (Lexikon der Obstsorten)

VILA, VINEUSE ESPEREN und VIRGINIE BALTET.
Werden im Bundes-Obstarten-Sortenverzeichnis aufgeführt.

VIRGOULEUSE
Stammt aus Frankreich, war früher in Deutschland und in Südtirol, besonders im Etschtal, verbreitet. Tafel- und Wirtschaftsbirne. Genussreife: XI bis I.
Synonyme: **Abbé Perez, Besi de Virgoulée, Bujaleuf, Chambrette Ronde, Chambrette d´hiver, Erlauer Birne, Franzosenbirne, Glanzbirne, Grüne Winterbergamotte, Kalmesbirne, Kalmus-Birne, Kurzstielige Bergamotte, Kurzstielige Winterbergamotte, La Borie, Lange Grüne Bergamotte, Lange Grüne Winterbergamotte, Paradiesbirne, Poire de Glace, St. Leonhard, Virgeliz, Virginas, Virgilis, Virgules, Virgoulée Chambrette, Winter-Citronen-Birne, Winter-Citroni** und **Wirgeles**. Frucht groß, hellgrün, später zitronengelb.
Literatur: (02) (17) (40) (114)

VOLKMARSER
Teilweise schrieb man **Volkmaserbirne** oder **Volkmaser Birne**. Nach meinen Recherchen vorwiegend im südlichen Niedersachsen angebaut. Anspruchslos an Boden und Klima. Synonym: **Voltmersche, Rettigbirn**. Wirtschaftsbirne ersten Ranges schrieb die LWK Hannover 1907. Frucht ist klein, birnförmig. Schale hellgelb mit leichtem Rostanflug. Tragbarkeit tritt spät ein, dann aber reichlich. Kräftiger Geruch. Schreibweise 1936 bei Goetz: **Volkmarsenbirne**. In einer Sortenempfehlung für die Provinz Hannover stand 1898 folgendes: Nur Hochstamm, starker Wuchs. Bäume werden wie Eichen.
Quellen: (Pr. Ratgeber 1889 S. 415) (111) (113) (121)

VOLK'S BUTTERBIRN
Sorte war 1877 auf der Pomologenversammlung in Potsdam ausgestellt.

VOLLMERSCHE GRAUBIRNE
Aufgelistet 1936 bei Goetz. Keine Daten angegeben.

VOLLTRAGENDE SOMMERBERGAMOTTE
Tafelbirne. Reife im September. Mittelgroß. Schale gelb, berostet. Gewürzt, süß.

VON LADE'S BUTERBIRNE
Beurré Ladé. Tafel- und Wirtschaftsbirne. Reife: November bis Dezember. Großfrüchtig. Hellgrün, später grünlichgelb. Zur Sonne mattbraun gerötet, manchmal etwas gestreift. Halbschmelzend, saftig. (Verzeichnis der Apfel- und Birnensorten)

VONKA
Birnensorte in Tschechien. Stammt von der **Vereinsdechantsbirne** ab. Mittelstark wachsend. Reife: Oktober. (Obstbau)

VORZÜGLICHE
Tafelbirne. Reife: XI bis XII. Frucht länglich bis rund. Grünlichgelb, zur Sonne gerötet. Gewürzt. (Lexikon der Obstsorten)

WADEL-BIRNE und WADEN-BIRNE
Waren in Niederösterreich Synonyme der Sorte **Frauenschenkel.**
(Pomologisches Handbuch)

WAHL'SCHE SCHNAPSBIRNE
Im Bundes-Obstarten-Sortenverzeichnis aufgeführt.

WAHRE LEIPZIGER RETTIGBIRN
Wurde 1830 von Hinkert beschrieben. Reife Ende August, 6 Wochen haltbar.
„Markt- und Ökonomiefrucht, der Baum ist äußerst tragbar."

WALTER SCOTT
Auch **Herzog von Nemours.** Wurde von Oberdieck empfohlen, zwar reichtragend, aber kaum schmelzend, bald faulend, verwerflich. Bei einigen Autoren auch **Walter Skott** geschrieben. Literatur: (15 S.79) (121)

WASSA
Ist im Bundes-Obstarten-Sortenverzeichnis aufgeführt.

WASSERBIRNE
War im 19. Jh. eine Lokalsorte in Thüringen. (16 S. 799) Bekannt ist eine **Münchner Wasserbirne** und sehr bekannt ist die **Schweizer Wasserbirne**. Siehe auch **Schweizer Wasserbirne**.

WECKBIRNE, WEIDENMÜLLERLI und WEILER`SCHE MOSTBIRNE
Diese drei Sorten werden im Bundes-Obstarten-Sortenverzeichnis aufgeführt.

WEILERSCHE MOSTBIRN
Stammt aus dem Ort Weiler bei Sinsheim. Auch: **Krummbäumlesbirn**. Sehr wertvolle Mostbirne, von Gestalt klein, kugelig und wenig ansehnlich. Reift im Oktober und hält 2 bis 3 Wochen. Eignet sich gut für Straßen und Felder. Anspruchslos bezüglich Boden. Also eine richtige Sorte für den Streuobstanbau. Lämmerhirt schreibt: *In der Qualität des Mostes, wohl eine der besten Mostsorten.* Wurde auch **Weilersche Mostbirne** geschrieben. Lt. Praktischer Ratgeber von 1888 bewährt. Sehr gute Mostbirne. Sehr frosthart. Auf der Pomologen-Versammlung 1893 wurde die **Weiler'sche Mostbirne,** aber nur als Mostbirne sehr empfohlen. Literatur: (17 S. 131) (23) (40) (55) (115)

WEINBERGSBIRNE
Tafelbirne. Genussreife: XI bis XII. Frucht klein, eiförmig. Schale hellgrün, später gelblichgrün. Berostungen. Schmelzend, gewürzt, süß.

WEINBIRNE
Ein Synonym für zahlreiche Birnensorten, u. a. **Bayerische Weinbirne, Große gelbe Weinbirne, Grüne Sommermagdalene, Gute Graue, Oberösterreichische Weinbirne** und **Römische Schmalzbirne**.

WEINMANNSBIRNE
Wird im Bundes-Obstarten-Sortenverzeichnis aufgeführt.

WEINSTENGEL
Synonym für den **Katzenkopf** (1877 auf der Pomologen-Versammlung)

WEISSBIRN
Wird im Bundes-Obstarten-Sortenverzeichnis aufgeführt.

WEISSE BUTTERBIRN
Beure blanc. 1795 von Schiller sehr gut beschrieben. *„Mittelmäßig grosse Birn, von rundlichter Form, und nicht gar bauchig, sondern wohl etwas länglicht. An*

der Sonnenseite wird diese Birne braunroth, welches aber im Liegen sich ganz verliert, und ins Gelbe abändert, auch ist bei dieser Gattung als etwas besonderes anzumerken, daß die Trag-Knospen sich gewöhnlich am End der Zweige ansezen, und beim Beschneiden, durch einen, der dieses nicht weißt, meist weg geschnitten worden. Dieses ist eine der fruchtbarsten und besten Sommer-Birnen". (37) Also einwandfrei die **Weiße Herbstbutterbirne**. Bei Gaucher und in Österreich: **Weisse Herbstbutterbirne** oder **Weisse Herbst-Butter-Birne**.
Literatur: (37) (45) (117)

WEISSE HERBSTBUTTERBIRNE
Auch: **Weisse Herbst-Butterbirne** stammt aus Frankreich, unter dem Namen **Beurré blanc**. Der Name wurde bei uns verstümmelt in **Blankbirne, Blanchebirne** oder **Blanche**. In Oberösterreich war noch der Name **Blanschke** bekannt. In Bayern und Württemberg und in Österreich heißt sie meist **Kaiserbirne**. Auch als **Bergamotte** und **Zitronenbirne** wird sie geführt. Die Birne wurde 1830 von W. Hinkert beschrieben als **Weiße Herbstbutterbirn**. Matthieu gibt in seiner „Nomenclator pomologicus" 106 verschiedene Bezeichnungen an. Hiermit ist schon fast eine weltweite Verbreitung bewiesen. Mir liegen etwa 70 Synonyme und Doppelnamen vor. Tafel- und Wirtschaftsbirne. Genussreife im Oktober. 2 bis 3 Wochen haltbar. Mittelgroße Frucht. Hellgrün, dann blassgelb. Berostungen.
Einige weitere Synonyme: **Autumn Beurré, Bergalos, Beurré blanc d´automne, Beurré á courte queue, Birneblank, Blanche-Birne, Blanschke, Bonne-Ente, Butter-Pear, Carlisle, Citron, Courte queue, Dean´s, Dechantsbirne, Doyenné d´automne, Doyenné blanc, Doyenné jaune, Doyenné Piété, Doyenné Saint-Michel, Doyenné du Seigneur, Doyenné White, Fousalou, Französische Dotter-Birn, Gelbe Herbst-Bergamotte, Giaccola di Roma, Gold-Bergamotte, Grüne Bergamotte, Herbst-Bergamotte, Herbst-Citronen-Birne, Herbst-Birne, Herbst-Kaiser-Birne, Kaiserbirne, Kaiser-Butter-Birne, Monsieur, Neige, Neige du Seigneur, Pariser-Birne, Pera Spada, Perlmutter-Birne, Pfalzgrafen-Birne, Pine Pear, Poire de Neige, Saint Michel, Schmotz-Jokeles, Signore, Snow Pear, Sommer-Citronen-Birne, Teutschländer-Birn, Teutschländer-Butter-Birne, Valencia, Warwick Bergamot, Weisse Herbst-Birne, Weisse Herbst-Citronen-Birne, Weisse Herbst-Dechants-Birne, Weisse Mouille-Bouche, White Beurré, White Doyenné, Winter-Schmalz-Birne.** Laut österreichischen Angaben soll die Birne aus Italien stammen, ein Zufallssämling, 1600 schon bekannt. Der Wuchs ist schwach, Krone pyramidal. Stark anfällig für Schorf. Quellen: (02) (24) (40) (45) (114) (115) (119)

WEISSE KAISERBIRNE
Name ist ein Synonym der **Weißen Herbstbutterbirne**. (Prakt. Ratgeber 1889)

WEISSE KAPPESBIRNE
Kleinfrüchtige Mostbirne.

WEISSE SCHAL-BIRNE, WEISSE SCHÖLLER-BIRNE und WEISSSCHALIGE BERGAMOTTE
Diese drei Sorten sind in Niederösterreich als Synonym der **Guten Louise** bekannt.

WEISSE PRINZESSEN
Witte Princesse. Von Schiller 1795 beschrieben. *„Ist eine sehr grosse Birn, von länglichter, bauchichter Form, und gegen den Stiel, welcher mässig lang und insgemein etwas krumm ist, wird sie dünner, ja lauft fast spitzig zu. Die Schale ist glatt, grob und, wenn sie reif geworden, gelblicht, oder grünlichtweis, und überall blas braungrün zart getupft, auch öffters hier und da braun gefleckt. Ihr Fleisch ist mild, körnicht, und von ziemlich lieblichen, aber doch nicht hochfeinen Geschmack. Der Baum hat ein gutes Gewächs, und ist sehr tragbar".*

WELSCHE BESTEBIRNE
1889 im Praktischen Ratgeber erwähnt, ohne Daten.

WELSCHE BRATBIRN
Siehe unter **Champagner Bratbirn**. Mostbirne. Reife im Oktober. Klein bis mittelgroß. Schnelle Verarbeitung ist erforderlich, da sie sonst teigig wird. Der Baum ist sehr starkwüchsig und bildet eine mächtige Krone. Hoher Ertrag. (40)

WELSCHE BRATBIRNE und WELSCHE WASSERBIRNE
sind im Bundes-Obstarten-Sortenverzeichnis aufgeführt.

WELSCHE WEINBIRNE
Im Verzeichnis der Apfel- und Birnensorten angegeben.

WESPENBIRNE
Sommerbirne. Reife: Anfang August. Kleine Frucht. Von Hinkert 1830 beschrieben. Er schrieb über die **Wespenbirn**: *„Für den Markt; Baum trägt stark, braucht sonnige Lage".* (117)

WESTFÄLISCHE GLOCKENBIRNE
Soll aus Mitteldeutschland stammen. Meine Vermutungen sind Sachsen-Anhalt, vieleicht sogar Westfalen, da diese Sorte dort stark verbreitet war. Auch ein Synonym der Sorte **Kuhfuß**. Mir ist diese Sorte aus dem Alten Land noch bekannt.

WESTRUM
Sommertafelbirne. Reife: IX. Auf der Pomologenversammlung 1877 **Westrumb**.

WETTINGR HOLZBIRNE
Lokalsorte. Mostbirne. Sorte ist triploid.

WEYLER-BIRN
Diese Sorte erwähnte Schiller 1795 im Zusammenhang mit der **Schönen Cornelia**. Auch die **Peters-Birn** wurde genannt. Schiller schrieb hier: „*Himmels-Gegend und Erdboden machen wie bei all anderen Obstgattungen also auch bei der Birne, eine grosse Verschiedenheit*". Leider bin ich noch nicht weitergekommen, um welche Sorte es sich hier wirklich handelt.

WICKELBIRNE
Im Bundes-Obstarten-Sortenverzeichnis aufgeführt.

WIENER KIRSCH-BIRNE
Kleinfrüchtig. Reife Ende Juni bis Juli. Baum wächst sehr kräftig. Ein guter Träger. Synonyme: **Frühe Witze, Witz-Birne, Witze**. (Pomologisches Handbuch)

WIENER POMERANZENBIRNE
Tafelbirne. Reife: IX. Mittelgroß. Gelb, auffällige Lentizellen. (40)

WILDBIRNE UHLBERG
Im Bundes-Obstarten-Sortenverzeichnis aufgeführt.

WILDE EIERBIRN
Synonym: **Hosenbirne**. Bach schrieb 1906: „*Mittelgross bis gross und ziemlich eiförmig gebaut. Schale gelblichgrün, Sonnenseite hie und da braunrötlich angelaufen. Kann nur zum Mosten verwendet werden, gibt viel Most, welcher von sehr guter Beschaffenheit ist*". Die Sorte muss in Baden-Württemberg sehr bekannt gewesen sein. Heute ist es die **Wilde Eierbirne**. Eine gute Mostbirne. Verarbeitung im Oktober. Kleine bis mittelgroße, birnförmige Frucht. Baum wächst anfangs stark, später mittelstark. Früher Ertrag. Sehr gut zum Dörren geeignet. Literatur: (39) (55)

WILDE HERRENBIRNE
Wirtschaftsbirne. Reife: Mitte September. 14 Tage haltbar. Großfrüchtig. Hellgrün, dann gelbgrün, zur Sonne gerötet. Deutliche Berostungen. Für rauhe Gebirgsgegenden geeignet. Literatur: (117)

WILDER
Sommerbirne, ist auch im Bundes-Obstarten-Sortenverzeichnis aufgeführt.

WILDERERS FRÜHE
War in der Preisgruppe 3 aufgeführt, keine Beschreibung gefunden.

WILDERS FRÜHE
Sorte stammt aus Amerika und kam um 1900 nach Deutschland. Synonyme: **Wilders, Early Pear.** Frühe Tafelbirne. Reife: Ende Juli. 2 Wochen haltbar. Kleine bis mittelgroße, birnförmige Frucht. Ungleichmäßige Reife, daher nur für den Hausgarten geeignet. Frucht gelblichgrün, Sonnenseite stark gerötet. Stiel und Kelch berostet. Literatur: (39) (87)

WILDES REMERLE
Im Bundes-Obstarten-Sortenverzeichnis aufgeführt.

WILDLING VON CAISSOY
Tafelbirne. Genussreife: XI bis I. Klein. Hellgelb, später gelblichgrün. (40)

WILDLING VON CHAUMONTEL
Tafelbirne. Genussreife: XII: Großfrüchtig. Schale gelblichgrün, später gelb, großflächig berostet. Sonnenseite gerötet. Literatur: (40)

WILDLING VON DEBORET
Tafelbirne. Genussreife: XI. Mittelgroß. Schale grün, später gelblichgrün. (40)

WILDLING VON EINSIEDEL
Vorzügliche Mostbirne, entstanden aus Samen auf der Domäne Einsiedeln bei Tübingen. Stark wachsend und in die Höhe schön gehend, auf Boden und Klima nicht anspruchsvoll. Für Feld und Straßen geeignet. Vor dem Mosten 1 bis 2 Wochen lagern lassen und möglichst lange am Baum hängen lassen. Synonym: **Besi d'Einsiedel.** Haltbar bis November. Sehr kleine Frucht. Liefert einen sehr hellen Saft. Widerstandsfähig gegen Krankheiten und Schädlinge, gelegentlich von der Obstmade befallen. Literatur: (17) (23) (40) (55)

WILDLING VON MONTIGNY
Synonyme: **Besi de Montigny, Pezemontigy** und **Poire de Montigny.** Tafel- und Wirtschaftsbirne. Reife: Mitte X bis Mitte XI. Mittelgroße Frucht. Glatt, hellgrün, dann gelb. Berostungen. (Pomolog. Handbuch für Nieder-Österreich)

WILDLING VON MOTTE
Wurde 1836 von W. Hinkert beschrieben. *"Für Tafel und Ökonomie; der Baum ist früh und ausnehmend tragbar."* Reife: X bis XII. Mittelgroß. Grünlichgelb, Berostungen, auffällige Lentizellen. Im Pomologischen Handbuch für Niederösterreich wurden 1893 folgende Synonyme aufgeführt: **Amorette, Getüpfelte Crasanne, Graue Bergamotte, Graue Zucker-Birne, Grosse Crasanne, Grüne Bergamotte, Grüne Herbst-Bergamotte, Grüne Mullebusch, Türkische Leder-Birne.**

WILDLING VON VAAT
Tafelbirne. Genussreife: X bis XI. Berostungen, auffällige Lentizellen.

WILHELMINE
Tafelbirne. Genussreife: XI bis XII. Frucht klein. Schale gelb, Berostungen.

WILLIAM'S APOTHEKER-BIRNE
War in Niederösterreich ein Synonym der **Williams.**

WILLIAM'S DUCHESS
Pitmaston. In der Liste der großfrüchtigen Birnen.

WILLIAMS CHRIST
Handelsname ist **Williams.** Sonst war es immer die **Williams Christbirne.** In England von Stair gefunden. Ab 1770 bekannt und nach ihrem Verbreiter Williams benannt. 1799 soll sie nach Amerika gebracht und ist dort unter dem Namen **Barlett** und **Bartlett of Boston** weit verbreitet worden. Nach Bivort ist sie unter dem Namen **Poire d'Angleterre** nach Belgien gekommen. Der Name **Delavault** ist auch bekannt Reifezeit: September. Als **Williams Bon Chretien** wird diese Birne aus Südafrika eingeführt. 1886 schrieb man **Williams-Christbirn** oder **Williams Gute Christbirn.** Seit der Pomologen-Versammlung 1874 in Trier wird sie zu den 50 in Deutschland empfohlenen Sorten gezählt. Der Praktische Ratgeber von 1889 schreibt folgendes: Die **Williams Christbirne** war schon vor dem Jahre 1770 bekannt. Sie wurde in dem Garten des Schullehrers Wheeler in Ahlermaston, Grafschaft Berkshire (England) aufgefunden und dann von dem Handelsgärtner R. Williams weiter verbreitet. Daher der Name. Beschrieben wurde sie zuerst in den Transaktionen der "Royal Horticultural Society" 1816 im zweiten Bande. Im letzten Jahrzehnt des 18. Jahrhunderts wurde sie von E. Bartlet in Amerika (Boston) eingeführt und unter dem Namen **Bartlet-Birne** in ganz Amerika weit verbreitet, bis

ihr wirklicher Name von R. Manning festgestellt wurde. Sie war zu dieser Zeit aber schon so bekannt, daß sich der Name **Bartlet-Birne** nicht mehr verdrängen ließ. Weitere Synonyme: **Aldermaston Pear, Barnets William, Barnet's William, Bartlet's William, Bartletts William, Bartlett, Bartlett de Boston, Bartlett of Boston, Bon chrétien William, Bon Chretién Wiliam, Charles Durieux, Davis Williams, Delavaut, Doyenné Clément, Guillaume, Passe Goemanns, Weeler Berkshire, William's Apotheker-Birne, William's Christen-Birne, William's gute Christen-Birne, William's Pear, Williams musqué.** Der Typ **Rote Williams Christbirne**, auch **Max Red Bartlett** ist keine Verbesserung. In den 20er und 30er Jahren des 20. Jahrhunderts zählte die **Williams** zu den drei "Reichsobstsorten" bei den Birnen. Am 24.01.1922 wurden diese drei Sorten, durch die Deutsche Obstbaugesellschaft, als wirtschaftlich wichtig eingestuft und empfohlen. Die **Williams Christbirne** war 1939 in der Preisgruppe 1. In Polen heißt die Birne: **Bera Wiliamsa** oder **Bonkreta Wiliamsa**, in Ungarn: **Vilmos körte**. Die LWK Hannover schreibt 1907 u.a.: Muß vor dem Gelbwerden gepflückt werden, darf nicht allein gepflanzt werden, da diese Sorte auf den Blütenstaub anderer Sorten angewiesen ist.
Literatur: (14) (15) (17) (40) (24) (45) (52) (77) (111) (114) (115)

WILLIAMS HERZOGIN VON ANGOULÉME
Tafelbirne. Genussreife: X bis XII. Sehr groß. Schale grün, später gelb.

WILWISCHER MOSTBIRNE und
WINDISCHE SCHNAPSBIRNE
Beide Sorten werden im Bundes-Obstarten-Sortenverzeichnis aufgeführt.

WINDSORBIRNE
Alte Sorte, war um 1875 schon in Hannover verbreitet. Synonyme: **Frauenschenkel** in der Pfalz und **Königstafelbirne** in Württemberg. Frühe Kochbirne. Genussreife: VIII bis IX. Mittelgroße bis große Frucht. Quelle: (24) (40) (115)

WINTER-APOTHEKERBIRNE
Großfrüchtig. Tafelbirne. Frucht ist beulig, später grüngelb oder gelb mit feinen Punkten, sonnenseits gerötet. Baum wächst gut und ist sehr fruchtbar. Das Pomologische Handbuch von Niederösterreich gibt 1893 folgende Synonyme an: **Französische Birne, Gute Winter-Christen-Birne, Pankratius-Birne, Pfund-Birne, Ringel-Birne, Riegel's Birne, Roh-Birne, Rüben-Birne, Schmelz-Birne, Spätregels-Birne, Winter-Augsburger-Birne, Winter-Bunkerte, Winter-Christ-Birne, Winter-Christen-Birne, Winter-Königs-Birne, Winter-Malvasier,**

Winter-Plutzer-Birne, Winter-Türken-Birne, Winter-Woschitzke, Winter-Zuckerate, Winter-Zuckeraten-Birne.

WINTER DECHANTSBIRNE
Wurde 1825 in einem belgischen Klostergarten in Löwen gefunden. Als **Pastorale** verbreitet. In England **Beurré Easter**, in Frankreich **Doyenné d´hiver**. In Deutschland teilweise **Frühlingsbutterbirne** und **Pfingstbergamotte**. In Baden heißt sie auch **Winter Herrenbirne** und im Hannoverschen **Hildesheimer Winterbutterbirne**. Genussreife: XII bis IV. Weitere Synonyme: **Anglaise, Belle d´Ixelles, Bergamotte de Páques, Bergamotte de la Pentecóte, Beurré d´Austerlitz, Beurré de Printemps, Beurré d´Hiver de Bruxelles, Beurré d´Osterling, Beurré Roupp, Canning d´Hiver, Dechants-Birne, Dorothée Royale, Frühlings-Butterbirne, Frühlings-Butter-Birne, Grüne Winterherrenbirne, Grüne Winter-Herren-Birne, Hildesheimer Winter-Bergamotte, Lauers Englische Osterbutterbirne, Lauer`s englische Oster-Bergamotte, Merveille de la Nature, Oster-Bergamotte, Paddington, Pastorale de Louvain, Pfingstbergamotte, Philippe de Páques, Philippe d´Hiver, Seigneur d´Hiver, Sylvanche d´Hiver, Van Mons Frühlingsbutterbirne. Beurré d´hiver, Canning, Doyenné, Pastorale d´hiver, Soldat Paddington, Winter-Bergamotte.** Alles in Allem, eine Tafel- und Wirtschaftsbirne. Frucht groß. Grünlichgelb, zur Sonne gerötet.
Gaucher schrieb 1894: *„Die allerbeste Wintertafelbirne und die allerteuerste und gesuchteste Marktfrucht. Unter den Birnen-Wintersorten ist keine andere so beliebt, wie die* **Winter Dechantsbirne***, ihre guten Eigenschaften sind allgemein bekannt, ihre Nachteile aber auch".* Literatur: (24) (45) (114) (115)

WINTER MARTIN SEC
Martin Sec d´Hyver. Von Schiller 1795 beschrieben als *mittelmäßig grosse Birn, von nicht gar länglichter etwas bauchichter Form. Ihre Farbe ist grün- oder graulichtbraun an der einen Seite, und an der anderen hochrothbraun.*

WINTER-AMBRETTE
Schreibweise 1889 im Praktischen Ratgeber: **Winterambrette**. Tafelbirne. Kleinfrüchtig. Genussreife: November bis Februar.

WINTERBERGAMOTTE
Von Schiller als *„sehr grosse Birn"* beschrieben. Synonym: **Bergamott d´Hyver**. Schiller erwähnte noch **Sommerbergamotte** oder **Herbstbergamotte**. Tafelbirne. Reife: I bis III. Frucht groß, bergamottförmig. Zur Sonne leicht gerötet. Deutliche Berostungen. Literatur: (37) (114)

WINTER COLE
Birnensorte in Australien und Neuseeland. Wurde ab Mitte der 50er Jahre, aus diesen Ländern nach Deutschland exportiert. (26-2/63)

WINTER-FORELLENBIRNE
Auch **Winterforellenbirne**. Reife im Januar. Mittelgroß bis groß. Schale gelb, zur Sonne gerötet, forellenartig punktiert, berostet.

WINTER-GRATIOLE
Von Schiller 1795 beschrieben. Vermutlich die **Diels Butterbirne**.

WINTER-MEURIS
Als guter Pollenbildner erwähnt. 1889 im Praktischen Ratgeber eine empfehlenswerte Sorte. Synonyme: **Meuris d´Hiver**, und **Nec Plus Meuris**. Tafelbirne. Genussreife: XI bis XII. Große Frucht. Grün, später hellgrün bis gelb. An der Sonne manchmal schwach gerötet. Literatur: (17 S. 475) (33) (39) (70)

WINTER-NELIS
Stammt aus Belgien. Gezüchtet in Mecheln und nach ihrem Züchter Nelis benannt. Synonym: **Mienchen von Gent**. Weiter Namen: **Colomas Winterbutterbirne**. **Bonne de Malines**. In Deutschland fast nur **Winternelis**. Weitere Synonyme: **Colmar Nelis, Nelis d´Hiver,** und **Vrai Coloma de Printemps**. Tafel- und Wirtschaftsbirne. Mittelgroße Frucht. Schale rauh, mattgrün, später dann grüngelb. Ertrag setzt früh ein, ist reich und regelmäßig. Reife: XII bis I.
Literatur: (24) (114) (115)

WINTER-TAFELBIRNE
War in der Preisgruppe 3.

WINTER-WILLIAMS
Große bis sehr große Birne. Schale gelb, an der Sonnenseite manchmal gerötet. Berostungen. Sehr hoher und regelmäßiger Ertrag. Widerstandsfähig gegen Krankheiten und Schädlinge. (Lexikon der Obstsorten)

WINTER-ZITRONENBIRNE
Winter Citronen-Birne oder **Winter-Citroni**. Großfrüchtige Birne. Reife im November. Schale hellgrün, zur Sonne gerötet. Zur Reifezeit gelb. Berostungen. Auch Synonym der Sorte: **Virgouleuse**. (Pomolog. Handbuch)

WINTER-ZUCKERBIRN
Von Schiller 1795 ausreichend beschrieben. *„Eine mittelmäßig große Birn, von rundlichter Form, gegen den Stiel kurz, zugespitzt. Schale ist etwas rauh, und Wenn sie reif geworden gelblichtgrün. Der Baum wächst sehr starck und hat ein gutes Gewächs".*

WINTERAMBRETTE
Tafelbirne. Genussreife: XI bis II. Kleinfrüchtig. Schale grünlichgelb, berostet.

WINTERBERGAMOTTE
Auch **Winter-Bergamotte**. Tafelbirne. Genussreife: I bis III. Frucht groß. Schale fettig, hellgrün, später gelb. Zur Sonne etwas gerötet. Berostungen. Ein Synonym verschiedener Sorten. (Pomologisches Handbuch)

WINTERCHRISTBIRNE
Tafel- und Wirtschaftsbirne. Verarbeitung schon ab Dezember. Frucht ist sehr groß. Hellgrün, später hellgelb, auch etwas gerötet. Berostungen. Auch: **Winter-Christ-Birne** oder **Winter-Christen-Birne**. (Pomologisches Handbuch)

WINTERDORN
Tafelbirne. Genussreife: XI bis XII. Mittelgroß. Gelblichgrün. Leichte Berostungen. 1795 bei Schiller schon bekannt als **Epire d'Hyver**. *„Ist eine ziemlich grosse Birn, von etwas länglicher Form, und gegen den Stiel laufft sie, ohne bauchicht zu seyn, spizig zu. Ihre Schale ist glatt, von blaßgrünlichter Farbe, welche, wenn sie reif ist, etwas in das gelbe spielet, auch ist sie mit blaßbraunen oder grünlichten groben Tupfen pberall besprenget. Ihr Fleisch ist mild, schmelzend, safftig und vom Geschmack sehr lieblich und angenehm, wenn sie in einem guten, lockeren Boden und in einer guten Lage wächset, aber in einem nassen und schweren, wird sie insgemein ungeschmack".*

WINTEREIERBIRNE
Die **Wintereierbirne** wurde 1889 im Praktischen Ratgeber erwähnt.

WINTERFORELLE
Ist der Handelsname für die **Nordhäuser Forellenbirne**.

WINTERFORELLENBIRNE
Tafelbirne. Genussreife im Januar. Mittelgroß bis groß, Schale gelb, zur Sonne gerötet, forellenartig punktiert berostet. Fruchtfleisch ist schmelzend, gewürzt, süß.

WINTERGRELLEN
War in der Preisgruppe 4. Keine weiteren Daten gefunden.

WINTERHIRTENBIRNE
Tafel- und Wirtschaftsbirne. Genussreife: XII bis II. Mittelgroß. Schale grün, zur Sonne etwas gerötet. Punktiert berostet. Gewürzt, süß.

WINTERKIPPE
Im 19. Jh. in Westfalen entstanden. Wirtschaftsbirne. Kleinfrüchtig.

WINTERKÖNIGSBIRNE
Wirtschaftsbirne. Verarbeitung: XII bis I. Gelb, Sonnenseite ist rötlich. fest, gewürzt, süß. Kräftiger Geruch. (Lexikon der Obstsorten)

WINTERLONCHEN
Auch: **Winterlonschen.** Tafel- und Wirtschaftsbirne. Reife: XI bis XII. Mittelgroß bis groß, lang birnförmig. Schale grünlichgelb, zur Reife auch bräunlichgelb. Netzartige Berostungen. (Lexikon der Obstsorten)

WINTERPOMERANZENBIRNE
Tafel- und Wirtschaftsbirne. Genussreife: II bis IV. Mittelgroß. Schale hellgrün, dann hellgelb. Berostungen. Frucht ist fest.

WINTERRIEDBIRNE
Wirtschaftsbirne. Verarbeitung: XI bis XII. Große Frucht. Schale braun. Fleisch gelblichweiß, wird beim Kochen rötlich. Auch: **Winterrietbirne.** Stammt aus Deutschland. Kochbirne. Große Birne mit brauner Schale. Fruchtfleisch gelblichweiß, wird beim kochen rötlich. Wohlschmeckend. Ansprüche an Boden und Klima gering. Ertrag gut und regelmäßig. (Verzeichnis der Apfel- und Birnensorten)

WINTERROBINE
Tafel- und Wirtschaftsbirne. Genussreife: I bis III. Schale grün, später gelb. Zur Sonne gerötet.

WINTERROUSSELET
Rousselet d´Hyver. Von Schiller 1795 eingehen beschrieben. *„Ist eine mittelmäßig grosse etwas länglichte Birne, und hat in Ansehung der Grösse und Form viel Ähnlichkeit mit der "Martin Sec", wird auch von einigen dafür gehalten, ist aber in verschiedenen Theilen von ihr zu unterscheiden. Ihr Fleisch ist etwas körnicht, doch mild genug, voll Safftes, und von zuckersüssem lieblichen Geschmack, wenn*

sie in einem guten Boden wächst, sonst aber hat sie einen schlechten unangenehmen Geschmack".

WINTERSILVESTER
Tafelbirne. Reife im Oktober. Große Frucht. Schale hellgelb. Berostungen.

WITTENBERGER GLOCKENBIRNE
Wurde im Praktischen Ratgeber von 1886 für die Bepflanzung von Landstraßen empfohlen. **Wittenberger Glockenbirn.** War schon um 1804 bekannt. Stammt aus Sachsen. Wirtschaftsbirne. Verarbeitung im September. Frucht groß, kreiselförmig, etwas beulig. Schale gelblichgrün, später gelb, zur Sonne gerötet.. Auffällige Lentizellen. Synonyme: **Glockenbirne, Sächsische Glockenbirne,** in Thüringen **Katzenkopf.** Literatur: (15) (67)

WITTHÖFTSBIRNE
Eine Sommerbirne.

WOHLRIECHENDE POMERANZENBIRNE
Frühe Tafelbirne. Reife im August. Große Frucht. Grünlichgelb, zur Sonne gerötet.

WOLFSBIRNE
Gute Mostbirne, starkwachsend, nicht anspruchsvoll an den Boden, sehr fruchtbar, auch für die rauhesten Lagen, für Feld und Straße zu empfehlen. Reife: X bis XI. Mittelgroße Frucht. Kräftig gelb mit zahlreichen grünlichen Schalenpunkten. Baum groß und breit. Schale bräunlichgelb. Auffällige Lentizellen. Literatur: (23)

WOLTMANNS EIERBIRNE
War 1889 in Ostfriesland bekannt. (Prakt. Ratgeber 1889 S. 428)

WÜRGELBIRNE
War im 19. Jh. eine Lokalsorte in Thüringen. (Prakt.Ratgeber 1888 S. 799)

WÜRGLESBIRN
Wälderwürgebirn. Kommt aus dem südlichen Schwarzwald, zwischen Kander und Wehra ist ihre Heimat. Wertvolle Wirtschaftsbirne, zumindestens 1906 wurde sie von Inspektor Bach als Mostbirne ersten Ranges bezeichnet. Auch zum Kochen und Dörren geeignet. Der Most hält mehrere Jahre. Die Grundfarbe der Frucht ist dunkelgrün, später gelblichgrün, auf der Sonnenseite schön dunkelrot. Mittelgroß bis groß, ebenso breit als hoch, die eine Hälte der Birne etwas breiter als die andere. Der Baum wächst ungemein gesund, kräftig, wird eichengross und kommt in jedem

Boden und in jeder Lage gut fort. Er wird früh fruchtbar und liefert später hohe Erträge. (Die empfehlenswertesten Obstsorten für das Großherzogtum Baden 1906)

ZACHAREIEN
War in der Preisgruppe 4.

ZÉPHIRIN GRÉGOIRE
Tafel- und Wirtschaftsbirne. Kleine bis mittelgroße, rundliche, auch beulige Früchte. Schale dünn, grün, später hellgelb oder blassgrün. Ertrag hoch. Synonyme: **Joséphine Grégoire, Zéphirins Bergamotte** und **Zéphirins Butterbirne. Grégorie, Zéphirin, Zéphyrin Grégoire.** Schale hellgelb, zur Sonne leicht gerötet. Literatur: (45) (115)

ZIMMETFARBIGE SCHMALZBIRNE
Im Praktischen Ratgeber von 1889 erwähnt. Diel hat 1826 die **Zimmtfarbige Schmalzbirne** beschrieben. Er zählte sie zu den halbschmelzenden Sommerbirnen. Die Birne soll von einem Hofgärtner Fetz aus einem Sämling gezogen worden sein. Reife: Anfang X. Bis 3 Wochen haltbar. Literatur: (17) (115) (118)

ZIMTRUSSELET
Sommerbirne. Reife: Anfang September. Kleine Frucht. Grünlichgelb, fast ganzflächig berostet. (Lexikon der Obstsorten)

ZINKS PFALZGRAFENBIRNE
Von Hinkert wurde 1830 eine **Zink's weiße Pfalzgrafenbirn** beschrieben. Tafel- und Wirtschaftsbirne. Reife: Anf. September. Mittelgroße Frucht. Schale hellgelb, zur Sonne gerötet, Berostungen. *„Für Felder und auf Wiesen."* Literatur: (117)

ZINKS ROTE JUNGFERNBIRNE
1830 wurde die **Zink's rothe Jungfernbirn** von W. Hinkert beschrieben. Tafel- und Wirtschaftsbirne. Reife im September. Mittelgroß. Literatur: (117)

ZITRONATBIRNE
Tafel- und Wirtschaftsbirne. Reife im September. Frucht klein. Schale glänzend gelb, zur Sonne intensiv gerötet. Berostungen.

ZITRONENBIRNE
War in der Preisgruppe 4. **Zitronenbirne** ist auch ein Synonym für die **Weiße Herbstbutterbirne** und für die **Winter-Zitronenbirne.**

ZOÉ
Aus Frankreich, der Züchter ist unbekannt. Genussreife: XI bis X. Große Frucht. Fruchtbarkeit gut, Wuchs ziemlich kräftig. Literatur: (115)

ZUCKERBIRNE
Es gibt zahlreiche Birnensorten, die **Zuckerbirne** 0der **Zucker-Birne** als Synonym haben, bzw. zahlreiche Birnensorten, die am Ende **Zuckerbirne** heißen. So z.B.: **Grüne Herbstzuckerbirne, Kleine Gelbe Zuckerbirne, Eibacher Zuckerbirne.** Im Alten Land noch die **Holländische Zuckerbirne.**
Literatur: (34) (114)

ZWERGBIRNE und
ZWETSCHGENBIRNE
Beide Sorten sind im Bundes-Obstarten-Sortenverzeichnis aufgeführt.

ZWEIBUTZENBIRNE
Die Sorte wurde schon 1795 von Schiller beschrieben. Sie war damals häufig auf den Fildern und im Raum Tübingen zu finden. Nach der Ernte nur 8 Tage haltbar. Tafel- und Küchenbirne. Synonyme: **Zwibotzenbirne, Zweibutzler-Birne, Zweibützler, Zweikelchige Birne, Zweikelchige, Zweiköpfige Birne, Zweiköpfige, Zwiebelbirne.** Bernkopf und Keppel schreiben folgendes: **Zwibotzenbirne,** soll aus Österreich stammen. War am Ende des 19. Jh. besonders in Oberösterreich und in Niederösterreich als Dörrbirne bekannt, aber auch als Tafelbirne. Reife: August. Für Halb- und Hochstamm. Für Hohe Lagen geeignet. **Zwibotzenbirne** ist auch im Bundes-Obstarten-Sortenverzeichnis aufgeführt.
Literatur: (02) (67) (70) (114)

ZWIEBEL-BERGAMOTTE
In Niederösterreich ein Synonym der **Rothen Bergamotte.** (Pomolog. Handbuch)

ZWIEBELBIRNE
Im Bundes-Obstarten-Sortenverzeichnis aufgeführt. Synonym der **Zwibotzenbirne.**

ZWIJNDRECHT WEINBIRNE
Stammt aus den Niederlanden. Reife: X bis XI. Heimat ist Zwijndrecht in Holland. Frucht ist klein. Schale grün mit einem schwachem roten Glanz. Fleisch ist körnig. War eine der wichtigsten Birnensorten in den Niederlanden. In einer Niederländischen Obstbaubroschüre fand ich eine sehr nette Beschreibung dieser Sorte: *Satt und trunken wie ein guter Landwein, verrät diese Sorte schon duch ihr Aussehen etwas von dem deftigen Geschmack der Niederländer, die sie nicht nur*

erzeugen, sondern auch gezüchtet haben. Ihre zierliche, kleine Gestalt läßt sie auch dem Auge der Käuferschaft anmutig erscheinen. Auch hat sie ihr Genußwert gut empfohlen. Quelle: (Holland Garten Europas)

Anhang: **Einteilung der Birnen nach Lucas**

1) **Butterbirnen** mit völlig schmelzendem Fleisch, von wahrer Birnform und regelmäßigem Bau, meist länger als breit, selten gleich breit und lang, aber nie am Stiel stark abgeplattet: **Pfirsichbirne, Amanlis Butterbirne, Madame Treyve, Leckerbissen von Angers, Weiße Herbstbutterbirne, Colomas Herbstbutterbirne, Comperette, Herbstsilvester, Gellerts Butterbirne, Liegels Winterbutterbirne, Winterdechantsbirne, Diels Butterbirne, Dechantsbirne von Alencon, Die Arenberg.**
2) **Halbbutterbirnen**, den vorigen gleich, nur mit halbschmelzendem Fleisch: **Runde Mundnetzbirne, Sommerbergamotte, Grüne Sommer-Magdalene, Madame Vertè.**
3) **Bergamotten** mit völlig schmelzendem Fleisch, platt oder rundlich, namentlich am Stiel abgeplattet: **Madame Favre, Esperens Herrenbirne, Rote Dechantsbirne, Olivier du Serres, Zephirin Gregoire.**
4) **Halbbergamotten**, von der Form der vorigen, mit nur halb schmelzendem Fleisch: **Juli-Dechantsbirne.**
5) **Grüne Langbirnen** mit schmelzendem und halb schmelzendem Fleisch, länglich und lang, grün oder grünlichgelb: **Grüne Tafelbirne, Sparbirne, Punktierter Sommerdorn, Pastorenbirne, Neue Poiteau, Graf Canal, Saint-Germain.**
6) **Flaschenbirnen** mit schmelzendem und halb schmelzendem Fleisch, länglich und lang, grünlichgelb oder gelb, mit zimtfarbigem oder rotgrauem Rost: **Marie Luise, Van Mons Butterbirne, Boscs Flaschenbirne, Van Marums Flaschenbirne.**
7) **Apothekerbirnen** mit schmelzendem und halb schmelzendem Fleisch, von unregelmäßiger, beuliger oder höckeriger Form, von gleichem oder ungleichem Längen- und Breitendurchmesser: **Clapps Liebling, Butterbirne von Ghelin, Vereins-Dechantsbirne, Napoleons Butterbirne, Hardenponts Leckerbissen, Nikitaer Apothekerbirne, Grumkower Butterbirne, General Totleben, Fortunèe, Winter-Apothekerbirne, Hardenponts Winterbirne, Herzogin von Angoulème.**

8) **Russeletten,** kleine oder mittelgroße Birnen mit schmelzendem, zimtartig gewürztem Fleisch, länglich, ganz oder doch auf der Sonnenseite braunrot, meist mit Rost versehen: **Gute Graue, Forellenbirne.**
9) **Muskatellerbirnen,** kleine und mittelgroße Sommer- oder Frühe Herbstbirnen, meist länglich mit Bisamgeschmack.
10) **Schmalzbirnen,** mittelgroße und große, noch zu den Tafelbirnen zu zählende Früchte mit schmelzendem oder halb schmelzendem Fleisch, lang oder länglich und nicht in den ersten neun Klassen inbegriffen: **Römische Schmalzbirne, Van Marums Schmalzbirne, Zimtfarbige Schmalzbirne.**
11) **Gewürzbirnen,** kleinere, längliche und rundliche Birnen von derselben inneren Beschaffenheit wie die Schmalzbirnen sowie von etwas größeren Früchten, nur die rundlichen und platten, nicht die länglichen, die vielmehr zu den Schmalzbirnen gehören: **Eierbirne.**
12) **Längliche Kochbirnen** mit hartem oder rübenartigem, nur selten halb schmelzendem Fleisch, nicht zum Rohgenuß geeignet, nicht herb, sondern fade oder fadsüß, mit größerm Längen- als Breitendurchmesser: **Senfbirne, Kamper Venus, Veldenzer Birne, Queenbirne, Schöne Angevine.**
13) **Rundliche Kochbirnen,** von gleicher Qualität wie die vorigen, beide Durchmesser gleich oder der der Höhe kleinerals der der Breite: **Kuhfuß, Schneiderbirne, Wittenberger Glockenbirne, Schnackenburger Winterbirne, Wildling von Hery.**
14) **Längliche Weinbirnen,** nicht zum Rohgenuß geeignet, mit brüchigem, rübenartigem oder selbst halb schmelzendem Fleisch, entschieden herbem adstringierendem Geschmack, länglich: **Späte Grünbirne, Knausbirne, Gelbe Wadelbirne, Träubeles Birne.**
15) **Rundliche Weinbirnen,** von derselben inneren Beschaffenheit wie die vorigen, aber rundlich: **Rummelter Birne, Champagner Bratbirne, Welsche Bratbirne, Pomeranzenbirne von Zabergau, Wolfsbirne, Quittenbirne, Weilersche Mostbirne, Wildling von Einsiedel, Betzelsbirne, Großer Katzenkopf.** Quelle: (Meyers Konversations-Lexikon 1894)

Literaturverzeichnis – Birnen

02 Neue Alte Obstsorten Äpfel und Birnen
    Club Niederösterreich 2. Auflage 1991
    Bernkopf – Keppel – Novak
    Österreichischer Agrarverlag 1141 Wien
04 Großvaters Alte Obstsorten Herbert Bischof/Herta Nieslon
    Kosmos Verlag Stuttgart 1998
07 Der Neue Obstbau Ein Lehrbuch für Fortgeschrittene
    Fritz Guenther Gartenbauverlag Trowitzsch & Sohn 1942
08 Alte Obstsorten Über 100 Sortenporträts Gert Müller
    Kosmos Verlag Stuttgart 1995
09 Warenkunde für den Fruchthandel
    Südfrüchte, Obst und Gemüse Dr. Ernst Dassler III Auflage 1969
11 La Frutta I Documentari conoscere e coltivare. Italienisch 1967
12 Verhalten von Apfel- und Birnensorten beim Umpfropfen zueinander
    Dipl.-Gartenbau-Inspektor Otto Goetz, Berlin
    Gärtnerische Verlagsgesellschaft m.b.H. Berlin 1936
13 Anordnung über Preise und Preisgruppeneinteilung für Kernobst
    Verlag E. Appelhans & Co. Braunschweig 1939
14 Handelsnamen für Kern- und Steinobstsorten
    Fachgruppe Obstbau, Bonn 1962
15 Der praktische Ratgeber im Obst- und Gartenbau Jahrgang 1886
16 Der praktische Ratgeber im Obst- und Gartenbau Jahrgang 1888
17 Der praktische Ratgeber im Obst- und Gartenbau Jahrgang 1889
    Alle Verlag Trowitzsch & Sohn, Frankfurt/Oder
23 Die Obstverwertung
    Otto Laemmerhirt Verlag Parey 1885
24 Deutschlands Obstsorten
    Müller-Diemitz und Bißmann, Gotha
    Verlag Eckstein & Stähle 1905 – 1914
25 Sortenlisten, Sortenbeschreibungen vom Bundesamt für Ernährung (BEF) bis 1994 und der Bundesanstalt für Landwirtschaft und Ernährung (BLE) ab 1995. Ausschnitte aus Fachzeitschriften und sonstigen Publikationen. Protokolle über eigene Vorträge. Nachrichten aus der Fruchtbranche. 1947 bis 2001
26 Mitteilungen des Obstbauversuchsring und der Obstbauversuchsanstalt des Alten Landes. Aus verschiedenen Ausgaben von 1947 – 1997.
27 OBSTBAU - Organ der Fachgruppe Obstbau im Bundesausschuß Obst und Gemüse. Verschiedene Ausgaben von 1993 – 1997
28 Obst aus Holland – Koch & Wolf Verlag 1955

29 Holland – Garten Europas - Koch & Wolf Verlag 1956
30 Marktobstbau
    Prof. Dr. P. Gerhard de Haas   BLV München   1957
31 Der teutsche Obstgärtner   7 Band
    J. V. Sickler 1797
32 Anzucht und rationeller Schnitt aller Obstbauformen
    Arthur Perkrun   Verlag Martin Luther – Erfurt
33 Die Befruchtungsverhältnisse der Obstgewächse
    Prof. Dr. Hugo Schanderl, Geisenheim
    Verlag „Das andere Deutschland" 1948
34 Sortenliste der Obstsorten auf dem Betrieb Johann Rolff – mein Großvater – in Mittelnkirchen im Alten Land. Von mir handgeschrieben. 1943 – 1945.
36 Liste der Äpfel und Birnen – Großfrüchtige Sorten. Teil der EG-Normen.
37 Die Baumzucht im Großen
    Johann Caspar Schiller 1795. Reprint vom Ulmer Verlag 1993.
38 Farbatlas Obstsorten
    Manfred Fischer   Ulmer Verlag 1995
39 Verzeichnis der Apfel- und Birnensorten
    W. Votteler   Obst- und Gartenbauverlag, München   4. Auflage 1998
40 Lexikon der Obstsorten
    W. Votteler   Obst- und Gartenbauverlag, München   1. Auflage 1996
42 Obstsorten   Band I   Äpfel und Birnen
    Gustav Schaal 1930 und 1933 Eckstein & Stähle, Stuttgart
44 Alte Obstsorten und Streuobstanbau in Österreich
    Austria medienservice A - 8010 Graz
45 Pomologie des praktischen Obstbaumzüchters
    N. Gaucher 1894   Reprint von manuscriptum, 45611 Recklinghausen
46 Der Obstbau   Karl Grill   1929
    Jos. Thomannsche Verlagsbuchhandlung
51 Farbtafeln der Birnensorten
    Josef Seitzer   Ulmer Verlag 1957
52 Alte und neue Birnensorten
    Franz Mühl   Obst- und Gartenbauverlag München 1999
55 Die empfehlenswertesten Obstsorten für das Großherzogtum Baden
    Land.-Inspektor Bach, Emmendingen 1906
60 Warenkunde Obst & Gemüse Band I
    Prof. Dr. G. Liebster, Dr. O. Schmidt (BEF) u.a. 1988
62 Panorama Obst und Gemüse aus Italien. ICE – Italien 1983
63 Heimischer Obstbau
    Otto Wassermann   Tyrolia-Verlag, Innsbruck 1987

64 Äpfel und Birnen aus Trentino – Südtirol
   Dr. Herman Frass   1963
67 Obst & Garten   Fachmagazin für das Gartenland Baden-Württemberg
   Verschiedene Ausgaben 1999 – 2001   Ulmer-Verlag
68 Birnensorten
   Herbert Petzold   Neumann Verlag Radebeul   3.Auflage 1989
70 Bundes-Obstarten-Sortenverzeichnis
   Prof. Manfred Fischer, Genbank Obst IPK 1999
   Die wichtigsten Institute sind:
   Bayr. Landesanstalt für Weinbau und Gartenbau, Veitshöchheim
   Bundesanstalt für Züchtungsforschung an Kulturpflanzen, Ahrensburg
   Bundessortenamt, Prüfstelle Wurzen
   Forschungsanstalt Geisenheim
   Institut für Obstbau und Baumschule, Weihenstephan
   Genbank Obst, Dresden-Pillnitz
   Landwirtschaftliche Lehranstalten Triesdorf, LLA – Triesdorf
   OVA, Obstbau-Versuchsanstalt in Jork
   Universität Hohenheim - Bavendorf
   Pomona Franconica – 91732 Merkendorf, Mittelfranken
   Lehr- und Versuchsanstalt Gartenbau – LfG Müncheberg
71 Kataloge verschiedener Baumschulen 1999/2000
72 PIRARIUM   B. Iglhauser   Max Keser
75 Beschreibende Sortenliste - Kernobst
   Bundessortenamt BSA 2000
77 Sortenratgeber Obst   VEB – Deutscher Landwirtschaftsverlag 1971
78 Der praktische Ratgeber – Trowitzsch & Sohn   1914
83 Deutscher Obstbau   Trowitzsch & Sohn   1941
85 Forschungsanstalt Geisenheim   Information und Wegweiser
   Fachgebiet Obstbau - Ausgabe 2000
86 Birnensorten der Schweiz   H. Kessler   1948
87 Die wichtigsten Birnensorten   Fritz Hertel   1914
95 Zeitschrift für Obst-, Wein- und Gartenbau
   Organ der Sächsischen Gartenbauvereine   Fachgruppe Obstbau 1938
100 Eine Obstbaustudienreise nach Tirol und Steiermark
    Otto Schindler 1908
111 Sorten-Verzeichnis für den Obstbau in der Provinz Hannover
    Landwirtschaftskammer Hannover 1907
113 Verzeichnis der Obstsorten, welche zur allgemeinen Anpflanzung für die
    Provinz Hannover empfohlen wurde.
    Graf zu Stolberg-Wernigerode   2. Auflage 1898

114 Pomologisches Handbuch für Nieder-Oesterreich
    Niederösterreichischer Landes-Obstbau-Verein Wien 1893
115 Bericht des Deutschen Pomologen-Vereins 1893
116 Bericht des Deutschen Pomologen-Vereins 1896
117 Gründlicher Unterricht in der practischen Obstbaumzucht
    Wilhelm Hinkert, München 1830
118 Systematische Beschreibung der vorzüglichsten in Deutschland vorhandenen
    Kernobstsorten.   Dr. Aug. Friedr. Adr. Diel 1826
119 Unsere besten Obstsorten – Anleitung bei der Auswahl
    Johannes Böttner   1896
120 Kreuzers Gartenpflanzen-Lexikon
    Band 3   619 Obstarten- und Sorten Johannes Kreuzer 1985
121 Verhandlungen der VIII. Allgemeinen Versammlung Deutscher Pomologen
    und Obstzüchter in Potsdam vom 3. Bis 7 October 1877 in Potsdam
    Herausgegeben von W. Lauche, Potsdam 1877
122 Meyers Konversations-Lexikon 1894 III Band.

Stand: Oktober 2001

www.ingramcontent.com/pod-product-compliance
Lightning Source LLC
Chambersburg PA
CBHW020640220526
45464CB00001B/235